全国高等学校心理学系列教材
乐国安　总主编

心理统计学

陈世平　编著

南开大学出版社
天　津

图书在版编目(CIP)数据

心理统计学／陈世平编著．—天津：南开大学出版社，2011.8
全国高等学校心理学系列教材
ISBN 978-7-310-03676-9

Ⅰ．①心… Ⅱ．①陈… Ⅲ．①心理统计－高等学校－教材 Ⅳ．①B841.2

中国版本图书馆 CIP 数据核字(2011)第 041857 号

版权所有　侵权必究

南开大学出版社出版发行
出版人：肖占鹏
地址：天津市南开区卫津路 94 号　邮政编码：300071
营销部电话：(022)23508339　23500755
营销部传真：(022)23508542　邮购部电话：(022)23502200

＊

河北昌黎太阳红彩色印刷有限责任公司印刷
全国各地新华书店经销

＊

2011 年 8 月第 1 版　　2011 年 8 月第 1 次印刷
787×960 毫米　16 开本　21.625 印张　2 插页　386 千字
定价:35.00 元

如遇图书印装质量问题，请与本社营销部联系调换，电话:(022)23507125

序 言

由于社会的迫切需要，近二十年我国心理学专业的学生和从业人员数量急剧增长，设有心理学专业的教学科研单位从20世纪80年代末的4个发展到当前的200多个。心理学科不论在政治、经济、文化、教育、体育、管理、健康服务、社区服务、危机处理等领域，还是在学校、企业、医院、行政、司法、军队等部门都发挥着越来越重要的作用。而从学科内部来看，当前不论国外还是国内的心理学研究均在迅速发展，各种新的理论和思想此起彼伏，各种新的研究方法和技术手段不断涌现，使心理学各个领域在宏观的行为层面以及微观的脑基础层面都取得了丰富的新成果与长足进步，从而使心理学的面貌发生了极大的改变。

因此，为了反映当前国内外心理学各个领域的变化与发展，进一步深化高等院校心理学教学改革，加强心理学专业学生的理论素养以及能更好地培养适应新时期社会需要的专业技能，促进我国心理学学科建设和发展，我们组织了目前活跃在心理学教学、科研和实践工作第一线的中青年专家、学者编写了这套反映当前心理学科发展和成果的"全国高等学校心理学系列教材"。

本套系列教材包括《普通心理学》、《实验心理学》、《认知心理学》、《心理统计学》、《心理测量学》、《教育心理学》、《发展心理学》、《社会心理学》、《管理心理学》、《咨询心理学》、《人格心理学》、《西方心理学史》、《中国心理思想史》共13部，其内容选择和结构编排本着专业课程细化兼顾学科交叉的原则，切合当前心理学研究发展的主流方向。

我们在编写本套教材时力图体现以下特色：

第一，科学性与实用性的结合。一方面，在内容的选择上，既确保知识的科学性、正确性，注重科学研究、科学数据对心理现象的说明作用，强调理性对感性的超越，同时，也注重科学原理对日常经验、生活事实的解释作用，体现教材内容对"活生生"社会、生活实际的实用性。另一方面，在材料的组织上，注意处理好学科科学性和教材科学性的关系，既强调学科体系的科学性、系统性、完整性，同时也从有利于学生学习的角度出发，注重学科的基本结构，注意把握学科体系与教材体系的关系，突出有利于学生学习与掌握的实用性。

第二，前沿性与经典性的结合。虽然科学的心理学至今不过只有一百二十余年的历史，但在这短短的一百二十余年中，心理学家们已从事过数不胜数的研究，获得了无法计量的数据和结果。因此，作为主要面向大学生的教材，需要在科学性、系统性的原则指导下，突出各领域的经典性研究、经典性方法与核心概念和原理，用经典或权威的研究、数据阐述学者们的核心思想与代表性研究。而由于最近十余年心理学界的研究和思想都正在和已经发生了巨大的变化，因此，本套教材在继承历史的基础上，更希望面向现在和未来，强调尽可能多地吸收和反映当前各学科领域的最新成果和进展，力图做到前沿与经典、历史与现在甚至未来相结合。

第三，国际化与本土化的结合。科学的心理学起源于欧洲，成长和壮大于北美，直到今天，欧美心理学仍在当今国际心理学界占据着主导地位。但中国国内外的华人心理学工作者在过去的近百年中，也在学习和借鉴西方心理学研究成果的基础上探索着自己的生存和发展之路，取得了不少重要和有影响的成果。因此，本套教材一方面注重较全面反映国际心理学各领域研究和发展的轨迹、前沿，同时也尽可能结合中国（华人）心理学界的研究与成果，注意反映中国及华人社会特有的心理现象与特点。

第四，学术性与可读性的结合。作为主要面向 21 世纪新时代大学生的教材，在编写过程中，我们既注重专业教材的学术性和科学性，同时也尽量顾及当代大学生学习和阅读的心理特点，不论在内容编选还是在写作风格、编排体例上，均强调教材的易读性、生动性和形象性，力图做到学术性与易读性的结合，希望使这套教材能成为一套教师认为好用、学生认为好学的专业教材。

本系列教材汇集了集体的智慧，是大家精诚合作的产物。虽然在写作过程中我们尽心尽力，力求完善，但由于时间和学识的限制，书中难免存在这样或那样的缺陷和不足，敬请广大读者指正。

本系列教材编写过程中，参考和引用了国内外大量的研究资料，在此向这些作者表达诚挚的谢意！同时，也要感谢南开大学出版社有关领导的大力支持和诸位编辑的精心工作，尤其要衷心感谢策划编辑莫建来同志长期以来对出版心理学专著与教材的热忱和远见卓识。

乐国安　谨识
2010 年 11 月 3 日于南开园

前 言

《心理统计学》是作者在心理学专业本科生和研究生的心理统计学课程和SPSS统计应用课程的教学基础上编写而成的。本书重点介绍在心理学和社会科学研究中最常使用的基本统计知识，包括描述统计和推论统计两部分。前者包括次数分布、图表制作、集中量数与差异量数、相对位置量数和数据分布等；后者包括概率与概率分布、样本分布、参数检验、相关分析与回归分析，以及非参数检验等。

本书根据心理学专业学生和心理学及社会科学工作者实际应用的需要构建内容体系，如统计图和统计表的绘制，对不能满足参数检验条件的数据进行必要的转换以及回归分析中对共线性、异方差和自相关等问题的处理等，都是在心理学和有关社会科学研究中经常遇到的数据处理问题。本书力求在文字上简明易懂，结合心理学和社会科学研究中的实例来说明统计方法的特点、应用条件和适用场合。通过掌握这些基本的统计分析方法，可以为进一步学习其他高级统计分析方法打下基础。

本书注重对统计方法思想的阐述，尽量避开深奥的数学原理和数学公式的推导，使具备初等数学知识的读者就能够理解和掌握实际应用中的基本统计方法。同时，为了方便读者对统计工具的使用，本书还介绍了一些计算机常用统计软件（如Excel和SPSS）的操作技巧，以帮助大家在实际应用中省去大量繁杂的数据计算工作。

为了方便读者自学，本书每章均附有思考与练习题，并在书后附有部分答案。思考与练习题一方面可以加深对所学内容的理解，另一方面又可以为读者的复习、自修或自我检查提供参照。

本书既可作为高等院校心理学、教育学和有关社会科学专业的统计课程的教材，也可用于相关专业学生自学和研究生入学考试复习参考资料，同时它也是心理学工作者、教育工作者和社会科学工作者的实用参考工具书。

由于作者水平所限，书中缺点和错误在所难免，欢迎读者批评指正。

编者

2009 年 9 月

目录

前 言

第一章 绪 论 ... 1

  第一节 心理统计及其发展 ... 1
    一、什么是心理统计 ... 1
    二、心理统计的发展 ... 1
  第二节 心理统计的基本内容 ... 3
    一、描述统计 ... 3
    二、推断统计 ... 4
  第三节 心理统计中常用的基本概念和统计符号 ... 4
    一、总体和样本 ... 4
    二、随机抽样与抽样误差 ... 5
    三、常量与变量 ... 7
    四、连续变量与离散变量 ... 8
    五、自变量与因变量 ... 8
    六、参数和统计量 ... 9
    七、常用统计符号 ... 9
  思考与练习题 ... 11

第二章 数据的收集与整理 ... 12

  第一节 数据的收集 ... 12
    一、观察法 ... 12
    二、实验法 ... 13
    三、调查法 ... 14
  第二节 数据的整理——统计表与统计图 ... 15

一、数据的初步整理 ··· 15
　二、统计表 ··· 17
　三、统计图 ··· 19
　四、次数分布表和次数分布图 ··· 28
　思考与练习题 ··· 35

第三章　集中量数 ·· 37

第一节　算术平均数 ··· 37
　一、算术平均数的计算 ··· 38
　二、次数分布中求平均数的方法 ··· 38

第二节　中数和众数 ··· 42
　一、中数 ··· 42
　二、众数 ··· 43
　三、平均数、中数、众数的比较 ··· 43

第三节　其他集中量数 ·· 45
　一、加权平均数 ·· 45
　二、几何平均数 ·· 47
　三、调和平均数 ·· 49
　思考与练习题 ··· 51

第四章　差异量数 ·· 53

第一节　常用的差异量数 ·· 54
　一、全距 ··· 54
　二、四分差 ·· 54
　三、平均差 ·· 54
　四、变异数与标准差 ·· 56

第二节　标准差的特性与应用 ·· 61
　一、相对差异量数 ··· 62
　二、从样本标准差求总体标准差 ··· 63
　三、相对位置量数 ··· 63

第三节　偏态与峰度 ··· 68
　一、偏态 ··· 68
　二、峰度 ··· 70

思考与练习题 ··· 71

第五章　概率与概率分布 ··· 74

第一节　概率的一些基本概念 ··· 74
　　一、随机事件及其概率 ··· 74
　　二、概率的加法定理 ··· 76
　　三、概率的乘法定理 ··· 77
　　四、概率分布的类型 ··· 79

第二节　正态分布 ··· 81
　　一、正态分布的特征 ··· 82
　　二、正态分布的密度函数 ··· 82
　　三、正态分布数值表的应用 ··· 84

第三节　二项分布 ··· 86
　　一、二项试验与二项分布 ··· 86
　　二、二项分布的应用 ··· 89

第四节　抽样分布 ··· 90
　　一、样本均值的抽样分布 ··· 90
　　二、中心极限定理 ··· 92
　　三、t 分布 ··· 93
　　四、χ^2 分布 ··· 96
　　五、F 分布 ··· 99
　　思考与练习题 ··· 101

第六章　参数估计 ··· 103

第一节　点估计 ··· 103
第二节　区间估计 ··· 107
　　一、总体均数的区间估计 ··· 108
　　二、总体方差的区间估计 ··· 110
　　三、样本容量的确定 ··· 111
　　思考与练习题 ··· 112

第七章　假设检验 ··· 114

第一节　假设检验的原理与步骤 ··· 114

一、假设检验的有关概念 …………………………………………… 114
　二、假设检验的步骤 ……………………………………………… 118
第二节　Z检验 …………………………………………………………… 119
　一、单样本Z检验 ………………………………………………… 119
　二、独立样本的Z检验 …………………………………………… 123
　三、相关样本的Z检验 …………………………………………… 127
第三节　t检验 …………………………………………………………… 130
　一、单样本t检验 ………………………………………………… 131
　二、独立样本t检验 ……………………………………………… 132
　三、相关样本t检验 ……………………………………………… 139
　思考与练习题 …………………………………………………………… 141

第八章　方差分析 …………………………………………………………… 144

第一节　方差分析的基本原理 …………………………………………… 145
第二节　方差分析的条件及数据转换 …………………………………… 147
　一、方差分析的条件 ……………………………………………… 147
　二、数据转换的方法 ……………………………………………… 149
第三节　几种基本实验设计的方差分析 ………………………………… 153
　一、单因素完全随机设计 ………………………………………… 155
　二、单因素随机区组设计 ………………………………………… 157
　三、拉丁方设计 …………………………………………………… 160
　四、单因素重复测量设计 ………………………………………… 164
　五、多因素方差分析 ……………………………………………… 171
　六、平均数的多重比较 …………………………………………… 176
第四节　协方差分析 ……………………………………………………… 181
　一、协方差分析的原理 …………………………………………… 181
　二、协方差分析计算过程 ………………………………………… 184
　思考与练习题 …………………………………………………………… 188

第九章　相关分析与回归分析 ……………………………………………… 192

第一节　相关分析 ………………………………………………………… 192
　一、相关的概念 …………………………………………………… 192
　二、相关的种类 …………………………………………………… 193

三、相关系数 ··· 195
第二节　相关系数的计算 ·· 195
一、基本公式 ··· 195
二、相关系数的显著性检验 ··· 198
第三节　等级相关 ·· 199
一、斯皮尔曼等级相关 ··· 200
二、肯德尔 W 系数 ··· 202
第四节　点二列相关 ·· 205
第五节　ϕ 相关 ·· 207
第六节　偏相关和多重相关 ·· 209
一、偏相关 ·· 209
二、部分相关 ··· 212
第七节　一元线性回归分析 ·· 214
一、回归的概念与种类 ·· 214
二、一元线性回归 ··· 214
三、标准化回归系数 ·· 218
四、回归方程的有效性检验 ··· 219
五、回归系数的显著性检验 ··· 223
六、决定系数 ··· 224
七、一元回归方程的应用 ·· 225
第八节　多元线性回归分析 ·· 228
一、多元线性回归分析模型 ··· 228
二、多元线性回归分析中的假设检验 ···································· 229
三、多元线性回归分析应注意的问题 ···································· 235
思考与练习题 ·· 243

第十章　χ^2 检验 ··· 247

第一节　拟合优度检验 ··· 248
第二节　独立性检验 ·· 250
一、2×2 列联表的 χ^2 检验 ·· 251
二、四格表 χ^2 检验的连续性校正 ···································· 252
三、四格表的 Fisher 精确概率检验法 ·································· 253
四、四格表相关比例数的 McNemar 检验 ···························· 254

五、$R \times C$ 列联表的 χ^2 检验 ················· 255
　　思考与练习题 ······································· 257

第十一章　其他非参数检验 ························· 259
　第一节　游程检验 ···································· 260
　第二节　单样本柯尔莫哥夫—斯米尔诺夫检验 ······· 263
　第三节　两独立样本的非参数检验 ···················· 265
　　一、两样本柯尔莫哥夫—斯米尔诺夫检验 ·········· 265
　　二、中数检验 ·· 270
　　三、曼—惠特尼 U 检验 ···························· 271
　第四节　两相关样本的非参数检验 ···················· 275
　　一、符号检验 ·· 275
　　二、威尔卡逊符号等级检验 ························· 278
　　三、寇克兰 Q 检验 ································ 282
　第五节　等级方差分析 ································ 284
　　一、克—瓦氏单向等级方差分析 ···················· 284
　　二、弗里德曼双向等级方差分析 ···················· 287
　　思考与练习题 ·· 291

思考与练习题参考答案 ································ 295

参考文献 ·· 298

附　录 ·· 299

第一章 绪 论

第一节 心理统计及其发展

一、什么是心理统计

心理统计是应用统计学的一个分支。它是统计学和心理科学交叉的学科。广义地讲，统计学是一门收集、整理和分析统计数据以及根据统计数据所传递的信息进行科学推论的原理和方法。心理统计就是应用统计学的原理和方法来研究心理学领域内各种问题的一门方法学。

应用统计学研究如何应用统计学原理和方法来解决社会生活领域的实际问题。在自然科学及社会科学各个研究领域，许多问题都需要通过数据分析来解决，因而统计方法的应用几乎扩展到了所有的科学研究领域。例如，统计方法在生物学中的应用形成了生物统计；在医学中的应用形成了医疗卫生统计；在农业方面的应用形成了农业统计；在经济管理中的应用形成了经济管理统计；在社会学研究和社会管理中的应用形成了社会统计；在心理科学中的应用形成了心理统计，等等。这些应用统计学的不同分支所应用的基本统计原理和方法都是相同的。但由于各个具体应用领域都或多或少有其自己的特殊性，因而在统计方法的应用和问题的侧重上具有自己的一些不同特点。

二、心理统计的发展

统计活动自古有之。最初，统计的发展与国家管理有密切的关系，如人口普查、资源调查、征收税金等。只不过这时的统计仅仅是一种计数的活动，其目的是为了便于统治者对国家资源的分配和管理。

作为一门学科的统计学约产生于 17 世纪。它的发展基本上是沿着两条主线展开的。一是通过对社会、经济现象的描述探索其数量规律。通过社会调查，搜集、整理和分析数据资料，揭示问题和现象的内在规律。起始于英国17世纪中叶的"政治算术学派"是这一领域的代表，如威廉·配第（William Patty, 1623—1687）在1676年出版的《政治算术》一书中，运用数字资料分析比较了英、法、荷等国的经济状况和实力；约翰·格朗特（John Graunt, 1620—1674）在1662年出版的《对死亡表的自然观察和政治观察》一书中，运用观察的方法，研究发现了一系列人口统计规律，如男女婴儿的出生比率约为14：13，但男婴的死亡率高于女婴等。这些方法为以后的社会经济统计奠定了基础。二是通过解决赌博中的具体问题归纳为一般的概率原理。意大利数学家卡达罗（Kirolamo Cardano, 1501—1576）的《论赌博》是最早运用数学理论研究概率论的尝试。概率论的真正产生始于17世纪中叶，其奠基人为法国数学家帕斯卡（Blaise Pascal, 1623—1662）和费马（Pierre de Fermat, 1601—1665）。瑞士数学家贝努里（J. Pernoulli, 1645—1705）在数学的基础上论证了概率的客观存在，创立了大数定理的早期形式"贝努里定理"。概率论由研究赌博问题而独立发展起来，后来逐步应用于社会现象的研究。法国数学家拉普拉斯（Pierre Simon Laplace, 1749—1827）在这方面做出了重要的贡献。他在《概率论分析》中，总结了前人的研究成果，以大数定理为桥梁，使概率论与社会经济现象联系起来，为统计学的发展奠定了基础。

1733年，棣莫弗（A. de Moivre, 1667—1754）最初发现常态曲线，但当时没有被认识，其论文直到1924年才被发现。19世纪初，数学家高斯（K. F. Gauss, 1775—1855）阐述观测值的误差理论时推导出常态曲线，这一发现进一步推动了统计学的发展。

统计学的发展使各门科学应用统计方法成为可能。而各门科学研究领域中对统计方法的应用又带动了统计学的进步。生物学家达尔文（1809—1882）、孟德尔（1822—1884）在生物学研究中对数理统计做出了贡献。高尔顿（F. Galton, 1822—1911）为研究人类智力及体力的遗传，首创了回归分析法。皮尔逊（Karl Pearson, 1857—1936）提出了直线相关系数的计算方法和 χ^2 检验法。皮尔逊的学生高赛特（W. S. Gosset, 1876—1937）于1908年以笔名Student发表了 t 分布及其有效检验法，建立"小样本理论"，使统计学更加扩展了应用范围。英国数理统计家费舍（R. A. Fisher, 1890—1962）在皮尔逊和高赛特的基础上进一步推进了统计学的发展，在样本相关系数的分布、变异数分析和 t 分布等方面做出重要的贡献。使数理统计方法在许多学科（诸如农业科学、生物学和遗传学等）中得到应用，并对学科发展起了巨大的作用。

第一章 绪 论

在心理和行为科学研究中运用统计方法,最典型的人物是英国的高尔顿,他为了研究人类的个别差异,于1884年建立"人类学测量实验室",对人的身高、体重、呼吸、拉力、听力、视力等各种数据进行测量。并把高斯的误差理论推广应用到人类行为的测量中,提出了回归分析原理,并根据这些资料提出了相关的概念。后来由他的学生皮尔逊提出了计算相关系数的方法,将之推广应用于各个领域,使之成为现代统计中不可缺少的一种重要的统计方法。英国的心理学家斯皮尔曼(C. E. Spearman)对心理和行为统计也做出了重要的贡献。譬如说,他在心理实验中应用统计方法,今天心理物理法的次数法中仍在用他所应用的统计方法处理实验结果;他在心理学研究中延伸了相关系数的概念,导出等级相关系数的计算方法。1904年他又提出因素分析的思想,把因素分析应用于心理学的研究中。美国心理学家卡特尔(J. McK. Cattell)、瑟斯顿(L. L. Thurstone)等则进一步在心理量表的编制中运用因素分析的方法。从而对因素分析方法在心理学中的广泛应用做出了重要的贡献。

心理统计作为一门应用统计,它的发展是随着统计学的发展而发展的。目前,由于受现代科学技术,特别是计算机技术的影响,新的研究领域不断出现,统计方法的应用领域不断扩展。多元统计分析、时间序列分析、因素分析、非参数统计、线性统计模型等越来越多地应用于各个研究领域,心理统计越来越成为从事心理和行为研究的研究者所不可缺少的一门知识。

第二节 心理统计的基本内容

就统计学本身来说,可把统计学划分为描述统计和推断统计两大部分。由于统计方法越来越多地被应用于各个学科领域,其基本内容也不断地随着学科的发展更新和充实。

一、描述统计

描述统计是研究如何根据调查或测量所得来的数据资料,通过整理或计算来描述一组数据的特征或全貌的一种方法。它也可以通过图表的形式对所收集的数据进行加工来显示数据的分布情况。例如,通过计算一组数据的统计量,如平均数、中位数等,来反映数据的集中情况;或计算一组数据的平均差、标准差和变异数等来反映一组数据的分散情况;或通过计算相关系数来表示一事物与另一事物或一现象与另一现象间的关系情况等,这些都属于描述统计的内容。描述统计主要是描述事物的典型性、波动范围以及相互关系，揭示事物的内部规律。

二、推断统计

推断统计是研究如何根据样本的数据来推断样本所代表的总体的数量特征的方法。在心理与行为研究中，许多研究问题都难以做到对所有研究对象逐一进行观测。可以说在绝大多数情况下，只能对从所有研究对象中所抽取出来的一个样本进行研究，再通过这个样本研究的结果来推断它所代表的全体的情况。依据局部估计全体的原理，可以对假设进行检验与估计，对事物与事物间的差异进行比较，对影响事物变化的因素进行分析等。

描述统计和推断统计两个部分，实际上反映了统计方法发展的两个阶段，也反映了应用统计方法探索客观事物数量规律性的不同过程。两者在探索客观现象的数量规律性中都有着重要的作用。

不管是描述统计还是推断统计都是手段，目的是要寻找客观事物或现象的内在数量规律。如果能够对研究的全体进行观测，那么经过描述统计就可以达到认识全体数量规律的目的；如果无法获得全体的观测数据，而只能对全体的一部分进行观测，那么要寻找全体的数量规律，就必须应用概率法则通过局部信息对全体进行推论。

可见，描述统计和推断统计是统计方法的两个组成部分。描述统计是整个统计学的基础，推断统计则是现代统计学的主要内容。在对现实问题的研究中，由于我们所获得的数据主要是样本数据，因此推断统计的作用显得越来越重要。即便如此，如果没有描述统计收集可靠的统计数据并提供有效的局部信息，再科学的推断统计方法也不可能得出正确的结论。

第三节 心理统计中常用的基本概念和统计符号

一、总体和样本

在进行心理或行为研究时，首先要确定的就是研究的对象问题。例如，要研究某地区中学生的某种心理或行为特征，那么该地区的所有中学生都应属于该研究的对象。但事实上研究者是不大可能对所有符合该研究对象特征的学生都进行研究的，因而就需要从这一地区所有的中学生中选取一部分来进行研究。

这就是总体的确立和样本的选取问题。

总体（population）是指具有共同性质的一类事物所组成的集合。构成总体的每个基本单元称为个体。总体有时是设想的或抽象的，它所包含的个体数目是无穷多的。例如青少年这一总体，如果不加以时空限定的话，它是指所有从青春期到成年之前，即年龄范围在十一二岁至十七八岁之间的未成年人。这样的总体称为无限总体。总体有时也是具体的，它所包含的个体数目也可以是有限的，如某一地区或某一学校的在读学生，这样的总体称为有限总体。

如果研究者能够对总体中的每个个体都进行测量或研究，那当然是最理想的，但在实际研究中这是难以做到的。因为有些总体本身就是无限的，即使是有限的总体也会因为人力、物力和财力等的限制而无法对所有研究对象都进行测量或研究。因而研究者往往需要从总体中抽取一部分个体来作为研究对象。从总体中抽取若干个个体所组成的集合称为样本（sample）。样本中所含个体的数量称为样本容量。样本容量越大，它与总体就会越接近，对总体的代表性就越高。样本容量越小，它与总体的偏离就会越大，对总体的代表性就会越低。在实际研究中往往要根据研究的目的和总体的情况来决定样本容量的大小。其基本的原则是要保证样本对总体有较好的代表性。这样，我们根据样本测量所得到的数据，通过统计推断，就可以得到关于总体的结论。

二、随机抽样与抽样误差

既然要从样本估计总体，那就要保证样本的代表性，样本越能近似地代表总体就越好。要使抽取的样本能够无偏地估计总体，必须采用随机抽样（random sampling），即抽样中总体的每一个个体都有同等的被抽取到的机会。随机抽样的各次抽样是相互独立的，即每次抽样的结果既不影响其他各次抽样的结果，也不受其他各次抽样结果的影响。

随机抽样的方法有多种：

简单随机抽样（simple random sampling）　从包含 N 个抽样单元的总体中按不放回抽样抽取 n 个单元，即第一个样本单元从总体中所有 N 个抽样单元中随机抽取，第二个样本单元从剩下的 $N-1$ 个抽样单元中随机抽取，依此类推。若任何 n 个单元被抽出的概率都相等，则称这种抽样方法为简单随机抽样。如按照抽签的方法或根据随机数字表的方法抽取研究对象等都是简单随机抽样。

分层抽样（stratified sampling）　也叫类型抽样，就是将总体单位按其属性特征分成若干层或类型，然后在层或类型中随机抽取样本单位。其特点是由于通过划类分层，增大了各类型中单位间的共同性，容易抽出具有代表性的调查样本。该方法适用于总体情况复杂，各单位之间差异较大的情况。具体实施时首先将总体分成互不重叠的层，在每层中独立地按给定的样本量进行抽样。如将总体按性别标志分为男女两个层次，然后确定在每个层次上男、女占总体的比例，并据此计算出样本中每层应抽取的人数。最后从每层中用简单随机抽样的方法按比例抽取样本。

整群抽样（cluster sampling） 将总体分成若干互不重叠的群，每个群由若干个体组成。从总体中抽取若干个群，抽出的群中所有的个体组成样本。这种抽样方法称为整群抽样。例如：入户调查，按地块或居委会抽样，以地块或居委会等有地域边界的群体为第一抽样单位，在选出的地块或居委会实施逐户抽样；市场调查中，最后一级抽样时，从居委会中抽取若干户，然后调查抽中户家中所有 18 岁以上成年人。这种方法适用于群间差异小、群内各个体差异大、可以依据外观的或地域的差异来划分的群体。

多级抽样（multistage sampling） 就是把从总体中抽取样本的过程分成两个或多个阶段进行的抽样方法，又叫多阶段抽样。它通常适合于总体内个体单位数量较大，而彼此间的差异不太大的情况。采用这种方法可以提高抽样效率，降低抽样成本，达到以最小的人财物消耗和最短的时间获得最佳调查效果的目的。具体方法是先将总体各单位按一定标志分成若干群体，作为抽样的第 1 阶段单位，并依照随机原则，从中抽出若干群体作为第 1 阶段样本；然后将第 1 阶段样本又分成若干小群体，作为抽样的第 2 阶段单位，从中抽出若干群体作为第 2 阶段样本，依此类推，直到满足需要为止。

系统抽样（systematic sampling） 将总体中的抽样单元按某种次序排列，在规定的范围内随机抽取一个或一组初始单元，然后按一套规则确定其他样本单元的抽样方法，也叫等距抽样（periodic systematic sampling）。如将总体中的 N 个抽样单元按某种次序排列，并编上 1 到 N 的号码，抽取 n 个单元的等距抽样，即是抽取号码为 h，$h+k$，$h+2k$，…，$h+(n-1)k$ 的 n 个单元，其中 k 是 N/n 整数，h 是从 1 到 k 的整数中随机抽取的初始单元的号码。例如：从 1 000 个电话号码中抽取 10 个访问号码，间距为 100，确定起点（起点<间距）后每 100 号码抽一访问号码。

从总体中随机抽取的样本，其结构不可能和总体完全一致，因而样本指标与总体指标之间就会存在一定的误差。样本与总体指标之间的误差有两种来源：一种是由于主观因素破坏了随机原则而产生的系统性误差和由于人为的差错所造成的过失性误差；另一种是由于抽样的偶然性所引起的随机性误差。抽样误差仅仅是指后一种由于抽样的偶然性所带来的随机性误差。

虽然抽样误差不可避免，但可以运用大数定律的数学公式加以精确地计算，确定它具体的数量界限，并可通过抽样设计加以控制。

抽样误差也是衡量抽样检查准确程度的指标。抽样误差越大，表明样本对总体的代表性越小，抽样检查的结果就越不可靠。反之，抽样误差越小，说明样本对总体的代表性越大，抽样检查的结果就越准确可靠。

抽样误差受多种因素的影响，如总体的变异情况、样本容量和抽样方法等。一般来说，总体变异愈大则抽样误差愈大，反之则愈小；在其他条件相同的情况下，样本容量愈大，则抽样误差愈小；抽样方法不同，抽样误差也不相同。选择适当的抽样方法是减少误差的一种手段。值得注意的是，在研究中应关注总误差的降低而非某种类型误差的大小。例如，如果一味地为了降低抽样误差而加大样本量，则忽视了由于样本增大后，增加了其他人为因素造成的误差，从而会使总体误差增大。

三、常量与变量

常量（constant）和变量（variable）是相对的概念。常量是指在研究过程中不随任何变量变化的量，即它的取值不发生变化，或者即使发生变化，这种变化相对于所研究的对象来说极其微小，通常可忽略不计，如圆周率 $\pi=3.14159$。变量是指研究中可发生变化的因素，它是研究中研究者可以操纵、控制或观察的条件或特征，它在观察和测量过程中总是变化的，即可以取不同的数值。常量与变量是一种辩证的关系，不能绝对地来理解。只要在一个研究过程中，取值不发生变化的量就是常量，而不论在其他场合这个量是不是会发生变化。例如在研究自由落体运动时，重力加速度 g 是被看做常量的，但在研究地球上不同地点的重力加速度时，g 又被看做是一个变量。

同一变量的不同取值，我们称之为变量的"水平"；不同变量的种类，我们称之为维度或因素。如年龄、智商、性别等就是不同质的被试特征，它们是不同维度的变量。在研究中，某一变量可以取不同的水平，但其研究的变量仍是一维的。如我们研究儿童的某项心理特点，我们可以选取多个年龄段：8岁、10岁、12岁等多个年龄，但其研究变量仍然是一维的。因为研究中的变量只有一个：年龄。但是，如果还要考察不同性别间的差异，那么该研究就是一个二维的或二因素的研究：年龄×性别。

四、连续变量与离散变量

研究中变量的分类有多种，因而有多种变量名称。依照变量的值是否连续，可分为连续变量（continuous variable）与离散变量（discrete variable），这种分类在对数据的统计处理时有重要意义。

连续变量是指在一定区间内可以任意取值的变量，其数值是连续不断的，相邻两个数值可作无限分割，即可取无限个数值。例如，人体身高、体重的测量，人的能力、智力的测量等均为连续变量。连续变量的数值一般通过测量的方法取得，所以这类数据一般也称为测量数据。离散变量是指相邻的观测值之间有间隙或间断的变量，其数值只能用自然数或整数单位计算。例如，人数、仪器设备数、性别（设女性取值为 0，男性取值为 1）、分组（设 A 组取值为 1，B 组取值为 2，C 组取值为 3……）等，只能按计量单位数计数。由于离散变量的数值一般用计数方法取得，所以这类数据一般也称为计数数据。需要注意的是，在实际的数据处理和分析时，可以根据需要将离散变量作为连续变量来处理，或将连续变量作为离散变量来处理。如可以把连续变量"测验分数"变为"高"、"中"、"低"三组而变为离散变量。

五、自变量与因变量

在实验中，自变量（independent variable）是指由实验者操纵和控制其变化的变量，而因变量（dependent variable）是指由自变量所引起反应的变量。实验中自变量与因变量之间是一种因果关系。自变量与因果关系中的"因"相联系，是引起因变量变化的条件或因素；因变量与因果关系中的"果"相联系，是自变量的变化所引起的结果。

在数据分析和处理中，根据一个变量在分析和处理中的作用，把那种通过其他变量来描述的变量称为因变量或目标变量（target variable）；而把那种与其他变量一起用于描述因变量的变量称为自变量或预测变量（predictor variable）。例如，在分析人格特征和动机等因素对学生学习成绩的影响时，人格特征变量和动机变量是自变量，学习成绩变量是因变量。数据分析中的自变量与因变量是相对的。一个变量是自变量还是因变量，与统计分析的目的有关。同一个变量在某种分析中作为因变量，而在其他分析中可能作为自变量。

六、参数和统计量

参数（parameter）也叫总体参数，是描述总体的特征量。如果我们能够对总体中的每一个个体进行测量从而得到每一个个体的测量数据，那么我们就可以据此计算出总体的特征量。但事实上在绝大多数情况下我们都不大可能得到总体中所有个体的测量值，因而描述总体的这种特征量往往很难直接通过总体中的每一个个体数值计算得出，而是更多地通过样本去进行估计，即按照一定的抽样方法，从总体中抽取一个能够代表总体的样本，然后得到样本中每一个个体的测量数据，并据此计算出描述样本的代表数据，以此作为总体特征量的参考数值。故统计量也叫样本统计量（statistic），它与总体参数相对应，它是根据组成样本的各个个体数值而计算出来的描述样本的特征量。

参数是描述总体特性的统计指标，它是固定的，即是一个常数。统计量是从一个样本计算而得出的描述样本特性的统计指标，它随着样本的变化而变化，即是一个变量。通过样本统计量去对总体参数进行预测和估计，就会由于样本不同而产生抽样误差。抽样误差是抽样所特有的误差，凡进行抽样就一定会产生。这种误差虽然是不可避免的，但可以控制。只要样本是随机抽取的，则抽样误差也是随机的，并有其分布的规律性，可用统计方法估计其大小，使其保持在研究所允许的范围内。

参数和统计量之间往往用不同的符号来加以区别。参数常用希腊字母表示，而统计量则常用英文字母表示。如反映总体集中趋势的统计指标，总体平均数或期望值用希腊字母 μ 表示，而与此对应的样本平均数则用英文字母 M 或 $\bar{X}$ 表示；反映总体离散趋势的统计指标方差和标准差分别用希腊字母 σ^2 和 σ 表示，而对应的样本方差和标准差则用 s^2 和 s 表示。另外，统计符号的大小写往往也表示不同的含义，不能混淆。如 N 通常表示总体容量，n 表示样本容量；X 表示随机变量，x 表示离差，等等。

七、常用统计符号

统计学中所涉及的符号有希腊字母和英文字母两类，分别表示总体参数和样本统计量。具体使用可参照国标 GB/T 3358.1—93 的有关规定书写，也可参照有关学术刊物的规定。如样本总数用 N，样本数为 n，平均数为 M，标准差为 SD，t 检验为 t，F 检验为 F，卡方检验为 χ^2，相关系数为 r，显著性（即差异由随机误差所致的概率）为 p 等。表 1-1 列出了常用的统计符号。

表 1-1 常用统计符号

符号	释义	符号	释义
df	自由度	r_b	二列相关
f	频数	r_k	评分者信度
F	F 检验统计量	r_s	斯皮尔曼等级相关系数
f_e	期望频次	SD（或 S）	标准差
F_{max}	Hartley's 方差齐性检验	SE	标准误
H_0	虚无假设	SS	平方和
H_1	对立假设或备择假设	t	t 检验统计量
M（或 $\overline{X}$）	平均数（算术平均数）	U	曼—惠特尼检验统计量
Mdn（或 Md）	中数	W	肯德尔和谐系数
$Mode$（或 Mo）	众数	X	随机变量 X
MS	均方	x	随机变量 X 的离差
MSE	均方误	z	标准分；一个分布中的某变量和平均数的差距除以 SD 所得值
n	样本数	α	Alpha；犯Ⅰ型错误的概率；克伦巴赫内部一致性信度系数
N	样本总数	β	Beta；犯Ⅱ型错误的概率（1-β 为统计检验力）；标准化多元回归系数
p	概率；也指二项分布中的成功概率；百分比；百分位数	μ	Miu；平均数
q	二项分布中 $1-p$ 的值	ν	Nu；自由度
Q	四分差	ρ	Rho；相关系数
r	相关系数	Σ	Sigma（大写）；相加求和
R	多重相关；也可表示等级	σ	Sigma（小写）；标准差
r^2	皮尔逊积差相关的平方；决定系数	ϕ	Phi；列联表相关指标；也用作决定样本量的参数或统计检验力
R^2	多重相关的平方；关系强度的测量	χ^2	Chi；卡方检验统计量

思考与练习题

一、名词概念

总体 样本 个体 随机抽样 参数 统计量 变量 连续变量 离散变量

二、单项选择题

1. 样本平均数的可靠性和样本的大小（　　）。
   A．没有一定关系　　　　　　B．成反比
   C．没有关系　　　　　　　　D．成正比
2. 为了避免偏性估计，用来推测总体的样本应该是（　　）。
   A．任意抽选的　　　　　　　B．按比例抽选的
   C．随机抽选的　　　　　　　D．按原则抽选的
3. 随机现象可以用数字来表示，则称这些数字为（　　）。
   A．自变量　　　　　　　　　B．因变量
   C．随机变量　　　　　　　　D．相关变量
4. 总体统计特征的量数称为（　　）。
   A．统计量　　　　　　　　　B．频数
   C．参数　　　　　　　　　　D．随机数
5. 下面哪一个符号表示总体相关系数。（　　）
   A．R　　　　　　　　　　　B．r
   C．pr　　　　　　　　　　 D．ρ

三、简答题

1. 连续数据与离散数据的区别是什么？分别给出一个连续数据一个离散数据的例子。
2. 统计量和参数之间的区别和关系是什么？
3. 什么是抽样误差？如何控制抽样误差？

第二章 数据的收集与整理

数据收集是进行统计分析的第一步，能否进行正确的统计分析和推论，除了方法正确之外，还取决于数据资料的收集是否合理。在心理学研究中常用的数据收集方法主要有观察、实验、调查和问卷等。本章主要介绍怎样正确地获取研究所需的数据资料，并对数据资料进行初步的整理以及根据其特点和类型进行分析，如制成图表等，才能使数据资料所包含的信息更为直观和明显。

第一节 数据的收集

数据资料是我们利用统计方法进行统计分析的基础，在心理学研究中，大多数的统计数据都来源于直接或间接的观察、实验或调查等方法。

一、观察法

观察法是指研究者根据研究的目的，按照研究的计划，运用感觉器官或辅助工具直接对被研究对象的行为和心理特征进行观察和记录，从而获得研究资料的一种方法。在心理学研究中，观察法尤其适用于非言语行为资料的收集。

观察法的主要特点是研究者在不进行任何干预的情况下观察和记录客观发生的事实。观察法要达到预期的效果，研究者必须对事物或现象进行适当的编码和正确的记录。所以观察之前研究者就应该有明确的目的和要求，设计好清楚的程序。观察和记录的方法很多，除了常用的笔记或计数器记录以外，现代的录音、录像技术都是经常采用的方法。

观察法有多种形式。根据不同的目的和要求，可以从不同的角度把观察法进行分类。根据研究者是否作为观察对象活动中的一员来分类，可以分为非参与观察法和参与观察法。非参与观察法，也就是一般观察法，是指研究者对观察对象不进行任何干预的情况下观察和记录其活动或状况。参与观察法是指研究者不是作为旁观者进行观察和记录，而是直接参加到观察对象的群体中，作为其中的一个成员与他们一起活动，同时对他们的活动进行观察和记录。此时，如果群体其他成员知道他们的行为被观察和记录，就是"公开参与观察法"；如果其他成员不知道他们的行为被观察和记录，就是"隐蔽参与观察法"。一般地，隐蔽参与观察法更容易获得有关群体成员活动情况的真实资料。但是，真正的隐蔽往往比较困难，此外还会涉及研究的伦理问题，所以采用隐蔽参与观察法进行研究时要慎重。根据事先有没有设定观察的范围和评分的标准，又可分为非结构式观察法和结构式观察法。非结构式观察法是指在没有预先划定观察范围和记分标准的情况下进行的观察。结构式观察法则是按照既定的观察范围和一定的记分标准所进行的观察。非结构式观察法常用于探索性研究，当研究的目标和问题尚未做明确的界定时，它可作为更有系统的研究计划初期阶段。结构式观察法与实验法比较接近，它是指在观察之前先一般地提出研究的假设，对研究的问题进行严格地界定，按照一定的步骤和项目进行观察，并采用标准的工具进行记录。

观察法的主要优点在于它的现实性。它主要研究在现实生活条件下发生的现象，没有研究者人为安排的场面；而且这种研究可以在长时间内进行，因而能够得到有关行为发生顺序和发展过程的资料。

观察法的主要缺点是：第一，对观察结果的量化处理有时有一定的难度，对结果的编码或分类有时具有一定的主观性；第二，在使用观察法时，如果被观察者意识到他们正在受到观察，那么行为表现就有可能不同，使得观察结果不够真实；第三，观察者自身的主观愿望容易影响观察过程及观察结果。

二、实验法

实验法是控制条件下的观察。它是心理学研究中的一种重要的研究方法。应用实验法时，一定的因素（自变量）系统地改变或受到系统的控制，以便确定这种变量是否影响另一种因素（因变量）。实验法有别于其他研究方法的重要特点在于它对所研究的情境给予一定程度的控制，突出自变量和因变量之间的关系，尽可能防止无关因素的干扰。因而实验法是唯一能够确定变量间因果关系的方法。在实验法中常要对被试者进行随机分组，对于有可能影响被试者行为表现的其他因素均要明确加以控制，以充分显露自变量和因变量之间的关系。

实验法既可以在实验室里使用，也可以在其他场合使用。由于研究使用的场合的不同，控制的方法和程度不同，实验法分为实验室实验法、自然实验法和现场实验法三种形式。

1. 实验室实验法

实验室实验法的基本特点是能对所研究的情境给予很高程度的控制，能最大限度地突出重要因素，防止无关因素的干扰，而且是在特定的实验室条件下进行的。正因为这样，实验室实验法通常可以明确自变量对因变量的影响作用。

实验室实验法的优点在于：首先，实验者能够控制实验变量。通过这种控制，可以达到消除无关变量影响的目的；其次，实验者可以随机安排被试者，使他们的特点（如性别、年龄、职业、个性特点等）在各种实验条件下相等，从而暴露出自变量和因变量之间的关系；第三，测量结果精确，统计信度高，可重复验证。

实验室实验法也有很大的缺点。首先，在实验室条件下所得到的结果缺乏概括力，即外在效度较低。其次，实验室条件与现实生活条件相去甚远。再次，在实验室环境中难以消除被试者的反应倾向性和实验者对被试者的影响。

2. 自然实验法

自然实验法是介于观察法和实验室实验法之间的一种方法。自然实验法的特点是，所研究的变量不是由实验者操纵的，而是由环境操纵的。实验者只是利用一定的条件，事件是按照自然顺序进行的。这种方法大大减少了实验室实验法的人为性，如果条件恰当，它可以成为心理和行为科学研究的理想方法。

自然实验法的优点是它具有良好的内在效度和较高的外在效度。

自然实验法的缺点是，由于控制不严，难免有其他因素掺杂进来。另外，因为研究工作要跟随事件发展的本来顺序进行，所以费时较长。

3. 现场实验法

现场实验法与自然实验法不同之点在于，研究者对于环境加以一定的控制，研究者在现场呈现一定的刺激，以观察被试者的反应。

现场实验法的优点在于：由于被试者不知道自己当了被试者，可以消除他们的反应偏向；又由于控制了自变量，所以可以看出需研究的变量间的因果关系。

现场实验法的缺点是，对实验中的无关变量难以做到精确的控制，因而对实验结果的解释会比较困难。

三、调查法

调查法是研究者根据一定的研究目的，拟定出一系列的问题，向被调查者提出，要求他们作出口头或书面回答，然后整理所获得的资料，从中得出研究结果的一种方法。

调查法可分为两种形式：一是访谈法，二是问卷法。访谈法是研究者以言语的方式向被调查者直接提问，并记录回答。问卷法则是以书面形式向被调查者提问，要求他们填写问卷。问卷在内容上又可分为事实问题和态度问题两部分。对事实问题的结果处理一般是逐题进行，而对态度问题的处理则通常是一组一组地进行。

采用调查法进行研究时要注意两个问题。第一，要注意研究范围，有针对性地设计出一套问题。所提问题应是能反映所要研究的对象的要求，即要具有效度。同时，提问的形式、语气、用词也要适当，不可给被调查者暗示，也不能过于直接、过于理论化。第二，要注意被调查对象的取样问题。取样准确才能保证结果有代表性。

调查法的优点在于：直截了当，针对性强；比较省时省力，收集的信息量较大。调查法的缺点主要在于准确性方面。被调查者的回答可能会受各种因素干扰，尤其是使用问卷法调查时，这种缺点更为明显。

第二节 数据的整理——统计表与统计图

根据上述方法所获得的数量结果便是数据。数据也称数字资料，按其来源或由什么方法观测所得，可以分为计数数据和测量数据两种。按数据是否连续来分，又可将数据分为连续数据和离散数据两种。对原始的数字资料进行整理主要包括对数据进行一些必要的处理、加工和根据数据类型制作统计表和统计图等。

一、数据的初步整理

测量数据和计数数据，都带有一定的实际单位，都有一定的质与量，都是由实际观测得到的，因而又称为实际数。另外还有一类数目，它们不带实际单位，是由计算所得到的，这类数目被称为理论数目或抽象数目。例如百分数、相对频数、比率（比例）、差异系数、相关系数，等等。

对原始的数据资料进行整理的目的是为了使数据资料更能够表现出其内在规律和特性。因而有时需要对原始数据进行一些必要的处理或加工，如计算比率、比例、百分数、次数、频率和概率等。

比率：即两个数之比，a 对 b 的比率写作 a/b。有时是部分对总数的比，有时是一部分对另一部分的比。

比例：是一种特殊的比率，是部分对总数的比率。比例永远不能大于 1.00。

百分数：亦称百分比率，是部分对总体的比率乘以 100。百分数不能超过 100。它经常用于两个总数不同时的比较。使用百分数时要注意：（1）如果总数小于 20 最好不用，因为这时部分增减一个，百分数变化很大，不易比较；（2）在总数小于 100 时，百分数出现小数没有意义，因为次数是一个整数；（3）百分数小于 1 时，容易与比例数混淆，说明时最好改为千分之几、万分之几，如说明出生率时。

次数：是指某一事件在某一类别中出现的数目，又称频数，一般用符号 f 表示。

频率：又称相对次数，即每一数据出现的次数被这一组数据的总数除。频率一般用比例来表达。

概率：是随机事件出现的可能性的量度，指某事件在无限的观测中所能预料的相对出现次数。概率一般是用比例来表达的。

在对数据进行整理或处理时要遵循一定的规则：

任何实验结果都存在着误差，那么在测量和运算中，应该确定几位数字来表达才合理呢？这就要采用有效数字法则。

有效数字的规定：

（1）表达实验结果的有效数字，只允许结果的最后一位是可疑数字。测量数据（实验结果）一般应读到仪器最小刻度的十分之一，称为读数。其最末一位的数是不准确的数，称为可疑数字。如计时器的最小刻度为 10 毫秒，测量时读数为毫秒（例如 123 毫秒），这里 3 毫秒就是可疑数字，是存在误差的（指针同指一处，因观察者不同，读数会各不相同），123 毫秒有效数字是三位。

（2）有效数字确定后其余的数都要舍去，一般采用四舍五入的规则。

（3）有效数字位数与小数点位置无关，而小数点的位置只与所取单位有关，而与测量时准确度无关。例如上例反应时以秒为单位，就记为 0.123 秒，有效数字仍然是三位。如果有一数据为 100 毫秒，变为秒时，如有效数字仍然是三位，则应写 0.100 秒这里的"0"不能去掉。

有效数字计算规则：

（1）加减：几个数字相加减，应按照各个数量中小数点后位数最少的一个为准运算。

如 123 毫秒+121.5 毫秒，3 毫秒已是可疑数字，在观测时有人读 3，有人读 2 或 4，而 121.5 毫秒（假设仪器再精确些）这里 0.5 毫秒已毫无价值了（毫秒已有误差，比毫秒小的单位再准确也无意义），因此其结果应为 123 毫秒+122 毫秒=245 毫秒。若做减法也同样，123 毫秒-122 毫秒=1 毫秒。

（2）乘除：几个数量相乘除时，所得结果的有效数字，应依各数量中有效数字位数最少的一个为准。如

$$123\times 0.12\approx 15$$

就是三位有效数字与两位数字相乘，积的有效数应为两位。

还有几种特殊情形：

①如果一次的乘积不是最后结果，则可比位数少的那个数量多保留一位。

②两数相乘时，有效数字少的一个数（A）若其第一个有效数字等于或大于 8，则在处理计算结果的有效数字位数时，可将 A 视作多了一位有效数字。如：$A\times B=0.80\times 5.00=4.00$。

（3）在乘除法中有常数或指定数时，指定数或常数的有效位数可视为不定。如

$$4.11\times 2=8.22$$

求几个数的平均数时，有效数字位数允许增加一位。如

$$181\div 8=22.62$$

这里的 8 可视为指定数，它的有效数字可视为不定，8.0，8.00，8.000，…，都可以。

常数的有效数字可根据需要决定。如

$$\pi=3.14，3.141\ 5，3.141\ 59，\cdots$$

有些数字不是实验数据，有效数字可以任意取值。

二、统计表

统计表是表达数字资料的一种重要方式，在对数据资料进行整理之后，往往采用统计表的方式来表达。统计表把杂乱的数据有条理地组织在一张简明的表格内，使数据的表达更直观，给人以一目了然，清晰简洁的印象。统计表在心理学研究报告和宣传展示中被广泛地应用。因而，正确地制作和使用统计表是进行统计分析的一项基本技能。

1. 统计表的构造

统计表是用于显示统计数据的基本工具。在数据收集、整理、描述和分析过程中，都要使用统计表。统计表的形式有多种多样，根据使用者的要求和统计数据本身的特点，可以绘制形式多样的统计表。

统计表的组成一般有四个部分，即：表题、行标目（横标目）、列标目（纵标目）和数字资料，必要的时候还可以在表的下方加上说明（备注）或资料来源等项。表题的位置在表的上方，它说明统计表的主要内容。行标目和列标目

通常安排在统计表的第一列和第一行。它所表示的主要是所研究问题的类别名称和指标名称，通常也被称为"类"。说明或资料来源等是表外附加的部分，通常放在表的下方。表 2-1 是常见的统计表的形式。

表 2-1 实验班和对照班测验成绩比较

班级	n	M	SD	t	p
实验班	42	75	15.57	0.833	0.407
对照班	40	72	14.68		

2. 统计表的设计

统计表的设计要符合科学、实用、简明、美观的原则。

关于表的内容：表的内容应尽量简明。一个表只表示一个中心内容，列入表内的资料应以能说明这一中心内容为限。如果表的内容庞杂，会使表目纷繁，不能给人以清晰的印象。两三个简单的小表，往往会比一个大表效果要好。

关于表的标题：每一个表都要有一个标题，标题的措词应扼要。它的内容是由表所要说明的问题所决定的。标题是一个表的名称，使人一望可知表的内容；如果过于简单，不足以说明原意时，可于名称下面附以说明。也可以在备注中加以说明。表号、标题的位置是在表的上方。

关于标目：即分类的项目。行标目（横标目）用以向右说明，列标目（纵标目）用以向下说明，也可把具有共同性质或特征的行标目或列标目放在一起并冠以一个总标目。标目处理得好坏决定统计表的质量，因而要认真酌定。在各标目中如果需要可注明单位。

关于数字：数字是统计表的语言，数字书写要统一整齐，同一竖列的数字小数点要上下对齐，整数位超过三位要空一格，数字空缺要划"—"代替"0"字，有效位数要一致，要取舍得当。

关于线条：作宣传展示之用的统计表可用线条把各列和行隔开，统计表的两边纵线也可省去，上下两边须有横线，标目与数字间、数字与合计间、两个总标目之间可用线隔开，每一横标目之间也可以不用横线隔开，表的左上角不宜有斜线。不必要的线条应省去。科技论文或研究报告中的统计表，则提倡使用三线表，即只有表的上、下横线和分隔标目和数据资料的横线。各列标目和数字要对齐，列与列之间用空格隔开。

关于表注：表注写于表的下方，它不是统计表的必要组成部分，例如不必要的备考、附记不应列入表内，而应于表注中说明。同时，表名的补充说明、资料来源等都可于表注中说明。

三、统计图

根据统计资料，通过点、线、面、体、色彩等的描绘，制成整齐而又规律、简明而又知其数量的图形，称之为统计图。统计图也是几何图形，是根据解析几何原理绘制的。其在空间的位置用坐标系的数量来表示。统计图就是将这样的几何图形与统计资料相结合而成的。最常用的坐标系为直角坐标系，即二垂线相交，交点为原点；水平线为横轴，常用以代表事物的组别或自变量 X；垂直方向的线称为纵坐标，常以它代表各事物出现的频率或因变量 Y。除直角坐标外还有角度坐标（如圆形图）、地理坐标（如地形图）等。

统计图在数据整理中占有很重要的地位，它是用形象化的方式把事物或现象的特征表示出来。由于图形较数字更为具体，能把事实或现象的全貌形象化地呈现在读者的面前，给人以清晰深刻的印象，因而便于理解和记忆。此外，统计资料中的各种事实或现象，都是互相制约和相互依存的，凡是量与量的比较、总体的结构、事实或现象在时间上的发展趋势、各种事实或现象间的相互依存关系等，用统计图表示都是一个较好的方法。

统计图有一定的艺术性，它把事实或现象表现得更为生动、有趣，因此在宣传展览中常常使用，收到的宣传鼓动功效一般较大。但它也存在一些缺点，如图示的数量不容易精确、绘制准确而美观的图形费时费钱。如果绘制不当，反而会掩盖事实真相，得到适得其反的效果，因而使用时也需加以注意。

1. 统计图的种类

统计图可以按图的形状、数字的性质、图的用途等标志分为多种类别。

按图的形状分，有条形图、直方图、线形图、圆形图、地形图、立体图、象形图、散点图等。

按数字性质分，有实数图、累积数图、百分数图、对数图、指数图、正负数图等。

按图的用途分，有演讲图、研究参考图、业务报告图、工作管理图等。

在心理统计中，最常用的统计图是按形状划分的条形图、直方图、线形图、圆形图、散点图等。但有时也会遇到茎叶图和箱形图等图形。本节主要讲述这几种常见的图形。

2. 统计图的结构

统计图的结构有以下几部分：

图题部分：统计图的名称，亦称标题。应以简洁的文字扼要叙述统计图的内容，使人一见而知该图所要显示的是何事、何物，发生于何时、何地。因而它应包括资料所指的事物、地区、范围、起止时间等。如果图示资料比较繁杂，往往非数语所能概括无遗，于是图题又可分为大标题与小标题两种。将它们分别列出以求醒目。图号是为便于查找，写于图题之前的编号，可视为图题的一部分。整个图题部分一般写在图的下方。

图目部分：图目即图中的标目，包括细目、分目两种，是绘于图形基线上各种不同类别或时间、空间的统计数量。

图尺：又称尺度、分度或量尺，是尺度线、点、尺度单位的总称。图尺有算术尺度、几何尺度、百分尺度、对数尺度等。图尺又称坐标分度，有横坐标与纵坐标，一般根据制图的需要及资料的性质来选用单位。

图形部分：统计图的主体部分。

图线：指图形部分之外的各种直线或曲线的总称。它包括：（1）图形基线（横坐标）；（2）指导线；（3）边框线。（指导线与边框线不是必要组成部分。）

图注：凡图形或其局部或某一点，需要借助文字或数字另行加以补充说明者，均称为图注部分。图注部分印刷字号要小，字数要适当。图注可以帮助读者理解图形所示资料、减少疑义，便于分析比较，提高统计图的使用价值。

3. 绘制统计图的注意事项

关于图幅大小：视使用方便而定。

关于图式是横幅还是纵幅：视资料的性质而定。例如：关于属性数列的资料而想绘纵条图，则采用横幅较宜，若时间数列则多采用横幅。

关于图题：字号是图中所用字中最大的，但要与整个图相称，不能太大，它的行数最多不能超过三行。文字的排列顺序要与图形、标目排列顺序协调一致，一般是自左至右，位于图的正下方。

关于图目：位置要靠近其标注的图形，图目文字要小于图题，如有单位注明。

关于图尺：尺度线要与图形基线垂直，要标明数值，尺度分点要清楚，宜于读数和计数，要能包括最大和最小的数据，同一尺度不能表示性质不同的两件事。如遇到一组数据中只有一个最大数值的数据，而其余的数据数值都很小时，可采用迴尺法或断尺法，以减少图幅，使画面经济美观。

关于图线：图中所用线条由粗到细的排列顺序：图形曲线最粗，边框线，图形基线，尺度线，图形轮廓线、断裂线等，指导线最细。

关于图形：要位于图的中央，所占面积应以图框内面积的一半为宜，除图形外，避免书写文字、数字，同一类图形比较时，要使用同一比例。长度一定，可比较宽度；宽度一定，可比较长度，这样才能显示出图示资料的差异来。图形的种类前面已有叙述，使用何种图形显示资料为宜，则需要看使用者的目的以及资料的性质。

4. 几种常用的统计图

（1）条形图

条形图（bar chart）是以条形长短表示事物数量的大小，显示各数间差异的一种图形。它主要用于比较性质相似，而间断性的数据资料。条形图按其条形形状，可分为直条图（或称矩形条图）、梯形条图、尖形条图和圆形条图等。其中直条图使用最广。条形图按数据表达方式可分为简单（simple）条图（单式条图）、复式（clustered）条图（分组条图）和堆积（stacked）条图（分段条图）三种。绘制条形图时要注意以下几点：

①尺度须从零点开始。要等距分点，一般不能折断，否则会使长条间的比例发生错误，不易显示资料的差异情形。在不得已而折断的时候，应将数值在折断处注明。

②条宽与间隔比例：直条图是以条形的长短表明数量的多少，宽度与数量大小无关，但过宽或过窄与美观与否相关，因而宽窄要适度。各条形之间的间隔要一致，两条形之间的宽度为条宽的 0.5~1 倍之间比较合适，这样的画面美观大方。

③各直条的宽度要一致，应有一条共同的直线为基线。

④直条的顺序可按时间序列、数量多少、相比较事物的固有序列排列，要根据具体情况来定。

⑤相比较的直条数目不宜太多，最多不能超过 20 个。

⑥复式条图有关各长条可拼在一起、不留空隙。各组内直条排列次序必须一致，以便比较。

表 2-2~表 2-4 中的数据，可分别转化为简单条图、复式条图和堆积条图（图 2-1~图 2-3）。

表 2-2 某校历年招生人数

年份	2001	2002	2003	2004	2005
人数	120	135	150	280	300

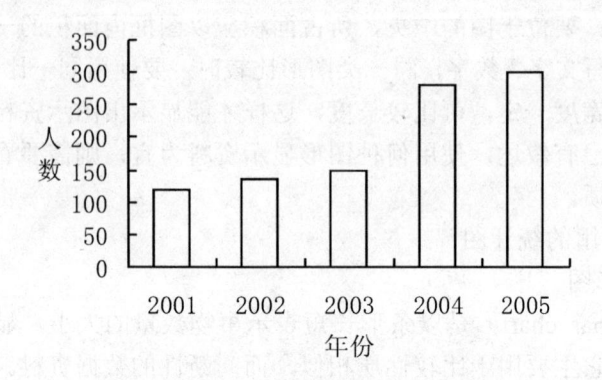

图 2-1　某校历年招生人数简单条图

表 2-3　实验班、对照班各等级人数

班级	优	良	中	差
实验班	9	23	15	5
对照班	5	16	22	8

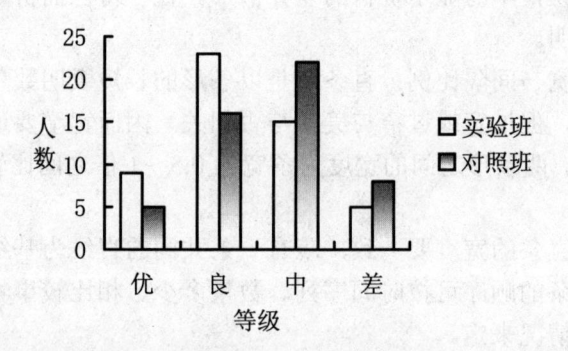

图 2-2　实验班、对照班各等级人数复式条图

表 2-4　各年级男女生人数

学生	一	二	三	四	五	六
男生	123	118	115	132	125	140
女生	127	121	112	130	130	145
总和	250	239	227	262	255	285

第二章 数据的收集与整理　　　　　　　　　　　　　　　　　　　　　　　　　　23

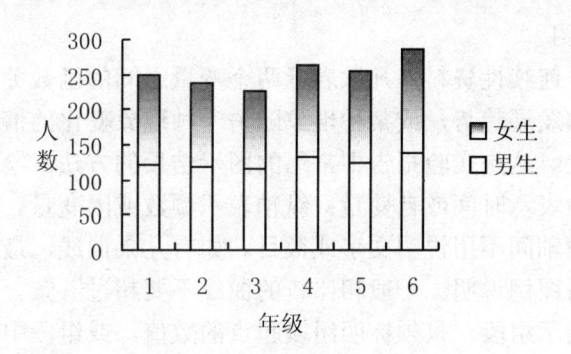

图 2-3　各年级人数堆积条图

（2）圆形图

圆形图用于间断性资料，主要目的为显示各部分在整体中所占的比重，以及在各部分之间的比较。所要显示的资料多以相对数（如百分数）为主。圆形图的图尺部分为圆周，分度是将圆周等分为 100 份，每百分之一相当于 3.6 度，它的基线是在圆的上方或下方的半径。绘图时要注意以下几点：

①基线确定后，按顺时针方向各部分由大而小排列；或按相比较事物固有顺序排列。

②图中各部分用线条分开，注明简要文字及百分比，也可用不同颜色或不同斜线条将图中各部分分开，如果不在图中注明文字，可在图例中用文字说明图中各部分的内容。

③如有两种性质类似的资料相比较，应取直径相同的两个圆，图中各部分排列顺序要一致才能比较。

图 2-4 是圆形图示例。

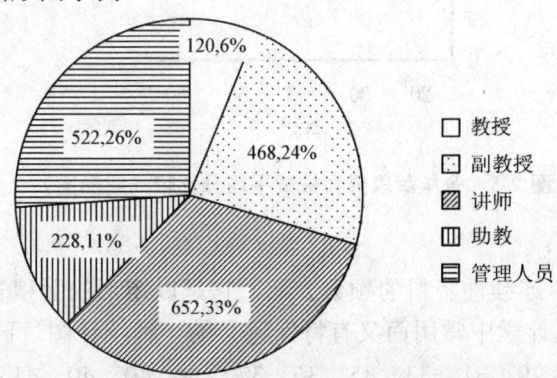

图 2-4　某校教职工构成比例（圆形图）

（3）线形图

线形图用于连续性资料。凡欲表示两个变量之间的函数关系，或描述某种现象在时间上的发展趋势，或某种现象随另一种现象变化的情形，用线形图表示是较好的方法。这是实验报告中常用的图示结果的方法。绘图要点如下：

①通常横轴表示时间或自变量；纵轴表示频数或因变量。

②曲线与横轴间不用说明文字或数目。如有几条曲线，最好应用不同形式相互区别，并用图例说明。一般相比较的曲线不要超过五条。

③若横轴表示组段，只须标明组段起点的数值，或组段中点的数值。

如果数据资料成对数或指数变化，可取对数坐标绘制对数曲线；若一列变量成算术级数变化，另一列成对数或指数级数变化，则可将横轴与纵轴分别取算术坐标和对数坐标，绘制半对数曲线。

表 2-5 中的数据转化为线形图如图 2-5 所示。

表 2-5　各年龄段男女被试平均分数

性别	年　龄　段				
	20	30	40	50	60
男性	70	82	77	75	62
女性	65	76	69	72	68

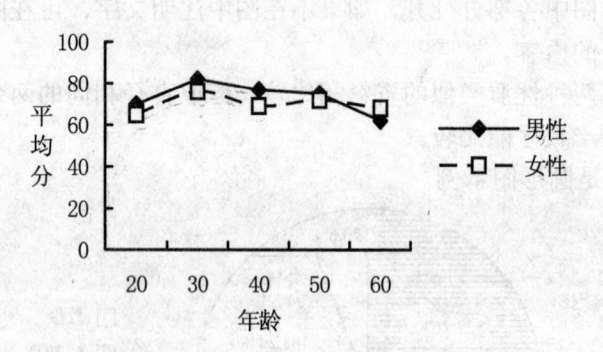

图 2-5　各年龄段男女被试平均分比较（线形图）

（4）直方图

直方图是表示连续性资料的频数分配，它是以矩形的面积表示频数分配的一种条形图，是统计学中常用而又有特殊意义的一种统计图。下面是一组数据：

21　26　29　31　33　35　36　37　38　40　40　41　42　43　43
44　45　47　47　47　48　48　49　49　49　50　50　50　50　52

第二章 数据的收集与整理

```
53  53  54  54  54  55  56  57  57  57  58  58  59  60  62
63  63  64  66  67  68  69  71  72  79
```

将上面数据绘制成直方图如图 2-6 所示。

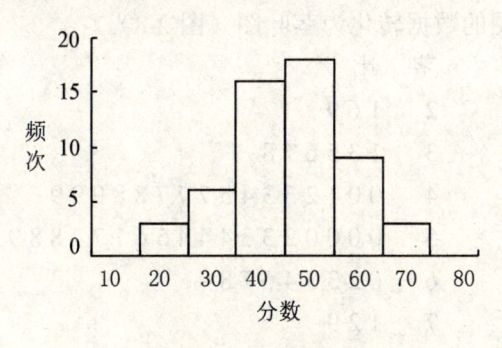

图 2-6 直方图示例

（5）散点图

散点图又称点图，它是以圆点的大小和同大小圆点的多少或疏密表示统计资料**数量大小及变化趋势的图**。散点图有多种，而教育、心理统计中常用的是相关散布图。它是以圆点分布的形态表示两个变量或两种现象之间相关程度高低的一种图形。

表 2-6 是一组被试者在两项测验上的分数，用散点图表示如图 2-7 所示。

表 2-6 被试者在测验 X 和 Y 上的分数

被试者	1	2	3	4	5	6	7	8	9	10	11	12	13	14	15	16	17	18	19	20
X	87	69	79	75	48	52	68	65	88	84	75	74	92	80	71	74	82	60	65	70
Y	82	74	75	71	51	61	76	70	75	89	82	80	87	84	75	68	75	65	61	63

图 2-7 散点图示例

（6）茎叶图

茎叶图兼有数字和图形的特点，把统计表和统计图合二为一，可以使我们看到资料的次数分配图形而不致丧失原有的信息，亦即原始资料可被复原。如将图2-6所示直方图的数据转化为茎叶图（图2-8）。

```
茎    叶
2    1 6 9
3    1 3 5 6 7 8
4    0 0 1 2 3 3 4 5 7 7 7 8 8 9 9 9
5    0 0 0 0 2 3 3 4 4 4 5 6 7 7 7 8 8 9
6    0 2 3 3 4 6 7 8 9
7    1 2 9
```

图2-8 茎叶图示例

从上图可以看出这项资料大致成常态分布的形式，并很容易把资料复原。如第一行，可还原成21，26，29，其他以此类推。

（7）箱形图

箱形图（Box-plot）因其形状而得名，又称为盒须图或盒式图。是一种用作显示一组数据资料分布情况的统计图。通过箱形图可了解资料分布是否为对称性；可了解中位数的位置；可判断数据中有无极端值的存在等。箱形图提供了一种只用5个点对数据集做简单的总结的方式。这5个点包括最大值、最小值、中位数、Q_1和Q_3。箱形图很形象地分为中心、延伸以及分布状态的全部范围。最适宜提供有关数据的位置和分散情况的参考，尤其在不同的母体数据时更可表现其差异。

表2-7是4组实验数据的有关统计量，据此可绘制箱形图如图2-9。

表2-7 4组实验数据的有关统计量

统计量	组1	组2	组3	组4
最大值	2 342.0	2 488.0	3 879.0	4 245.0
最小值	265.0	144.0	279.0	86.0
上四分位数	1 992.0	2 233.0	3 054.0	3 073.5
中数	1 664.0	1 487.0	2 079.0	2 246.0
下四分位数	941.5	391.5	1 104.0	907.5

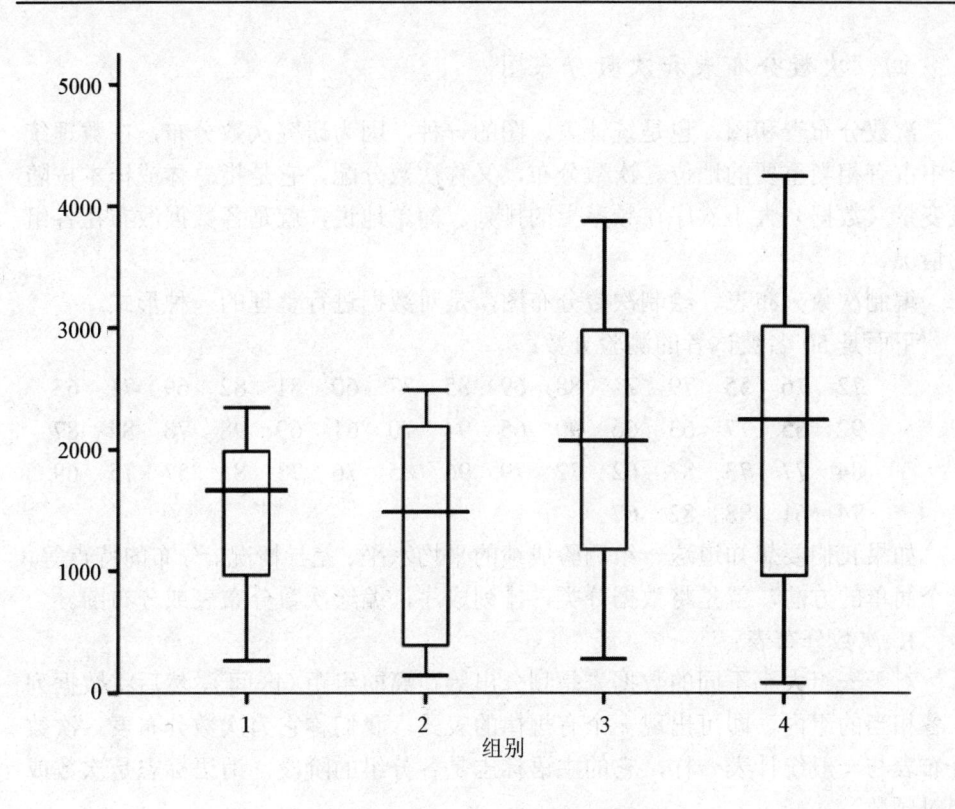

图 2-9　四组实验数据的箱形图

上图中每个箱形图的顶部线条表示当前变量的最大值，底部线条表示当前变量的最小值，方框中间的线条表示中位数（Median，M），方框的两端分别表示上四分位数（Q3，即75%百分位数）和下四分位数（Q1，即25%百分位数），二者之间的距离为四分位数间距（Interquartile Range，IQR）。可见，箱形图中的方框包括了中间50%样本的数值分布范围。如果数据中存在异常值，即与四分位数值（方框的上、下界）距离超过1.5倍的数值，可在图中标注出来。具体方法是：凡距方框上、下界距离超过四分位数间距1.5倍，但不到3倍的数值，在图中用"○"表示；超过3倍的数值，用"*"表示。如果一组数据资料为完全对称分布，则Q3-Me=Me-Q1或最大值-Q3=Q1-最小值；若右分布，则最大值-Q3>Q1-最小值；若左分布，则最大值-Q3<Q1-最小值。

统计图的优点是直观、简明、易理解，也很美观。缺点是大部分统计图在将数字转换成图形之后，会丧失一部分信息。一般不易再从图形重新建构出原始资料。这表示数据资料经过统计图表达之后，多多少少会有失真。

四、次数分布表和次数分布图

次数分布表和图,也是统计表、图的一种,因为研究次数分布,在数理统计中占有相当重要的地位。次数分布,又称次数分配,它是指总体或样本按随机变量(数据)大小次序在频率上的排列。简单地说,就是各数据散布在各组的情况。

编制次数分布表、绘制次数分布图,是对数据进行整理的一种形式。

下面是 50 名被试者的测验分数:

```
72  76  55  79  72  88  69  85  77  60  81  82  69  71  65
92  65  77  63  66  90  65  94  70  61  69  98  78  84  87
84  77  73  87  62  72  79  96  85  76  73  81  57  75  69
74  61  88  82  67
```

如果我们要想知道这一组测验成绩的平均水平、差异情况、分布的特点等,一个简单的方法,就是将数据分类,排列成序,编绘次数分布表或分布图。

1. 次数分布表

对于一组大小不同的数据先是划分出等距离的组距(区间),然后将数据列入各相当的组内,即可出现一个有规律的表式,我们称它为次数分布表。次数分布表与一般统计表一样,它的主语标志是各分组的阶段,谓语标志是次数或相对频数。

编制次数分布表的步骤:

(1)求全距。从一组数据中找出数值最大与数值最小的数据,然后用最大值的数据减去最小值的数据,所得之差便是全距。上面 50 名被试者的测验成绩的全距是:98-55=43。

(2)决定组距与组数。组距是指每一组的间距,即每一组所包含的单位,用 i 表示。为了便于计算,每一组所包含的单位一般为 2、3、5、10、20 等几个单位,这样也便于分组和便于取中值。

组数的多少,要看数据的多少而定。一般来说,30 个数据左右分为 7 组较为合适,50 个数据左右分为 9 组,100 个数据左右分为 12 组,200 个数据左右分为 16 组,300 个数据左右分为 18 组,500 个数据左右分为 22 组。这样分组可以较好地保持原始数据的分布形态。一般可借助下列公式进行组数的粗略估算:

$$K = 1.87(N-1)^{\frac{2}{5}} \qquad (2-1)$$

其中：K 为组数，N 为数据的个数。

  如果数据是来自一个正态总体，要使分组满足渐近最优关系，用公式（2-1）决定分组数是比较理想的。因为如果分组过多，则组距小，计算虽然精确，但要求数据多，否则会出现有的组距内无次数分配的现象。这样如果不增加数据量，就无多大意义，如果增加数据数量，那势必要增加很多工作量。如果分组过少，则组距就要增大，误差也就随之增大，但计算简单。要做到既不增加收集数据的工作量，又能使分组后的计算最大限度地精确，按公式（2-1）分组，是一个较好的方法。

  公式（2-1）的计算可借助计算机中的 Word 计算工具很方便地完成。

  若在 Word 2003 中，首先将"工具计算"按钮添加到 Word 的常用工具栏，具体步骤是：

  ①单击"工具"菜单中的"自定义"命令，系统弹出"自定义"对话框，单击"命令"标签。

  ②在"类别"列表框中，找到并单击"工具"选项，在"命令"列表框中，找到并单击"工具计算"选项，然后将其拖放到常用工具栏中适当位置，则"工具计算"按钮出现在常用工具栏中。如果要去掉工具栏中的按钮，则单击该按钮，然后将其拖离工具栏，当鼠标指针旁出现一个"×"时，释放左键即可将其删除。

  ③单击"关闭"按钮，关闭"自定义"对话框。

  然后即可使用"工具计算"按钮进行计算。"工具计算"所支持的运算符按优先级别排列如下：

  （ ）——括号；^——乘方和开方；*/——乘或除；+－——加或减。

  例如要计算上面 50 个数据组数，则在 Word 文档中输入"1.87*(50-1)^(2/5)"，并选中它们，然后单击常用工具栏中的"工具计算"按钮，则在下方状态栏的左端显示"计算结果是：8.87"，并且 Word 将计算结果放到剪贴板上，可以根据需要粘贴到任何地方。

  若在 Word 2007 中，将"工具计算"按钮添加到工具栏的方法是：

  ①首先用右键单击快速访问工具栏，然后从快捷菜单中单击"自定义快速访问工具栏"。

  ②在"从下列位置选择命令"框中，单击"不在功能区中的命令"，然后在下面的命令列表中，找到并单击"计算"，再单击"添加"按钮。

  ③按"确定"按钮。"计算"按钮就出现在快速访问工具栏中了。

计算工具的使用方法与 Word 2003 的相同。

（3）列出分组组限。每组都有上限和下限。最高组上限应能包括最大值的数据，最低组的下限应能包括最小值的数据。组距确定之后，即可依据资料的情况和工作的方便，将每一组的界限书写清楚。一般分组阶段的排列最低组在下，最高组在上。从最高组的下限，按组距单位递减。组距的确定可以用全距除以组数来得到。通常取 2、3、5、10、20 等作为组距较为方便。本例组距 $i=5$。为了书写方便，在分组阶段，每一组的上限可以与比它高一组的下限相同，但分组的实际界限，却应是这一组的精确线。例如分组限为 55～60，实际上的精确线 54.5～59.499…。因此，在登记数据时，应按实际界线来划分组别。几种常见的组限的表述方法如表 2-8 所示。

表 2-8 组限的五种不同的表达方式

组中值	方式（1）	方式（2）	方式（3）	方式（4）	方式（5）
67	65～70	65～	65～69	64.5～69.5	[64.5，69.5]
62	60～65	60～	60～64	59.5～64.5	[59.5，64.5]
57	55～60	55～	55～59	54.5～59.5	[54.5，59.5]

对于连续变量来讲，尽管表 2-8 中的五种表述方法形式不同，但它们所包含的意义按照心理统计学中的规定却是一致的。譬如，对于组中值为 57、组距为 5 的组限写法中，表 2-8 中前四种方法所表述的组限，其真正的区间范围与第 5 种按数学上区间规范表示法所表达的意义是等价的，即这里的"55～60"、"55～"、"55～59"、"54.5～59.5"四种不同形式的组限表述方法所表示的区间范围与第 5 种规范表述形式下的区间[54.5，59.5]是等价的。

为了避免这种人为造成的误解，就必须明确表述组限与实际组限是两个不同的概念，但它们之间有规律性的联系。例如，对于表 2-8 中的"55～59"这一表述组限，其真正的实际组限为一个左闭右开的区间：[54.5，59.5)，其中，区间的左端点 54.5 称为该组的实下限，区间的右端点 59.5，称为该组的实上限。在这一组限中，包含了"实下限"这个点，但不包含"实上限"这一点。

（4）登记次数。用类似唱票的办法，依次将数据登记到各组，一般用划线记数或写"正"字的方法。为确保登记准确，需要再核实登记。

（5）计算次数（f）。在次数栏里将计算的次数写好，在最下一行填上次数的总和（表 2-9）。

表 2-9 次数分布表的制作

分组	登记次数	次数（f）
95～100	‖	2
90～	‖	2
85～	‖‖‖‖	6
80～	‖‖‖‖	7
75～	‖‖‖‖‖	10
70～	‖‖‖‖	8
65～	‖‖‖‖	7
60～	‖‖‖	6
55～	‖	2
∑	50	50

（6）重新抄录。计算登记次数，核对无误以后，将表重新抄录，取消"登记次数"一栏，直接填写"次数"一栏。还可将简单次数分布表各组的实际次数化为相对次数，用频率（f/N）或百分频率（$f/N\times 100$）作标志，制成相对次数分布表。

（7）求组中值。组中值是各组的组中点在量尺上的数值，其计算公式为：组中值=（组实上限+组实下限）÷2。例如，在表 2-8 中第 3 种组限表述方法下的"55～60"这一组，其实下限为 54.5，实上限为 59.5，故该组的组中值=（54.5+59.5）÷2=57。也可根据精确下限加组距的二分之一计算，如 54.5+5／2=57。

不同的组距以及不同的组限，必然会产生不同的组中值。如果希望每组的组中值恰好为整数以便于有关运算，那么，在选择组距时可选择奇数。

次数分布表将数据经过分类整理后，把一堆杂乱无序的数目进行分类，排列成序，显示出大小数目各有多少，给出一组测量数据的分布情况。这对于进一步的分析、研究提供了方便。但是，次数分布表经过数据分组以后，原数目不见了，只见到各分组阶段及各组的次数。同时，在计算上引入了误差。因为每一组都以组中值为代表，即假定次数在一组内是均匀分布的，而不管原数据实际的情形如何。它以牺牲一定的精确度为代价，将不规律的数据按一定的规律加以调整，使我们更容易地看出数据本身隐含的规律。表 2-10 为次数分布表示例。

表 2-10 次数分布表示例

分组	组中值	次数（f）	频率（f/N）	百分频率（p）
95~100	97	2	0.04	4
90~	92	2	0.04	4
85~	87	6	0.12	12
80~	82	7	0.14	14
75~	77	10	0.20	20
70~	72	8	0.16	16
65~	67	7	0.14	14
60~	62	6	0.12	12
55~	57	2	0.04	4
∑		50	1.000	100

2. 累加次数及累加次数分布表

在一个一般的次数分布表上，假如想知道某个数值以下（或以上）的数据的数目是多少，要使用累加次数（c_f）。心理实验中阈限的测定、心理量表的编制、心理测验时题目的分析等，都要使用累加次数和累加次数分布表。

累加次数的计算方法有两种：一种是由分布的小数端起，逐组次累加次数至大数端止（等于总次数），这里的累加次数是各级上限以下的数目。另一种是由分布的大数端起，逐组次累加至小数端止，最后累积的次数也与总次数相等，这些累加次数是各组下限以上的数目。

含有累加次数分布的表称为累加次数分布表。累加次数也有两种表示方法：一种是实际次数，另一种是相对次数（百分数或比例数）。

表 2-11 是累加次数分配表的示例。

表 2-11 累加次数分布表

分组	f	上限以下累加			下限以上累加		
		c_f	C_f/N	$c_f/N \times 100$	c_f	c_f/N	$c_f/N \times 100$
95~100	2	50	1.00	100	2	0.04	4
90~	2	48	0.96	96	4	0.08	8
85~	6	46	0.92	92	10	0.20	20
80~	7	40	0.80	80	17	0.34	34
75~	10	33	0.66	66	27	0.54	54
70~	8	23	0.46	46	35	0.70	70
65~	7	15	0.30	30	42	0.84	84
60~	6	8	0.16	16	48	0.96	96
55~	2	2	0.04	4	50	1.00	100
∑	50						

3. 次数分布图

为了进一步形象化地表达次数分布的结构形态和特征，可以从次数分布表出发，绘制出相应的次数分布图。

次数分布图有两种表达形式，即次数直方图和次数多边图。

数次直方图是由若干宽度相等、高度不一的直方条紧密排列在同一基线上所构成的图形。图 2-10 是根据表 2-10 中的次数分布所绘制的次数直方图。

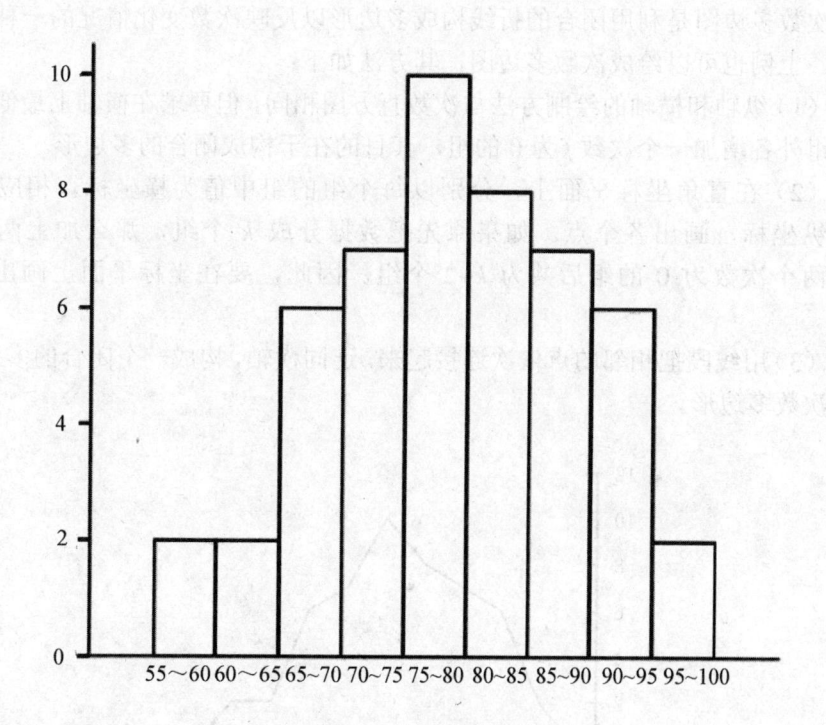

图 2-10　次数直方图

次数直方图与条形图所不同的是，次数直方图中的直方长条是紧密地排列的，它适用于描述连续性变量的观测数据，而条形图通常适用于描述离散性变量。

次数直方图的制作步骤：

（1）绘出直角坐标。为图形美观起见，把横轴与纵轴的长度比例安排恰当。如果是手工绘制，可把横轴与纵轴的长度之比定为 5∶3。纵轴一般为次数量尺，按比例等间隔地标出刻度；横轴为观测数据的分数量尺，也按适当的比例等间隔地标出次数分布中各组的组中值。一般来说，纵轴和横轴的尺度比例不一样。纵轴刻度一般从"0"开始，而横轴刻度则需根据最低一组的下限来确定，为使图形的比例恰当，通常不从"0"开始。

（2）每一直方条的宽度由组距 i 确定并体现在横轴的等距刻度上。直方条的高度由相应组别的次数 f 值的大小来确定。所有直方条以各组的组中值为对称点，沿着横轴依顺序紧密直立排列。

（3）在直方图横轴下方标上图的序号和题目。

次数多边图是利用闭合的折线构成多边形以反映次数变化情况的一种图示方法。上例也可以绘成次数多边图，其方法如下：

（1）纵轴和横轴的绘制方法与次数直方图相同，但要求在横轴上最低组和最高组外各增加一个次数 f 为 0 的组，其目的在于构成闭合的多边形。

（2）在直角坐标平面上，分别以每个组的组中值为横坐标，相应的次数为纵坐标，画出各个点。如果原先把数据分成 k 个组，那么加上两端增加的两个次数为 0 的组后共为 $k+2$ 个组。因此，要在坐标平面上画出 $k+2$ 个点。

（3）用线段把相邻的点依次连接起来，连同横轴，构成一个闭合的多边形，即是次数多边图。

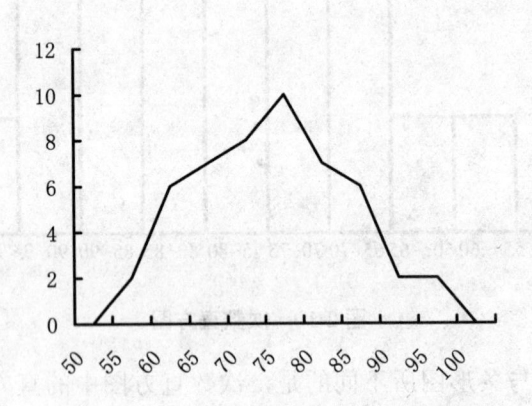

图 2-11　50 名被试测验分数次数多边图

除了次数直方图和次数多边图之外，我们还可以根据需要绘制相对次数直方图和相对次数多边图、累积次数分布图、累积相对次数曲线图和累积百分数曲线图等。这些图形的绘制方法大同小异，我们可以根据前面的几种图形举一反三，掌握其绘制方法。

思考与练习题

一、名词概念

比率　比例　频数　频率　概率

二、单项选择题

1. 箱形图箱体中的线条表示的是（　　）。
   A．四分位数　　　　　　　B．中数
   C．平均数　　　　　　　　D．四分差
2. 适合于表示变量之间关系和变化趋势的图是（　　）。
   A．散点图　　　　　　　　B．线形图
   C．条形图　　　　　　　　D．箱形图
3. 圆形图的基线一般是在（　　）。
   A．12 点位置　　　　　　　B．3 点位置
   C．9 点位置　　　　　　　 D．任意位置
4. 组限 95～100 的精确下限是（　　）。
   A．94.49　　　　　　　　　B．94.99
   C．95.5　　　　　　　　　 D．94.5
5. 超过四分位数间距多少倍的数值一般被称为异常值。（　　）
   A．1.5　　　　　　　　　　B．2
   C．5　　　　　　　　　　　D．10
6. 为了解某个数值以下的数据数目是多少，需要制作（　　）。
   A．次数分布表　　　　　　B．次数分布图
   C．累加次数分布表　　　　D．直方图

三、简答题

1. 统计表的构造包括哪些要素？
2. 编制次数分布表的步骤有哪些？
3. 统计分组应注意什么问题？
4. 条形图适用于哪种数据资料？
5. 线形图适用于哪种数据资料？

四、应用题

1. 将下列数据制成次数分布表。

　　75　82　77　76　61　62　77　96　78　77　77　68　94　71　76
　　62　65　90　87　86　80　71　95　77　80　94　78　77　87　70
　　80　91　66　77　72　77　69　91　94　68　80　84　80　84　81
　　77　88　81　81　83

2. 运用 Excel 或 SPSS 软件将上述数据绘制成直方图。

3. 请自拟数据绘制条形图、线形图、圆形图、散点图、茎叶图和箱形图等。

第三章　集中量数

对数据初步整理后，可把无序的数目理成比较直观的图、表，虽已很有用，但要进一步分析，就不够了，还必须对数据做进一步处理，计算一些量数来描述或说明数据的全貌及特征，如集中趋势、离散程度、分布特征、相关特征等。

这种由整理后的数据计算出来的反映一组数据特征的数字称为统计量，如：$\overline{X}$、s、r 等。如果用这些数反映总体特征，那么这些数便被称为参数。

描述数据集中趋势的统计量叫集中量数，也称数据的中心位置，它是一组数据的代表值。集中量数比个别数据更能准确反映研究对象的实际情况。因为通过测量所得到的数据往往因各种原因产生误差，而不可能得到绝对准确的、真正的值（简称"真值"）。为此必须重复测量，而每一次测量均可能产生或正或负的误差，即围绕真值上下波动。而正负误差随着观测数量的增加，会相互抵消，从而得到一个比较准确的结果，用它来近似地代表"真值"。这就是集中量数。

常用的集中量数有平均数（算术平均数、几何平均数、加权平均数、调和平均数等）、中数和众数。

第一节　算术平均数

算术平均数通常简称平均数（Mean），需要与其他平均数相区别时，才叫算术平均数（又称均数、均值）。在统计学中，样本的平均数一般用符号 M 或 $\overline{X}$ 表示，总体的平均数一般用 μ 表示。算术平均数在统计学上的优点就是它较中数、众数更少受到随机因素的影响，缺点是它更容易受到极端数值的影响。

一、算术平均数的计算

用 X 表示观测变量,X_1,X_2,…,X_n 代表每次观测结果,N 为观测次数。则算术平均数

$$\overline{X} = \frac{(X_1 + X_2 + \cdots + X_n)}{N} = \frac{\sum_{i=1}^{n} X_i}{N} \quad (3\text{-}1)$$

式中,$\sum$ 表示累加,$\sum_{i=1}^{n} X_i$ 指从 X_1 到 X_n 累加之和。当起讫点非常清楚时,即 i 指从 1 至 N,公式(3-1)可简写为:

$$\overline{X} = \frac{\sum X}{N} \quad (3\text{-}2)$$

$\overline{X}$ 是真值的渐近估计量,也是最佳的估计值。

二、次数分布中求平均数的方法

对于已归类的数据,如已经制成了次数分布表,则不必再用公式(3-1)或公式(3-2)计算平均数,此时可用下面的两种方法之一进行计算。

1. 以组中值代表一组的各个数目计算一组平均数

若次数分布表中已知组中值和各组次数,则可以用式(3-3)计算平均数:

$$\overline{X} = \frac{\sum f X_c}{N} \quad (3\text{-}3)$$

式中:
f 为各组的次数;
X_c 为组中值;
N 为样本量。

表 3-1(a)　次数分布表中求平均数的方法示例数据(1)

分组	X_c	f	fX_c
50~	52	2	104
45~	47	3	141
40~	42	5	210
35~	37	8	296

第三章 集中量数

续表

分组	X_c	f	fX_c
30~	32	12	384
25~	27	9	243
20~	22	6	132
15~	17	3	51
10~	12	2	24
∑		50	1 585

根据表 3-1(a) 中列出的组中值和各组次数，代入式（3-3）中计算平均数：

$$\bar{X} = \frac{1585}{50} = 31.7$$

2. 用估计平均数推算平均数

用估计平均数来推算次数分布中的平均数，在手工计算中这是较为简洁的计算方法。具体做法是：首先在次数分布中选择位置居中且次数较多的一组的组中值作为估计平均数（AM）；然后计算每一组的组中值与该估计平均数之差（$X_c - AM$）；最后代入公式（3-4）计算：

$$\bar{X} = AM + \frac{\sum f(X_c - AM)}{N} \qquad (3-4)$$

式中：

AM 为估计平均数；

f 为次数；

X_c 为组中值；

N 为样本量。

将表 3-1（a）中数据略作整理，选择组中值 32 作为估计平均数，然后进行计算（见表 3-1（b））。

表 3-1（b） 次数分布表中求平均数的方法示例数据（2）

分组	X_c	f	$X_c - AM$	$f(X_c - AM)$
50~	52	2	20	40
45~	47	3	15	45
40~	42	5	10	50

续表

分组	X_c	f	X_c-AM	$f(X_c-AM)$
35~	37	8	5	40
30~	32	12	0	0
25~	27	9	-5	-45
20~	22	6	-10	-60
15~	17	3	-15	-45
10~	12	2	-20	-40
∑		50		-15

将表 3-1（b）中数据代入公式（3-4）：

$$\bar{X} = AM + \frac{\sum f(X_c - AM)}{N} = 32 - \frac{15}{50} = 31.7$$

利用公式（3-4）也可以进行比较简便的计算。方法是在次数分布表中计算并列出 d 和 fd 两项的值，然后代入公式（3-5）：

$$\bar{X} = AM + \frac{\sum fd}{N} \times i \tag{3-5}$$

式中：

AM 为估计平均数；

i 为组距；

$d=(X_c-AM)/i$；

N 为样本量。

表 3-1（c）　次数分布表中求平均数的方法示例数据（3）

分组	X_c	f	X_c-AM	d	fd
50~	52	2	20	4	8
45~	47	3	15	3	9
40~	42	5	10	2	10
35~	37	8	5	1	8
30~	32	12	0	0	0
25~	27	9	-5	-1	-9
20~	22	6	-10	-2	-12

第三章 集中量数

续表

分组	X_c	f	X_c-AM	d	fd
15~	17	3	-15	-3	-9
10~	12	2	-20	-4	-8
$\sum$		50			-3

d 值可以很方便地计算，估计平均数所在的那一组 d 为 0，之上的一组为 1，之下的一组为-1，然后依次为 2，3，…；-2，-3，…。根据表 3-1（c）将数据代入公式（3-5）：

$$\overline{X} = 32 - \frac{3}{50} \times 5 = 31.7$$

也可以采用二次累加法进行计算。具体方法是：

第一步，先确定一组中值为 AM，并将该组累加次数记为 0；

第二步，将各组次数自两端向中心组累加；

第三步，在第一次累加的基础上进行第二次累加，将靠近中心组之上的一组累加次数记为 A，之下一组的累加次数记为 B，$\sum fd = A - B$（见表 3-1（d））。

最后代入公式（3-5），计算结果与上述是相同的。

表 3-1（d） 次数分布表中求平均数的方法示例数据（4）

分组	X_c	f	cf_1	cf_2
50~	52	2	2	2
45~	47	3	5	7
40~	42	5	10	17
35~	37	8	18	35（A）
30~	32	12	0	0
25~	27	9	20	38（B）
20~	22	6	11	18
15~	17	3	5	7
10~	12	2	2	2
$\sum$		50		

根据平均数的计算，可以看出平均数的几个特点：

（1）每个观测值都加上一个相同的常数后，计算得到的平均数等于原平均数加上这个常数。

（2）每个观测值都乘以一个常数，计算得到的平均数等于原平均数乘以这个常数。

（3）观测值与平均数离差的总和为零。

（4）离差平方和最小，即观测值与任意常数的离差平方和不小于观测值与平均数的离差平方和。

第二节　中数和众数

一、中数

在一组数据中，除了可以用平均数作为其代表量数外，还可以用中数作为其代表量数。中数也叫中位数（Median），它是把一组数据按大小排序后划分为两部分的一个点，在这一点的两边各有相同个数的观测数值。也就是说，中数是一组数据的中点，在这一点上它把数据一分为二。以该点数值来表示一数列的集中趋势。

中数是数据分布中的一点而不是一个实际数值或任何特殊的测量。它是划分一组数据为较大的一半和较小的一半的数目界限。

中数用 Md 或 Mdn 表示，它的位置为（n+1）/2。其中，n 为样本量，即数据的个数。

当 n 为奇数时，居（n+1）/2 位置的变量值即为中数。

例如：数据 3、6、7、9、20 的中数即为：（n+1）/2=（5+1）/2=3，即第三项，Md=7。

当 n 为偶数时，（n+1）/2 位置前后两项的算术平均数即为中数。

例如：数据 3、6、7、9、20、21 的中数为：

第（6+1）/2=3.5 个数，即 7 与 9 之间，故 Md=（7+9）/2=8。

当一组数据出现极端数据时，或两端数据模糊时，就不能用平均数作为其代表值，而应求中数。

例如一项关于 11 人的工资补助的调查数据：

  120 127 130 131 132 133 135 136 139 160 400

此时若求平均数，则 $\overline{X}$ =146.45，11 人中 9 人的工资补助额都在这一数值之下，只有两人超过此数，显然不合理。若取中数则较为合理，$Md=132$。

中数是以数据分布中的位置来确定数据的代表值的，因而不受数据分布中极大值或极小值的影响，在一定程度上提高了它对数据的代表性。但当次数分布呈偏态时，中数的代表性会受到影响。

二、众数

众数（Mode）是指次数分布中出现次数最多的那个数的数值，如果数据分布中所有数据出现的次数相等，此时没有众数；如果数据中出现两个或多个出现次数相等的数据，则称之为复众数。如果一组数据中某个数值出现的次数最多，说明这一数据对这组数据的代表性相对较高。可见众数反映了该数值的普遍性和常见性。

例如，一项注意广度的实验数据如下：
   3 7 6 4 7 9 7 8 6 7
其中，7 出现 4 次，即为众数，记为 $Mo=7$。

再如某校 10 个班的人数分别为：28、29、30、30、30、30、30、31、32、155，平均数为 42.5，若说该校教师平均教 43 个学生，显然不符合实际，10 个班中有 9 个班都未达 40 人，用众数来表示更为合适，$Mo=30$。

当数据分布呈明显的集中趋势时，用众数代表数据的一般水平才有意义。如果数据分配次数相对均匀，则说明某一现象未形成普遍性，此时用众数代表数据的一般水平就失去了意义，故不计算众数。

三、平均数、中数、众数的比较

平均数、中数和众数均可以描述数据的集中趋势。从计算上看平均数受每个数据变动的影响，较为敏感，较好地反映数据的整体分布。而中数和众数却只受某些数据改变的影响，因而相对不太敏感。也正是由于这个原因，当分布中含有极端数值时，平均数对数据分布的代表性就大受影响。而由于中数不受少数极端数值的影响，众数反映数据分布中最大频率项，此时它们的代表性可能会更优于平均数。

在正态分布中，平均数、中数、众数三者重合；在正偏态分布中，平均数＞中数＞众数；在负偏态分布中，平均数＜中数＜众数（参见图 3-1）。

正态　　　　　　　　负偏态　　　　　　正偏态

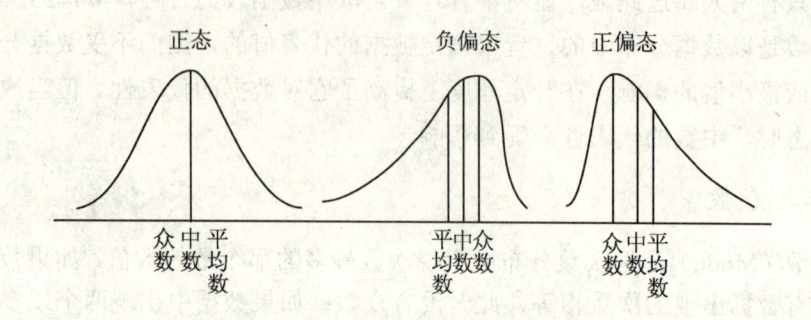

　　众中平　　　　　　平中众　　　　　众中平
　　数数均　　　　　　均数数　　　　　数数均
　　　　数　　　　　　数　　　　　　　　　数

图 3-1　不同分布中平均数、中数和众数的比较

一个好的集中量数，应具备下列条件：
（1）严格根据观察资料规定出来，而不是主观估计的；
（2）根据全部观测值计算得来，否则不足以代表整体；
（3）简明易理解，不应过于抽象；
（4）计算上应便捷；
（5）受抽样变动的影响最少；
（6）能用代数法计算。

算术平均数基本上符合上述条件，但其不足是：
（1）在次数分布图上，不能一眼看出，须经计算，而中数、众数则较易看出；
（2）受少数极端数值影响，削弱其代表性；
（3）若舍去极端数值，平均数就无法确定，而若次数分布表有不确定的值，也无法计算；
（4）算术平均数未必见诸事实，在实际数值中不一定有此数。

中数符合条件（1）、（3）、（5）。中数在下列情况下较为实用：
（1）数列含有极端数值，而我们不需要突出极端数量的影响时；
（2）对观测数值有怀疑时；
（3）一个次数分布中其最高组及最低组的组限不能确定时；
（4）需采用百分体系时。

中数的主要不足是：
（1）不能用代数法计算；
（2）计算方法不如算术平均数那样易理解；
（3）以中数乘总次数不能得出原数值的总和。

众数的优点是：

（1）易理解，有时也叫典型数、范数；

（2）不受少数极端数值的影响（若要消除极端数值的影响时，可采用众数）；

（3）当分布呈偏态时，也可用众数作为代表量数；

（4）粗略众数计算简便，平均数与众数之差数可作为分布是否偏态的指标。

众数的主要不足是：

（1）不能用代数方法处理；

（2）确定粗略众数不是根据全部事实的观察；

（3）粗略众数常会因分组不同而改变其数值。

比较平均数、中数和众数各自的优点和不足，综合而言，平均数最具有实用价值。

第三节 其他集中量数

一、加权平均数

有些测量中所得的数据，其单位权重并不相等。这时若要计算平均数，就不能用算术平均数，而应该使用加权平均数。加权平均数的计算公式是：

$$M_w = \frac{W_1 X_1 + W_2 X_2 + \cdots + W_n X_n}{W_1 + W_2 + \cdots + W_n} = \frac{\sum W_i X_i}{\sum W_i}$$

$$= \frac{W_1 X_1}{\sum W_i} + \frac{W_2 X_2}{\sum W_i} + \cdots + \frac{W_n X_n}{\sum W_i} \qquad (3\text{-}6)$$

式中 M_w 为加权平均数。W_i 为权数，指各变量在构成总体中的相对重要性。权数的大小，由观测者依据一定的理论或实践经验而定。

正如在考试中，并不是每道题都给予相同的分数，这正是考虑到每一题的权重不同，故有的题 10 分，有的题 5 分，而有些题则只有 1 分。

由各小组平均数计算总平均数是应用加权平均数的一个特例。这里可以把各小组的平均分数看做每个个体的分数，把每个小组的人数看做权重，这样可把公式（3-6）改写为：

$$\bar{X}_t = \frac{X_1 f_1 + X_2 f_2 + \cdots + X_n f_n}{f_1 + f_2 + \cdots + f_n} = \frac{\sum Xf}{\sum f} \qquad (3\text{-}7)$$

这也是由样本平均数计算总平均数的公式。

式中：

f 为每组人数；

$\overline{X}$ 为组平均数。

例3-1 某年级5个班在一次考试中的平均成绩如表3-2所示，求年级的总平均成绩。

表3-2 某年级各班平均考试成绩

班级	人数	平均分数
1	28	98.5
2	30	96.2
3	58	76.3
4	60	77.4
5	54	79.2

若直接把5个班的成绩加起来再除以5，结果等于85.52。而根据加权平均数计算，则：

$$\overline{X}_t = \frac{28 \times 98.5 + 30 \times 96.2 + \cdots + 54 \times 79.2}{28 + 30 + \cdots + 54} = 82.57$$

再如，许多学校规定期中考试成绩占总成绩的40%，期末成绩占60%。某学生期中考试得88分，期末得93分，则这个学生的平均成绩为：

$$\overline{X}_t = (40/100) \times 88 + (60/100) \times 93 = 91$$

例3-2 某校实验班和对照班的成绩如下，试比较两个班的平均成绩的优劣。

实验班（$N=37$）：优27人，良4人，中2人，及格4人；

对照班（$N=41$）：优12人，良17人，中10人，及格2人。

本例中的成绩是以优、良、中、及格和不及格的等级形式评定的，并不是采用百分制，因此无法使用算术平均数的办法比较。在这种情况下，我们可以先把等级数量化，比如规定优为95分，良为80分，中为70分，及格为60分，不及格为50分。然后再运用加权平均数来比较成绩的优劣。此时各等级的权数就是该等级人数在全班中的比例。实验班优、良、中、及格、不及格的权数分别是：27/37，4/37，2/37，4/37，0/37；对照班各等级的权数分别为：12/41，17/41，10/41，2/41，0/41。因此，两个班的平均成绩可以计算如下：

$$\overline{X}_\text{实} = \frac{27}{37} \times 95 + \frac{4}{37} \times 80 + \frac{2}{37} \times 70 + \frac{4}{37} \times 60 + \frac{0}{37} \times 50 = 88.24$$

$$\overline{X}_{对} = \frac{12}{41} \times 95 + \frac{17}{41} \times 80 + \frac{10}{41} \times 70 + \frac{2}{41} \times 60 + \frac{0}{41} \times 50 = 80.98$$

由此可见，实验班的成绩比对照班的成绩好。

二、几何平均数

几何平均数（Geometric Mean）是 n 个变量值连乘积的 n 次方根。几何平均数多用于计算平均比率和平均速度一类的问题。如：平均利率、平均发展速度、平均合格率等。当数据彼此间变异较大，几乎是按一定的比例关系变化，如经费的逐年增加数、人数的增加数等；或数据中有少数数据偏大或偏小、存在极端数据、分布呈偏态、算术平均数不能反映数据的典型情况时，适合计算几何平均数。

几何平均数分为简单几何平均数和加权几何平均数。

1. 简单几何平均数

简单几何平均数的计算：

$$G = \sqrt[n]{X_1 \cdot X_2 \cdot \cdots \cdot X_n} \tag{3-8}$$

式中：

G 为几何平均数；

n 为数据或变量个数；

X_i 为数据或变量的值。

例 3-3 某校 1997 年招生人数为 200 人，1998 年为 320 人，1999 年为 500 人。问平均每年招生人数的变化率为多少？

1997 年	200 人	基数
1998 年	320 人	变化率（320/200=1.600 0）X_1
1999 年	500 人	变化率（500/320=1.562 5）X_2

$$G = \sqrt{X_1 \cdot X_2} = \sqrt{1.600\,0 \times 1.562\,5} = \sqrt{2.500\,0} = 1.5811$$

故每年的平均增加比率为 0.581 1（1.581 1-1.000 0）。

若 n 大于 3 时，手工计算就比较麻烦，可利用计算工具进行计算，如前面提到的利用 Word 软件中的"计算工具"进行计算。例如例 3-3 的计算可在 Word 文本中直接输入"(1.6*1.5625)^(1/2)"，然后选中，点击工具栏中的"工具计算"，此时状态栏中即出现计算结果"1.581139"，这一结果亦保存在剪贴板中，可粘贴于任意位置。

前面这种方法是先计算出每一年与前一年的招生人数变化率，然后再求出平均的变化率。由于每年的变化率都是根据后一年与前一年之比而求出的,所以我们也可不必先逐一求出各年的变化率,而直接用原始的数据来计算平均变化率,并使公式得以简化。

$$G = \sqrt[n-1]{\frac{X_2}{X_1} \cdot \frac{X_3}{X_2} \cdot \frac{X_4}{X_3} \cdot \ldots \cdot \frac{X_n}{X_{n-1}}} = \sqrt[n-1]{\frac{X_n}{X_1}} \qquad (3-9)$$

注意这里的 X_i 的含义,它们所代表的是每年的原始数据,而不是变化率。例 3-3 也可以这样计算:

$$G = \sqrt[3]{500/200} = \sqrt{2.5} = 1.5811$$

例 3-4 某单位连续 5 年的收入分别为 12 万、16 万、18 万、22 万和 28 万,问该单位这 5 年的收入平均增长率为多少?若按此增长率变化,那么再过 5 年后的收入为多少?

$$G = \sqrt[5-1]{28/12} = \sqrt[4]{2.3333} = 1.2359$$

故单位收入的平均变化率为 1.2359,年增长率为 0.2359(23.59%)。若一直按此增长率变化,5 年后的收入为:

$$28 \times (1.2359)^5 = 80.7374(万)$$

2. 加权几何平均数

简单几何平均数的各变量值的幂次数都等于 1,如果变量次数不等,则应采用加权几何平均数进行计算:

$$G = \sqrt[\sum f]{X_1^{f_1} \cdot X_2^{f_2} \cdot \ldots \cdot X_n^{f_n}} \qquad (3-10)$$

式中:

f 为变量值的次数。

例 3-5 某银行储蓄年利率按复利法计算,5%持续 2 年,3%持续 3 年,2%持续了 1 年,问这 6 年内平均储蓄年利率为多少?

6 年平均储蓄年利率为:

$$G = \sqrt[2+3+1]{1.05^2 \times 1.03^3 \times 1.02^1} = 1.033 = 103.3\%$$

故年平均利率 = 103.3%-100% = 3.3%。

几何平均数受极端值的影响较算术平均数小。但它的应用范围也相对较窄,只适用于反映特定现象的平均水平,即现象的总代表值不是各单位代表值的总和,而是各单位代表值的连乘形式。在计算几何平均数时,要求变量中不能有零或负值,任一变量若为零,则几何平均数为零;若有负值,则计算出的几何平均数就会成为负数或虚数。

三、调和平均数

调和平均数（Harmonic Mean）是各变量值倒数的算术平均数的倒数，因而也称倒数平均数。一般是在计算几个比率的平均数或计算平均速率时使用，在教育与心理统计方面，主要用于求平均速度一类的问题，如阅读速度、解题速度等。调和平均数也分为简单调和平均数和加权调和平均数。

1. 简单调和平均数

简单调和平均数是各变量值倒数的简单算术平均数的倒数。其计算公式为：

$$H = \frac{1}{\frac{1}{n}(\frac{1}{X_1} + \frac{1}{X_2} + \cdots + \frac{1}{X_n})} = \frac{n}{\sum \frac{1}{X}} \quad (3-11)$$

式中：

H 为调和平均数；

n 为数据或变量个数；

X_i 为变量值。

例 3-6 三个学生每分钟打字的速度分别是 32 个、30 个和 36 个，求这三个学生打字的平均速度是多少？

要求三个学生打字的平均速度，就必须知道他们打一个字所用的时间 $1/X_i$，即 1/32，1/30，1/36。由于三个人所用的时间不同，因此需要求出打一个字用多长时间。打一个字所用的平均时间是 1/3（1/32+1/30+1/36）。知道了平均打一个字所用的时间，其倒数就是单位时间内打字的平均速度。因此有：

$$H = \frac{1}{\frac{1}{3}(\frac{1}{32} + \frac{1}{30} + \frac{1}{36})} = 32.48(\text{个}/\text{分钟})$$

故三个学生打字的平均速度约为每分钟 33 个字。

2. 加权调和平均数

加权调和平均数是各变量值倒数的加权算术平均数。其计算公式为：

$$H = \frac{m_1 + m_2 + \cdots + m_n}{\frac{m_1}{X_1} + \frac{m_2}{X_2} + \cdots + \frac{m_n}{X_n}} = \frac{\sum m_i}{\sum \frac{m_i}{X_i}} \quad (3-12)$$

式中：

m_i 为各组的标志总量或权数。

若 $m_1=m_2=\cdots=m_n$ 时，式（3-12）与简单调和平均数计算结果相同，即简单调和平均数是加权调和平均数的特例。

例 3-7 某单位购置某种材料四批，每批价格及采购量、采购金额如表 3-3 所示。求这四批材料的平均价格。

表 3-3 四批材料的价格、采购量和采购金额

批次	价格（元/公斤）X	采购金额（元）$m=Xf$	采购量（公斤）$f=m/X$
第一批	55	5 500	100
第二批	60	4 500	75
第三批	65	3 250	50
第四批	70	3 500	50
合计	—	16 750	275

根据价格（X）和采购金额（m），计算加权调和平均数：

$$H = \frac{\sum m_i}{\sum \frac{m_i}{X_i}} = \frac{16\,750}{275} = 60.91（元）$$

例 3-7 中，若已知价格（X）和采购量（f），则可以运用加权算术平均数方法计算：$\overline{X} = \frac{\sum X_i f_i}{\sum f_i}$，其结果与加权调和平均数的计算结果一致。加权调和平均数可看做是加权算术平均数的变形。因为 $m=Xf$，所以：

$$H = \frac{\sum m_i}{\sum \frac{m_i}{X_i}} = \frac{\sum X_i f_i}{\sum f_i} = \overline{X}$$

加权算术平均数和加权调和平均数的实际意义是相同的，它们是研究同一问题而掌握不同资料时采用的不同的方法。加权调和平均数主要是用来解决在无法掌握总体单位数（频数）的情况下，只有每组的变量值和相应的标志总量，而需要求得平均数的情况下使用的一种数据方法。

调和平均数易受极端值的影响，并且它受极小值的影响比受极大值的影响更大。数据中只要有一个变量值为零，就不能计算调和平均数。

当同一组数据资料用调和平均数、几何平均数和算术平均数分别进行计算时，三者之间有如下数量关系：$H \leq G \leq \overline{X}$。

第三章 集中量数

思考与练习题

一、名词概念

集中量数　加权平均数　几何平均数　调和平均数

二、单项选择题

1. 计算平均速度最好用（　　　）。
   A．算术平均数　　　　　　　B．调和平均数
   C．几何平均数　　　　　　　D．众数

2. $\bar{X}$、H、G 的大小顺序为（　　　）。
   A．$\bar{X} \leqslant H \leqslant G$　　　　　　　B．$\bar{X} \geqslant G \geqslant H$
   C．$\bar{X} \geqslant H \geqslant G$　　　　　　　D．$G \geqslant \bar{X} \geqslant H$

3. 影响简单算术平均数大小的因素是（　　　）。
   A．变量的大小　　　　　　　B．变量值的大小
   C．变量个数的多少　　　　　D．权数的大小

4. 反映数据 5、7、16、79、231、687、2 462 的集中趋势最适宜的统计量为（　　　）。
   A．算术平均数　　　　　　　B．调和平均数
   C．几何平均数　　　　　　　D．中位数

5. 反映数据 5、6、4、8、7、18 的集中趋势最适宜的统计量为（　　　）。
   A．算术平均数　　　　　　　B．几何平均数
   C．中数　　　　　　　　　　D．众数

6. 一组数据 5、9、9、10、12、15、15、18 中，比中数大的数据数目有（　　　）。
   A．3 个　　　　　　　　　　B．5 个
   C．4 个　　　　　　　　　　D．4.5 个

7. 当一个次数分布向左偏斜时（　　　）。
   A．平均数小于中数　　　　　B．平均数大于中数
   C．平均数等于中数　　　　　D．平均数小于等于中数

8. 已知甲组数据 $n=12$，$\bar{X}=3.6$；乙组数据 $n=4$，$\bar{X}=2.0$，两组数据的总平均数为（　　　）。
   A．2.8　　　　　　　　　　　B．3.2
   C．2.4　　　　　　　　　　　D．3.6

9. 一组变量数列在未分组时，直接用简单算术平均法计算与先分组为组距

数列，然后再用加权算术平均法计算，两种计算结果（　　）。

  A．一定相等　　　　　　　B．一定不相等
  C．在某些情况下相等　　　D．在大多数情况下相等

10．加权算术平均数的大小（　　）。

  A．受各组标志值的影响最大　B．受各组次数影响最大
  C．受各组权数比重影响最大　D．受各组标志值与各组次数共同影响

三、应用题

1．下表是 2000 年和 2008 年公办学校和私立学校一年的费用信息。试分别计算两类学校在该期间内年度费用增长的几何平均数。

学校类型	2000 年费用（万元）	2008 年费用（万元）
公办	212.58	543.12
私立	49.25	76.36

2．某被试者在一项打字练习中，前半段每分钟打字 38 个，后半段每分钟打字数为 52 个，求其平均打字速度为每分钟多少个。

3．某学校一年级的 3 个班的平均成绩分别为：$\bar{X}_1=71.5$，$\bar{X}_2=78.2$，$\bar{X}_3=80.1$。已知 3 个班的人数分别为：$n_1=48$，$n_2=39$，$n_3=50$。试求年级总平均数。

4．求下列次数分布表的平均数。

分组	次数	分组	次数
95～	1	75～	11
90～	2	70～	7
85～	4	65～	4
80～	9	60～	2

第四章 差异量数

集中量数表示一组数据的典型情况，但它没有说明一组数据的全貌。差异量数表示一组数据的差异情况或离散程度。它所测量的是分布的离中趋势。

集中量数是一组数据的代表值，但它的代表性如何，要由差异量数来表明。差异量数愈大，集中量数代表性愈小；差异量数愈小，集中量数代表性愈大。若一组数据差异量数为零，即彼此相等，集中量数即该数本身，代表性最大。

所以要了解一组数据的全貌，光有集中量数是不够的，还需要有差异量数。

如下列三组数据：

8	8	9	10	11	12	12	$\bar{X}_1=10$
1	2	3	10	17	18	19	$\bar{X}_2=10$
10	10	10	10	10	10	10	$\bar{X}_3=10$

这三组数据平均数均等于 10，但第一组数据离散程度小，第二组离散程度大，第三组没有离散，所有数据都集中在平均数这一点。

同样，光有差异量数，没有集中量数也不能清楚地了解数据的全貌。如三组数据差异量数相等，但平均数不同，如图 4-1 所示。可见要全面地描述一组数据，既需要有集中量数，也需要有差异量数。

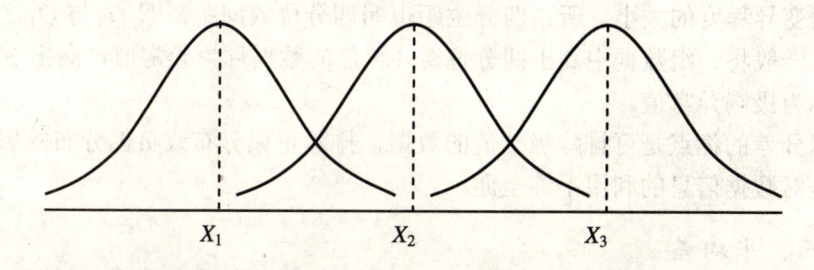

图 4-1 三组差异量数相等但平均数不等的数据

第一节 常用的差异量数

一、全距

全距（Range）是用最大值与最小值之差来表示数据离散程度的一种统计指标。一般用 R 表示。

$$R=最大值(Max)-最小值(Min) \quad (4-1)$$

全距越大，数据越分散；全距越小，数据越集中。全距的优点是简明、易了解、易计算。缺点是数值不可靠、不稳定、仅受两端数值的影响、偶然性较大。一般只用于预备性检查，如确定分组、了解数据的分布范围等。

二、四分差

四分差（Quartile）是指一组分数由高至低排列后，第 75% 样本分数与第 25% 样本分数之差的平均值。这意味着四分差不是一个点，而是一段距离。这段距离愈长，表示分数离散愈大；反之，离散愈小。

这就是说一组分数被 3 个点一分为四。第一个四分位数叫下四分位数，即 25% 那一点，用 Q_1 表示；第二个四分位数即是中数，即 50%那一点，用 Q_2 表示；第三个四分位数叫上四分位数，即 75% 那一点，用 Q_3 表示。

四分差的计算公式：

$$Q=\frac{Q_3-Q_1}{2} \quad (4-2)$$

四分差可以较好地描述数据的离散程度。有时人们也用四分位距来反映一组数据变异程度的大小。所谓四分位距也叫四分位数间距，即 Q_3 与 Q_1 之间的距离。一般将一组数据中高出四分位距 1.5 倍的数据称为异常值，高出 3 倍的数值称为极端异常值。

四分差的优点是可排除极端值的数据，排除正偏分布或负偏分布的影响。缺点是对数据信息的利用不够全面。

三、平均差

平均差（Average Deviation）是以各变量值与平均数离差的绝对值的算术平均数来表示数据离散程度的一种统计指标。平均差越大，则表示变量的变动

第四章　差异量数

程度越大，反之则表示变量的变动程度越小。其计算公式为：

$$AD = \frac{\sum |X - \bar{X}|}{n} = \frac{\sum |x|}{n} \quad (4-3)$$

式中：

X 表示变量；

$\bar{X}$ 表示平均数；

x 表示离差，即变量值与平均数之差（$x = X - \bar{X}$）；

n 表示样本量。

由于在一个分布中，所有离差之和等于 0，所以在计算平均差时，就需要排除离差的方向，仅考虑其绝对值。

例 4-1　现有一组学生在某项测验上的分数如下：

85　74　71　90　69　67　84

求其平均数和平均差。

该组学生的平均分数：

$$\bar{X} = \frac{\sum X}{n} = \frac{560}{7} = 80$$

该组分数的离差为：5、-6、-9、10、-11、-13、4，则平均差

$$AD = \frac{\sum |X - \bar{X}|}{n} = \frac{58}{7} = 8.29$$

这 7 个分数距离平均数有远有近，但平均距离平均数 8.29 个单位。

在分组材料中：

$$AD = \frac{\sum f |X_c - \bar{X}|}{n} = \frac{\sum f |x|}{n} \quad (4-4)$$

其中：

f 为频次；

X_c 为组中值；

$x = X_c - \bar{X}$；

n 为样本量。

例 4-2　计算表 4-1 中数据的平均差。

表 4-1 次数分布表

分组	组中值（X_c）	f	$X_c - \overline{X}$	$f|X_c - \overline{X}|$
95~	97	2	21.5	43
90~	92	2	16.5	33
85~	87	6	11.5	69
80~	82	7	6.5	45.5
75~	77	10	1.5	15
70~	72	8	-3.5	28
65~	67	7	-8.5	59.5
60~	62	6	-13.5	81
55~	57	2	-18.5	37
$\sum$		50		411

该组数据的平均数为：

$$\overline{X} = AM + \frac{\sum f(X_c - AM)}{N} = 77 + \frac{(-75)}{50} = 75.5$$

平均差为：

$$AD = \frac{\sum f|X_c - \overline{X}|}{n} = \frac{411}{50} = 8.22$$

即上组数据平均距该组平均数 75.5 相差 8.22 个单位。

平均差的优点：感应灵敏，易理解，便于计算，受两极位数及抽样变动影响较小，能反映全部量数的差异情况。

平均差的缺点：平均差计算时不计各个数与平均数差异的方向，只取绝对值，不合乎代数运算方法，以致在进一步的统计分析中难以利用。

四、变异数与标准差

平均差本是一项很好地描述数据离散状况的指标，但由于不能按代数方法计算，限制了它的应用。为避免平均差的缺陷，不取离差的绝对值，而采用离差平方和的方法来解决离差之和为零的问题。即先将各个离差平方$(X-\overline{X})^2$，再求离差的平方和，即 $SS = \sum(X - \overline{X})^2$，由于离差平方和常随样本大小而改变，为了消除样本大小的影响，用平方和除以样本大小，即 $\sum(X - \overline{X})^2 / N$，求出离差平方和的平均数，称为变异数，又称方差或均方，用符号 S^2 表示。若表示总体方差，用 σ^2 或 V 表示。方差的意义相当于将变量与平均数之间的线性差异转变为面积差异。方差即是各变量与平均数差异的平均面积。例如，一组变量

1、3、5、6、7、8，其平均数为 5，离差分别为：-4、-2、0、1、2、3。离差的平方分别为：16、4、0、1、4、9。其平均面积为 5.67，如图 4-2 所示。

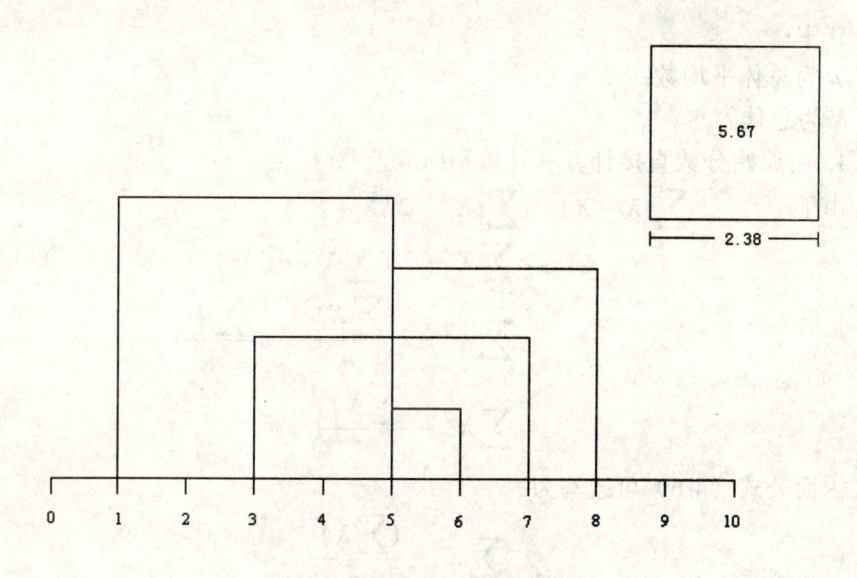

图 4-2　变异数和标准差图示

变异数或方差的平方根称为标准差，样本标准差一般用 S 或 SD 表示，总体标准差一般用 σ 表示。变异数和标准差的计算公式为：

$$S^2 = \frac{\sum(X-\bar{X})^2}{n} = \frac{\sum x^2}{n} \tag{4-5}$$

$$S = \sqrt{\frac{\sum x^2}{n}}$$

当用样本的方差去估计总体方差时，为了使样本统计量为总体的无偏估计量，在求离差平方和的平均数时，分母不用样本含量 n，而用自由度 $n-1$，即：

$$S^2 = \frac{\sum(X-\bar{X})^2}{n-1} = \frac{\sum x^2}{n-1} \tag{4-6}$$

相应的总体参数叫总体方差，记为 σ^2。对于有限总体而言，其方差的计算公式为：

$$\sigma^2 = \frac{\sum(X-\mu)^2}{N} \tag{4-7}$$

总体标准差的计算公式为：

$$\sigma = \sqrt{\frac{\sum(X-\mu)^2}{N}}$$

式中：

μ 为总体平均数；

N 为总体容量。

1. 由原始分数直接计算变异数和标准差

由于
$$\sum(X-\overline{X})^2 = \sum(X^2 - 2X\overline{X} + \overline{X}^2)$$
$$= \sum X^2 - 2\overline{X}\sum X + n\overline{X}^2$$
$$= \sum X^2 - 2\frac{(\sum X)^2}{n} + n(\frac{\sum X}{n})$$
$$= \sum X^2 - \frac{(\sum X)^2}{n}$$

因而公式（4-6）可改写为：

$$S^2 = \frac{\sum X^2 - \frac{(\sum X)^2}{n}}{n-1} \tag{4-8}$$

相应地，计算标准差公式可写为：

$$S = \sqrt{\frac{\sum X^2 - \frac{(\sum X)^2}{n}}{n-1}} \tag{4-9}$$

例 4-3 计算一组反应时测量数据：287、309、303、301、264、266、302、351、305、302、301、281、346、288、299、265、272、335、328、325、310、288、348、303、310、344、305、302、327、285（毫秒）的变异数与标准差。

此例 $n=30$，经计算得：$\sum X = 9\,152$，$\sum X^2 = 2\,809\,388$，代入公式（4-8）和公式（4-9）得：

$$S^2 = \frac{2\,809\,388 - \frac{9\,152^2}{30}}{30-1} = 600.62 \qquad S = \sqrt{600.62} = 24.51$$

该组反应时数据的变异数和标准差分别为 600.62 和 24.51 毫秒。

2. 在分组材料中计算变异数和标准差

对于已经制成次数分布表的数据资料，其标准差可以利用公式（4-10）计算。

第四章 差异量数

$$S=\sqrt{\frac{\sum f\left(X_c-\bar{X}\right)^2}{n-1}}=\sqrt{\frac{\sum fX_c^2-\frac{(\sum fX_c)^2}{n}}{n-1}} \qquad (4\text{-}10)$$

式中：

f 为各组次数；

X_c 为各组的组中值；

$\sum f = n$ 为总次数。

例 4-4 计算表 4-1 中数据的标准差。

将表 4-1 中数据整理为表 4-2，然后将 $\sum f$、$\sum fX_c$ 和 $\sum fX_c^2$ 代入公式（4-8）得：

$$S=\sqrt{\frac{289\,975-\frac{3\,775^2}{50}}{50-1}}=10.06$$

表 4-2 次数分布表

分组	组中值（X_c）	f	fX_c	fX_c^2
95~	97	2	194	18 818
90~	92	2	184	16 928
85~	87	6	522	45 414
80~	82	7	574	47 068
75~	77	10	770	59 290
70~	72	8	576	41 472
65~	67	7	469	31 423
60~	62	6	372	23 064
55~	57	2	114	6 498
$\sum$		50	3 775	289 975

例 4-4 也可用简捷法计算，计算公式为：

$$S=\sqrt{\frac{\sum fd^2-\frac{(\sum fd)^2}{n}}{n-1}}\times i \qquad (4\text{-}11)$$

式中：

f 为各组次数；

$d=(X_c-AM)/i$；

i 为组距；

$\sum f = n$ 为总次数。

在次数分布表中也可以像计算平均数那样用二次累加法计算标准差。其中，A 和 B 的含义与前面相同，并令第二次累加次数的总和为 C，那么：$\sum fd = A - B$，$\sum fd^2 = 2C - A - B$，则公式（4-11）又可改写为：

$$S = \sqrt{\frac{(2C-A-B)-\frac{(A-B)^2}{n}}{n-1}} \times i \qquad (4-12)$$

表 4-3 次数分布表

分组	组中值（X_c）	f	d	fd	fd^2	cf_1	cf_2
95~	97	2	4	8	32	2	2
90~	92	2	3	6	18	4	6
85~	87	6	2	12	24	10	16
80~	82	7	1	7	7	17	33 (A)
75~	77	10	0	0	0	0	0
70~	72	8	-1	-8	8	23	48 (B)
65~	67	7	-2	-14	28	15	25
60~	62	6	-3	-18	54	8	10
55~	57	2	-4	-8	32	2	2
$\sum$		50		-15	203		142 (C)

将表 4-3 中的 $\sum fd$、$\sum fd^2$ 代入公式（4-11）得：

$$S = \sqrt{\frac{203-\frac{(-15)^2}{50}}{50-1}} \times 5 = 10.06$$

或将表 4-3 中 A、B、C 代入公式（4-12）得：

$$S = \sqrt{\frac{(2 \times 142 - 33 - 48) - \frac{(33-48)^2}{50}}{50-1}} \times 5 = 10.06$$

计算结果相同，该组数据的标准差为 10.06。

第二节　标准差的特性与应用

标准差是衡量一个样本波动大小的统计量，标准差大，样本数据的波动就越大；标准差小，样本数据的波动就越小。

标准差有以下特性：

（1）标准差受样本资料所有观测值的影响，若观测值间变异大，则样本标准差大；反之，样本标准差小。

（2）每个观测值加上或减去一个常数 k，其样本标准差的值不变。

（3）每个观测值乘以或除以一个常数 k，则所得的标准差是原来标准差的 k 倍或 $1/k$ 倍。

（4）在数据资料服从正态分布的条件下，数据中约有 68.26% 的观测值在平均数上下各一个标准差的范围内；约有 95.45% 的观测值在平均数上下 2 个标准差范围内；约有 99.73% 的观测值在平均数上下 3 个标准差范围内。对于呈正态分布的数据资料而言，其全距近似地等于 6 个标准差，因而可用（全距/6）来粗略地估计标准差。

例 4-5　某体校要从两名射击选手中选拔一名参加全市运动会，表 4-4 是对这两名运动员预测的成绩。请根据预测成绩决定选派哪一位选手参加比赛更好。

表 4-4　两名选手 10 发子弹预测成绩

	1	2	3	4	5	6	7	8	9	10
甲	9.9	10.8	9.8	10.2	9.7	10.2	8.0	10.7	10.1	9.6
乙	10.1	10.5	9.5	9.6	9.5	10.3	10.2	9.9	10.3	9.1

甲乙两名选手平均成绩均是 9.9 环，但他们的标准差分别是：

$$S_{甲} = \sqrt{\frac{985.52 - \frac{(99)^2}{10}}{10-1}} = 0.78$$

$$S_{乙} = \sqrt{\frac{981.96 - \frac{(99)^2}{10}}{10-1}} = 0.45$$

可见，$S_{乙} < S_{甲}$，表明乙选手的射击成绩较甲选手稳定。应选派乙选手参加比赛。

一、相对差异量数

上述各种差异量数都和原数目具有相同的测量单位,统称为绝对差异量数。

若要比较两组以上数量间的差异情况,如果两组数据的单位不同,或者单位虽相同,但由于测量的起点、终点不同,平均数大小相差很多时,绝对差异量数均不适于应用。为克服这种困难,我们需要用另一种不具测量单位的相对差异量数,通常称之为变异系数或差异系数,也叫相对标准差,以 CV 表示。

$$CV = \frac{S}{\overline{X}} \times 100 \qquad (4\text{-}13)$$

式中:

S 表示一组数据的标准差;

$\overline{X}$ 表示该组数据的平均数。

例 4-6 已知某班儿童平均身高 132.51 厘米,标准差 5.84 厘米。平均体重 26.62 公斤,标准差 3.50 公斤。试问这个班的儿童身高与体重哪一个变量差异更大?

$$CV_{身高} = \frac{5.84}{132.51} \times 100 = 4.41$$

$$CV_{体重} = \frac{3.50}{26.62} \times 100 = 13.15$$

$CV_{身高} < CV_{体重}$,故体重的差异比身高的差异大。

例 4-7 一组 7 岁儿童平均身高 118.64 厘米,标准差 4.35 厘米;另一组 16 岁青少年平均身高 165.31 厘米,标准差 5.76 厘米。问 7 岁组身高差异大还是 16 岁组身高差异大。

若比较绝对值,16 岁的差异大:5.76 大于 4.35。但是比较差异系数:

$$CV_{7岁} = \frac{4.35}{118.64} \times 100 = 3.67$$

$$CV_{16岁} = \frac{5.76}{165.31} \times 100 = 3.46$$

$CV_{7岁} > CV_{16岁}$,故 7 岁组身高差异大。

例 4-8 甲班平均成绩 92 分,标准差 8.95 分;乙班平均成绩 85 分,标准差 8.50 分。问哪个班学生水平更齐?

$$CV_{甲} = \frac{8.95}{92} \times 100 = 9.73$$

第四章 差异量数

$$CV_乙 = \frac{8.50}{85} \times 100 = 10.00$$

$CV_甲 < CV_乙$，故甲班水平更齐，乙班成绩差异比甲班的差异大。

二、从样本标准差求总体标准差

由于标准差的平方——变异数具有可加的性质，如果已知各小组的标准差，可以计算出将几个小组联合在一起的总体标准差。总体方差的计算公式：

$$S_t^2 = \frac{n_1(S_1^2 + d_1^2) + n_2(S_2^2 + d_2^2) + \cdots + n_n(S_n^2 + d_n^2)}{n_1 + n_2 + \cdots + n_n} \quad (4-14)$$

其中，S_t^2 为总体方差；n_1，n_2，…，n_n 为各小组数据个数；d 为各样本平均数与总体平均数之差。

例 4-9 一班平均成绩 92 分，标准差 8.95 分，人数 50 人；二班平均成绩 71 分，标准差 7.40 分，人数 48 人。求两班总标准差。

先计算出总平均数：

$$\overline{X}_t = \frac{n_1 \overline{X}_1 + n_2 \overline{X}_2 + \cdots + n_n \overline{X}_n}{n_1 + n_2 + \cdots + n_n} = (50 \times 92 + 48 \times 71) / (50 + 48) = 81.71$$

再计算总体方差：

$$S_t^2 = \frac{50 \times [8.95^2 + (92 - 81.71)^2] + 48 \times [7.40^2 + (71 - 81.71)^2]}{50 + 48} = 177.85$$

总体标准差为：$S_t = \sqrt{S_t^2} = 13.34$。

故两班总标准差为 13.34。

三、相对位置量数

相对位置量数是通过描述一个数据在其总体中所处位置的情况来反映其差异程度的统计指标。

例如一个学生的语文、数学两科成绩分别为 89 分和 85 分，从原始分数来看，语文得分高于数学得分。但如果我们要想知道这两门成绩在班里是高还是低？比它高的有多少？比它低的有多少？或者这个学生的哪一科成绩在班里更好一些？这时就需要用相对位置量数来描述。最常用的相对位置量数主要有百分等级和标准分数两种。

1. 百分等级

百分等级是一种适用于次序变量的相对位置量数，它表示某个量数在其所属的团体中所超过的单位数占总单位数的百分比。也就是说，百分等级是把原始分数的分布分为 100 个单位。某个原始分数的百分等级，就是它在这 100 等分中的某一点，比该点低的分数个数占全体分数个数的百分比。例如，中数在全体分数中有 50% 的分数低于它，则中数的百分等级为 50。百分等级通常用符号 P_R 表示。

（1）原始数据求百分等级的方法

把全体人数按 100 来计算，将分数由高到低排列，R 代表等级，第 1 名 $R=1$，第 2 名 $R=2$……若 N 代表全体人数，则第 1 名占 $(1/N) \times 100$ 的位置，任一名次占 $(R/N) \times 100$ 的位置。

无论哪一等级，都以这一位置的中点来表示，这样就把每一等级的位置减去一半，即：

$$\frac{R}{N} \times 100 - \frac{50}{N} = \frac{100R - 50}{N}$$

由于这个位置是按等级排列的，成绩越高，等级越低。换成百分等级，则需要倒过来，因百分等级越高，表示成绩越高，如百分等级为 90，表示在它之下的分数有 90%，比它高的只有 10%。百分等级为 10 的分数，表示在它之下只有 10%，在它之上的分数有 90%。故须从 100 减之，得：

$$P_R = 100 - \frac{100R - 50}{N} \tag{4-15}$$

式中：

P_R 为某分数的百分等级；

R 为某原始分数在总体中按高低排列的名次。

例 4-10 某校高一年级 80 名学生参加某项竞赛，其成绩按名次排列，试求第 15 名学生的百分等级。

已知 $N=80$，$R=15$，代入公式（4-15）得：

$$P_R = 100 - \frac{100 \times 15 - 50}{80} = 81.88$$

即在参赛的 80 人中第 15 名的百分等级为 81.88，也就是说，全体参赛同学中比该同学分数低的有 81.88%。

（2）次数分布表中求百分等级的方法

根据次数分布表计算百分等级的公式为：

第四章 差异量数

$$P_R = \frac{100}{N}\left[F_b + \frac{f(X-L_b)}{i}\right] \quad (4\text{-}16)$$

式中：

X 为给定的原始分数；

f 为该分数所在组的次数；

L_b 为该分数所在组的精确下限；

F_b 为小于 L_b 的各组次数之和；

i 为组距。

例 4-11 某班 50 名同学的期末考试成绩已制成次数分布表（表 4-5），试求成绩为 88 分的同学的百分等级。

表 4-5 次数分布表中求百分等级示例

分组	f	累积次数	算 法
95～	2	50	$X=88$, $f=6$, $i=5$, $L_b=84.5$, $F_b=40$
90～	2	48	代入公式（4-16）得：
85～	6	46	$P_R = \frac{100}{50}\times[40+\frac{6(88-84.5)}{5}]=88.4$
80～	7	40	
75～	10	33	
70～	8	23	
65～	7	15	
60～	6	8	
55～	2	2	
∑	50		

即：成绩为 88 分的同学的百分等级为 88.4，全班有 88.4% 的同学比他的分数低，比他分数高的同学不超过 11.6%。

（3）根据百分等级求百分位数

如果我们先确定某个百分等级，然后求出位于该位置上的具体分数，这时所求的统计量数叫百分位数或百分点，以 P_p 表示。

$$P_p = L_b + \frac{\frac{P_R}{100}N - F_b}{f_p}\times i \quad (4\text{-}17)$$

式中：

f_p 为百分位数所在组的次数。

例 4-12 试求百分等级为 90 的具体分数为多少（参见表 4-6）。

表 4-6 次数分布表中求百分位数示例

分组	f	累积次数	计算步骤
95～	2	50	①作次数分布表，求出累加次数。
90～	2	48	②确立所求的 P_p 所在组。方法：$N \times P\%$，即百
85～	6	46	分等级 90 所在位置应是第 45 个分数，从累积
80～	7	40	次数可见，应在 85～90 组内。
75～	10	33	③确定 P_p 所在组的精确下限 L_b 和它以下的累
70～	8	23	加次数 F_b 以及百分位数所在组的次数 f_p。
65～	7	15	④代入公式计算。
60～	6	8	
55～	2	2	
∑	50		

已知 $P_R=90$，$L_b=84.5$，$N=50$，$F_b=40$，$f_p=6$，$i=5$
代入公式（4-17）得：

$$P_p = 84.5 + \frac{\frac{90}{100} \times 50 - 40}{6} \times 5 = 88.67$$

所以，在该班百分等级为 90 的分数应该为 88.67 分。同理，我们也可以求出该班的中数和四分位数各是多少。

2. 标准分数

标准分数也称基分数或 Z 分数。是以标准差为单位表示一个分数在团体中所处位置的相对位置量数。通常用符号 Z 来表示，它是原始分数与平均数之差除以标准差所得的商数。其计算公式为：

$$Z = \frac{(X - \overline{X})}{S} \tag{4-18}$$

式中：
X 为原始数据；
$\overline{X}$ 为原始数据所在数据集合的平均数；
S 为原始数据所在数据集合的标准差。

标准分数是一种没有具体测量单位的相对量数，它是用标准差为单位来衡量一个原始分数与其平均数之差的，以此来体现原始分数在平均数之上或之下以及相距多少个标准差的位置。

标准分数具有以下性质：

①标准分数的分布与原始分数的分布相同。
②当总体都服从同一分布时，总体的标准分数之间具有可比性。
③任何一组数据的标准分数的平均数为 0，标准分数的标准差为 1。
④用标准分数表示的样本之间可以进行算术运算。

标准分数在心理和教育研究中主要有以下用途：

第一，反映原始分数或成绩在分布中的相对位置。由于标准分数的平均数为 0，一个原始分数的标准分数若为 0，则意味着该分数在分布中等于平均数；一个原始分数的标准分数若为正，则该分数在平均数之上；一个原始分数的标准分数若为负，则该分数在平均数之下。根据正态分布的特点，正态分布中平均数到一个标准差之间包括总面积的 34.13%，平均数到两个标准差之间包括总面积的 47.72%，平均数到三个标准差之间包括总面积的 49.87%。若一个原始分数的标准分数等于 1，意即该分数位于平均数右边一个标准差的位置，表明该分数在分布中的百分等级为 84.13（正态分布曲线下平均数的累积面积 50%，从平均数到一个标准差的面积 34.13%）。即分布中有 84.13% 的分数在该分数之下，只有 15.87% 的分数高于该分数。标准分数越大，表明分数的相对位置越高。

第二，标准分数可以将不同测验中的分数进行比较。原始分数由于测量单位、分数的起止点等不同，无法进行直接比较，而转化为标准分数后，就可能比较其相对位置。

例 4-13 在某班期末考试中，数学测验成绩的平均数为 80 分，标准差为 9.5 分；语文测验成绩的平均分为 75 分，标准差为 11.5 分。某学生的数学考试成绩为 85 分，语文考试成绩为 77 分，问该学生哪一科的成绩在班级里更好一些？

先计算该学生数学、语文两科成绩的标准分数：

$$Z_{数学} = \frac{85-80}{9.5} = 0.53$$

$$Z_{语文} = \frac{77-75}{11.5} = 0.17$$

由 $Z_{数学} > Z_{语文}$ 可知该学生数学成绩比语文成绩要好。

当有不同科目的成绩放在一起比较时，转化为标准分数后再比较更为准确。

例 4-14 某班期末考试的语文平均分和标准差分别为 82、11.5；数学平均分和标准差分别为 75、13.6；英语平均分和标准差分别为 72、14.8。该班 A、

B、C三位学生在这次考试中的语文成绩分别为：73、81、78；数学成绩分别为：86、79、84；英语成绩分别为：83、71、75。试比较这三位学生在期末考试中的综合排名。

若根据原始分数累加进行排序，这三位学生的总分都是240分，名次相同。将三位学生的各科成绩转化为标准分之后列于表4-7中。

表4-7　A、B、C三名学生考试成绩原始分与标准分

	A	B	C
语文	76(-0.52)	81(-0.09)	81(-0.09)
数学	81(0.52)	82(0.52)	84(0.78)
英语	83(0.74)	77(0.34)	75(0.20)
∑	240(0.74)	240(0.77)	240(0.89)

可见，转化为标准分数后，三位学生的成绩排序为C、B、A。

第三节　偏态与峰度

集中量数和离散量数可以反映一组数据的基本特征，但要更全面地了解数据分布的特点，如数据分布的形态是否对称、数据分布的偏斜程度以及扁平程度等，则需要对数据分布的偏态（skewness）与峰度（kurtosis）进行测量。

正态分布具有对称性和正态峰两个显著的特征，偏态即是描述随机变量取值分布对称性的统计量；峰度则是描述随机变量取值分布形态陡缓程度的统计量。

一、偏态

偏态是度量频数分布曲线的偏斜程度及偏斜方向相对量数。当分布为正态时，总体偏态系数为0；正偏态时大于0，偏斜方向为右偏，长尾巴拖在右边；负偏态时小于0，偏斜方向为左偏，长尾巴拖在左边。

随机变量X的偏态被定义为：

$$\gamma_1 = \frac{E[X-E(X)]^3}{\sigma_X^3}$$

设$X_1, X_2, X_3, \cdots, X_n$是来自总体$X$的一个样本，则作为总体偏态估计值的样本偏态系数为：

第四章 差异量数

$$sk = \frac{n}{(n-1)(n-2)} \sum \left(\frac{X-\overline{X}}{S}\right)^3 \quad (4\text{-}19)$$

式中：
sk 为偏态系数；
n 为样本大小；
X 为随机变量的取值；
$\overline{X}$ 为样本平均数；
S 为样本标准差。

从公式（4-19）中可以看出偏态系数实际上是 Z 分数的三次方的修正的平均数，即：

$$sk = \frac{n}{(n-1)(n-2)} \sum Z^3$$

当分布对称时，则所有数据与平均数的离差的立方之和必等于零，$\sum Z^3 = 0$，从而，$sk=0$；当分布不对称时，由于离差的三次方，正负数不能抵消，因而将由于偏斜方向与程度的不同而表现为或正或负、大小不同的数值，从而形成正或负的偏态系数。当 sk 为正值时，表示正偏态或右偏态。大量数值集中在平均数之下。此时，平均数大于众数，说明偏斜的方向为右偏；当 sk 为负值时，表示负偏态或左偏态。此时，平均数小于众数，说明偏斜的方向为左偏。 sk 的数据越大，表示偏斜的程度越大。一般来说，如果偏态系数的绝对值小于 1，说明数据分布与正态分布并无显著差异。要对样本资料的分布进行正态性检验，可采用 Z 检验法。统计学已证明，如果总体的分布是正态的，那么参数 sk 的标准误为：

$$SE_{sk} = \sqrt{\frac{6n(n-1)}{(n-2)(n+1)(n+3)}}$$

式中：
SE_{sk} 为偏态系数的标准误；
n 为样本量。
统计量 $Z_{sk}=sk/SE_{sk}$ 服从 $N(0，1)$ 分布。

例 4-15 图 4-3 是根据 30 个数据（64，65，78，75，72，61，84，85，64，72，75，78，85，83，85，72，76，65，90，56，74，82，84，76，92，88，77，60，68，70）绘制的频数直方图，试计算其偏态系数。

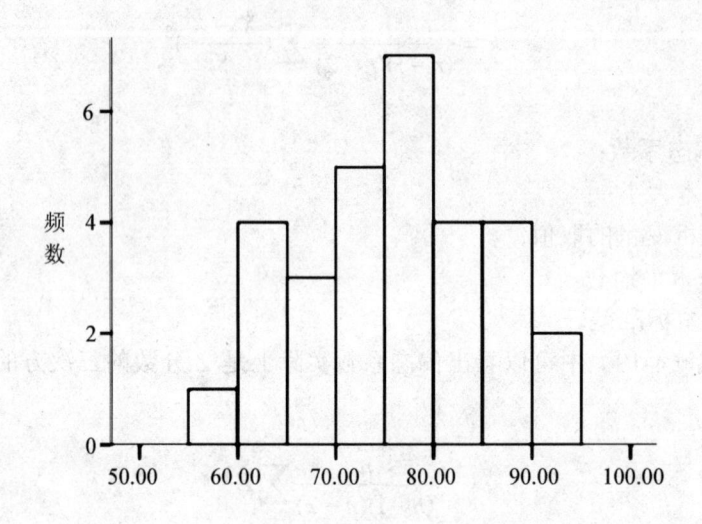

图 4-3 频数直方图

该组数据 $n=30$，$\bar{X}=75.20$，$S=9.481$，代入公式（4-19）得：

$$sk = \frac{n}{(n-1)(n-2)} \sum (\frac{X-\bar{X}}{S})^3 = -0.169$$

可见，该组数据略呈负偏态，与正态分布差异不大。

二、峰度

峰度是度量频数分布曲线陡峭与平缓程度的相对量数。与正态分布相比较，若分布曲线更尖更高，但两端分数较多者，则称为尖峰分布（leptokurtic）；若分布曲线更低更平，中端分数较多者，则称为平峰分布（platykurtic）。正态曲线的峰度称为正态峰度。

若一个分布的峰度系数为 0，说明它与正态分布的陡缓程度相同；若峰度系数大于 0，说明比正态分布更陡峭——尖峰分布；若峰度系数小于 0，说明比正态分布更平缓——平峰分布。

随机变量 X 的峰度被定义为：

$$\gamma_2 = \frac{E[X-E(X)]^4}{\sigma_X^4} - 3$$

设 X_1，X_2，X_3，$\cdots$，X_n 为来自总体 X 的一个样本，则作为总体峰度估计值的样本峰度系数为：

第四章　差异量数

$$kt = \frac{n(n+1)}{(n-1)(n-2)(n-3)} \sum (\frac{X-\overline{X}}{S})^4 - \frac{3(n-1)^2}{(n-2)(n-3)} \qquad （4-20）$$

式中：

kt 为峰度系数；

n 为样本量；

X 为随机变量的取值；

$\overline{X}$ 为样本平均数；

S 为样本标准差。

峰度系数实际上是 Z 分数四次方的修正平均数减去一个常数。正态分布的峰度为 0。若峰度系数大于 0，则说明随机变量 X 分布的尾部比正态分布的尾部粗，并且峰度系数值越大，分布的尾部越粗；若峰度系数小于 0，则说明 X 分布的尾部比正态分布的尾部细，且峰度系数值越大，分布的尾部越细。因为分布越高狭，两端分数的次数就越多，因而 $\sum(X-\overline{X})^4$ 就越大，峰度系数也就越大。而分布越平坦，两端分数的次数就越少，因而 $\sum(X-\overline{X})^4$ 就越小，峰度系数也就越小。一般来说，如果峰度系数的绝对值小于 1，说明数据分布与正态分布并无显著差异。如果要对样本分布的峰度进行正态性检验，可通过计算峰度系数的标准误 SE_{kt}，根据其统计量 $Z_{kt}=kt/SE_{kt}$ 服从 N（0，1）分布，故而采用 Z 检验进行检验。峰度样本分布的标准误为：

$$SE_{kt} = \sqrt{\frac{24n(n-1)^2}{(n-3)(n-2)(n+3)(n+5)}}$$

式中：

SE_{kt} 峰度系数的标准误；

n 为样本量。

对例 4-15 中的数据进行计算，其峰度系数为：

$$kt = \frac{n(n+1)}{(n-1)(n-2)(n-3)} \sum (\frac{X-\overline{X}}{S})^4 - \frac{3(n-1)^2}{(n-2)(n-3)} = -0.781$$

可见，其分布略呈平峰分布，且与正态分布差异不大。

思考与练习题

一、名词概念

差异量数　相对位置量数　四分差　变异数　百分等级　偏态　峰度

二、单项选择题
1. 若两数列的标准差相等而平均数不等，则（　　）。
   A. 平均数小代表性大　　　　B. 平均数大代表性大
   C. 无法判断　　　　　　　　D. 平均数大代表性小
2. 有甲（1）、乙（2）两组数列，若（　　）。
   A. $\bar{X}_1 < \bar{X}_2$，$\sigma_1 > \sigma_2$，则乙数列平均数的代表性高
   B. $\bar{X}_1 < \bar{X}_2$，$\sigma_1 > \sigma_2$，则乙数列平均数的代表性低
   C. $\bar{X}_1 = \bar{X}_2$，$\sigma_1 > \sigma_2$，则甲数列平均数的代表性高
   D. $\bar{X}_1 = \bar{X}_2$，$\sigma_1 < \sigma_2$，则乙数列平均数的代表性低
3. 平均差的主要缺点是（　　）。
   A. 与标准差相比计算复杂　　B. 易受极端数值的影响
   C. 不符合代数演算方法　　　D. 计算结果比标准差数值大
4. 某数列变量值平方的平均数等于9，而变量值平均数的平方等于5，则标准差为（　　）。
   A. 4　　　　　　　　　　　　B. -4
   C. 2　　　　　　　　　　　　D. 14
5. 已知某次学业成就测验的平均分数是80，标准差为5。如果某考生得分为90，则该分数转换为标准分后是（　　）。
   A. 1　　　　　　　　　　　　B. 2
   C. 3　　　　　　　　　　　　D. 4
6. 某学生在一项测验中得分比平均水平高出一个标准差，则该生的百分等级约为（　　）。
   A. 16　　　　　　　　　　　　B. 80
   C. 84　　　　　　　　　　　　D. 90
7. 某班200人的考试成绩呈正态分布，其$\bar{X}=12$，$S=4$分，成绩在8分和16分之间的人数占全部人数的（　　）。
   A. 34.13%　　　　　　　　　B. 68.26%
   C. 90%　　　　　　　　　　D. 95%
8. 某项测验的成绩服从正态分布，某班该测验的平均成绩为70分，标准差为10分。某学生成绩为85分，他在全班的名次为（　　）。
   A. 前10名　　　　　　　　　B. 前20名
   C. 后10名　　　　　　　　　D. 后20名

第四章 差异量数 73

9．一个总体的均值和标准差分别为 $\mu=100$，$\sigma=15$。如果将这个分布转换成 $\mu=50$，$\sigma=20$ 的分布，原来的 120 分在新的分布中应该是（ ）。

　　A．60.67 分　　　　　　　B．76.67 分
　　C．83.33 分　　　　　　　D．93.33 分

10．一个 $N=25$ 的总体，$SS=81$。其离差的和 $\sum(X-\mu)$ 是（ ）。

　　A．0　　　　　　　　　　B．1.8
　　C．3.24　　　　　　　　　D．无法计算

三、应用题

1．已知某班期末考试中语文、数学和英语的平均分和标准差如下表所示，学生 A 的语文成绩为 85 分、数学成绩为 82 分、英语成绩为 90 分，问该学生成绩哪一科最好？

	语文	数学	英语
平均分	80	70	85
标准差	10	15	12

2．试求下列次数分布表中分数为 60 和 90 的百分等级。

分组	f
90~	3
80~	5
70~	10
60~	16
50~	20
40~	16
30~	14
20~	12
10~	4
$\sum$	100

3．求上题数据分布的标准差和四分差。

第五章　概率与概率分布

前面几章主要介绍了描述统计数据的方法。这些统计方法只能实现对数据资料进行一般性描述，所以常被称为描述统计。描述统计虽然已经能够对数据的特点和规律作出一定的说明，但它还远不能从蕴涵丰富信息的数据资料中探索出一些内在的规律。要对数据信息作进一步的利用，就需要运用推论统计的方法。推论统计是在收集、整理观测样本数据的基础上，对有关总体作出推论。其特点是根据随机性的观测样本数据以及问题的条件和假设，对总体作出以概率形式表述的推断。所以概率论是推论统计的基础。

本章主要讨论作为统计推论基础的有关概率的一些基本性质及理论次数分布规律。

第一节　概率的一些基本概念

一、随机事件及其概率

在自然界和社会生活中，常会遇到两类现象：确定性现象和随机现象。确定性现象是指在一定的条件下事先可以断言必然会出现某种结果的现象。例如用手向空中抛出一枚硬币后，硬币必然落向地面；在自然状态下水必然不会流向高处。前者是在一定条件下必然发生的现象，称为必然现象，后者是在一定条件下必然不会发生的现象，称为不可能现象。随机现象是指在一定条件下事先不能断言会出现哪种结果的现象。例如用手向上抛出一枚硬币，硬币落地的结果可能是正面向上，也可能是反面向上。并且在每次抛掷之前无法确定抛掷的结果是什么。但在大量重复抛掷的情况下，其结果又具有规律性。这种在个别试验中呈现不确定的结果，而在相同条件下大量重复试验中呈规律性的现象，我们称之为随机现象。我们把随机现象的每一个结果叫做一个随机事件，简称为事件。对某事物或现象所进行的观察或实验叫试验。

随机事件在每次试验中的发生是随机的,但是如果在一定的条件下重复做很多次试验或观察,则会发现随机事件的发生可能性趋向于一个稳定的数值。例如,用手向上抛起一个匀称的硬币,让它自由地落在平整的地面上,观察"正面朝上"的次数。当抛掷许多次之后,我们会发现,"正面朝上"这个随机事件发生的频率趋于稳定在 0.5 附近,并且随着试验次数的增加,这种稳定在一个数值附近的趋势越显著。我们称 0.5 为"正面朝上"在这种试验条件下发生的概率。

概率的统计定义:在一定条件下,重复进行 n 次试验,记 m 是 n 次试验中事件 A 发生的次数。当试验次数无限增大时,事件 A 发生的频率 m/n 稳定在某一数值 p 附近。我们称 A 为随机事件,数值 p 为随机事件 A 在这种条件下发生的概率,记作:

$$P(A)=\frac{m}{n}=p \qquad (5-1)$$

显然,任何事件的频率都介于 0 和 1 之间,即 $0 \leqslant P(A) \leqslant 1$。它作为随机事件出现可能性大小的客观指标。因这种概率是由事件 A 出现的次数决定的,故又称为后验概率或统计概率。例如某人在篮球训练时 100 次投球中有 75 次命中,则他投篮命中的概率为 $P(A)=75/100=0.75$。

统计概率的特点是在试验之前事件 A 发生的频率是不知道的,只有借助试验结果来估计它的概率。

概率的古典定义:古典概率源于赌博游戏,如投掷硬币、掷骰子等。它要求试验满足两个条件:①每次试验的可能结果(称为基本事件)是有限的,②每次试验中每一个基本事件出现的可能性是相等的。如果基本事件的总数为 n,事件 A 包括 m 个基本事件,则事件 A 的概率为:

$$P(A)=\frac{m}{n} \qquad (5-2)$$

古典概率局限在随机试验只有有限个可能结果的范围内,事先就已经知道有关事件出现的事实,在试验之前,就能决定事件发生的概率。故又称这种概率为先验概率。

例如投掷硬币,只有正面向上或反面向上两种可能,基本事件 $n=2$,是有限的,事件 A(正面向上)和事件 B(反面向上)出现的可能性相等,故 $P(A)=1/2=0.5$。再如从 54 张扑克牌中随机抽出一张,每张牌被抽出的可能性相等,故抽出每张牌的概率为 $1/54$。如果将事件 A 规定红桃,则事件 A 由 13 个基本事件组成，$m=13$，$n=54$，这时红桃出现的概率为 $P(A)=13/54=0.241$。

这种先验概率或古典概率通过直接计算就可获得。多次试验后按观测结果计算的概率（后验概率），理论上接近先验概率。例如当一枚硬币投掷很多次以后，实际得到的正面向上的次数 m 与投掷次数 n 的比值，接近 0.5，试验的次数越多，接近的程度就越高。历史上统计学家曾做过多次抛掷硬币的试验，其结果与 0.5 非常接近。表 5-1 列出了部分统计学家的试验结果。

表 5-1 历史上抛掷硬币试验结果

试验者	抛掷次数 N	正面出现次数 m	正面出现频率 m/N
德·摩尔根	2 048	1 061	0.518 1
蒲丰	4 040	2 048	0.506 9
皮尔逊	12 000	6 019	0.501 6
皮尔逊	24 000	12 012	0.500 5
维尼	30 000	14 994	0.499 8

二、概率的加法定理

加法定理是指两个互不相容事件 A、B 之和的概率，等于两个事件概率之和。即：

$$P(A+B)=P(A)+P(B) \tag{5-3}$$

所谓互不相容事件是指在一次试验中，若事件 A 发生则事件 B 就一定不发生，否则二者为相容事件。例如投掷硬币，正面与反面不能同时向上，正面向上（事件 A）与反面向上（事件 B）的两个事件就是互不相容的。正面向上这一事件出现，反面向上这一事件就一定不出现。在这种情况下，出现事件 A 或事件 B 任何一种事件的概率，即为两事件分别发生的概率之和。以投掷硬币为例，"出现正面或反面"的概率为：

$$P(A+B)=P(A)+P(B)=1/2+1/2=1$$

如果在 A_1，A_2，…，A_n 等 n 个事件中任何两个事件都不可能在试验结果中同时出现，则称 A_1，A_2，…，A_n 等 n 个事件两两互不相容。则：

$$P(A_1+A_2+\cdots+A_n)=P(A_1)+P(A_2)+\cdots+P(A_n)$$

以掷骰子为例，出现一点、二点或三点的概率为：$1/6+1/6+1/6=3/6=1/2$。

但无论互不相容事件有多少，其总和的概率永远不会大于 1。

如果两个事件是相容的，即事件 A 和事件 B 有可能同时发生，那么就不能用公式（5-3）来计算两事件之和的概率。对于相容事件，两事件之和的概率等于两个事件概率之和减去两事件同时出现的概率。即：

$$P(A+B)=P(A)+P(B)-P(AB) \qquad (5-4)$$

实际上，这是加法定理的一般形式。当事件 A 与事件 B 互不相容时，事件 A 与事件 B 不可能同时发生，则 $P(AB)=0$。可见，互不相容事件的和的概率计算公式是加法定理的一种特殊形式。

例 5-1 甲射手击中目标的概率为 0.60，乙射手击中目标的概率为 0.70，两名射手同时击中目标的概率为 0.42，如果甲、乙两射手同时向目标射击，那么目标被击中的概率是多少呢？

设甲击中目标为事件 A，乙击中目标为事件 B，而"目标被击中"就是这两个事件的和。由于甲、乙两射手可能同时击中目标，因此事件 A 与事件 B 是相容的。故目标被击中的概率为：

$$P(A+B)=P(A)+P(B)-P(AB)=0.60+0.70-0.42=0.88$$

即甲、乙两射手若同时向目标射击，则目标被击中的概率是 0.88。

三、概率的乘法定理

1. 条件概率

条件概率是指在事件 B 已经发生的条件下，事件 A 发生的概率，记作 $P(A|B)$。每一个随机试验都是在一定的条件下进行的，当试验结果的部分信息已知，即在原随机试验的条件下，再加上一些附加信息，来求某一事件发生的概率，此时所求的概率即是条件概率。

设 A、B 是两个随机事件，且 $P(B)>0$，则在事件 B 已经发生的条件下，事件 A 发生的条件概率：

$$P(A|B)=\frac{P(AB)}{P(B)} \qquad (5-5)$$

例 5-2 100 名学生分别来自心理学与教育学两个专业，其中，心理学专业有男生 40 名，女生 25 名；教育学专业有男生 20 名，女生 15 名。如果从这 100 名学生中随机抽取一名学生，抽中男生的概率是多少？抽中心理学专业学生的概率是多少？抽中心理学专业男生的概率是多少？如果已知抽中的是心理学专业的学生，那么该学生是男生的概率是多少？如果已知抽中的学生是男生，那么，该男生是心理学专业学生的概率是多少？

设"抽中男生"为事件 A，"抽中心理学专业学生"为事件 B，可得：

$$P(A)=60/100=0.60$$

$$P(B)=65/100=0.65$$

"抽中心理学专业男生"为事件 A 与事件 B 都发生，记为 AB，则：

$$P(AB)=40/100=0.40$$

$P(A|B)$ 为已知抽中心理学专业的学生，该生是男生的概率：

$$P(A|B)=40/65=0.62$$

$P(B|A)$ 为已知抽中男生，该生是心理学专业学生的概率：

$$P(B|A)=40/60=0.67$$

所以，从这 100 名学生中随机抽取一名学生，抽中男生的概率为 0.60；抽中心理学专业的学生的概率为 0.65；抽中心理学专业男生的概率为 0.40；如果已知抽中的是心理学专业的学生，那么该学生是男生的概率为 0.62；如果已知抽中的学生是男生，该男生是心理学专业的概率为 0.67。

2. 乘法定理

概率的乘法定理是计算事件积的概率的定理。设任意事件 A、B，有概率乘法公式：

$$P(AB)=P(A)P(A|B) \qquad (P(A)>0) \qquad (5\text{-}6)$$

同理：$P(AB)=P(B)P(A|B)$　$(P(B)>0)$，它可推广到多个事件的乘积。即：

$$P(A_1 A_2 \cdots A_n) = P(A_1)P(A_2 \mid A_1)P(A_3 \mid A_1 A_2) \cdots P(A_n \mid A_1 A_2 \cdots A_{n-1})$$

例 5-3 从一副去掉大小王的 52 张扑克牌中，不放回地随机抽出两张，求这两张都是红桃的概率。

设：第一次抽中红桃为事件 A；第二次抽中红桃为事件 B；两次都抽中红桃为事件 AB。

一副扑克牌中有四种花色，每种花色 13 张，随机抽取一张，抽中红桃的概率应为 1/4，即：

$$P(A)=13/52=1/4$$

抽回一张红桃后，不放回，再抽第二张。这时，第一次抽取的结果必然影响第二次的抽取结果，因此，第二次抽中红桃的概率是一个条件概率。因为第二次抽中红桃是在第一次已抽走一张红桃的条件下发生的事件，这时还剩 51 张牌，其中红桃只有 12 张，所以，第二次抽中红桃的概率为：

$$P(B|A)=12/51=4/17$$

根据乘法公式，两次抽中红桃的概率为：

$$P(AB)=P(A)\ P(B|A)=(1/4)\times(4/17)=1/17。$$

3. 独立事件的概率乘法公式

如果事件 A 的发生不影响事件 B 发生的概率，事件 B 的发生也不影响事件

A 发生的概率，那么称事件 A 与事件 B 相互独立。

若事件 A 与事件 B 相互独立，即 $P(A|B)=P(A)$ 或 $P(B|A)=P(B)$，那么：
$$P(AB)=P(A)P(B) \tag{5-7}$$

从上例可以看出，如果我们从一个总体中无放回地抽取若干个体，那么先发生的抽取结果会对之后的抽取结果产生影响。但是，如果我们是有放回地抽取，则先发生的事件对后发生的事件并不产生影响。也就是说，事件 A 出现与否，不影响事件 B 出现与否。这种情况下，我们称事件 B 对于事件 A 独立。即：$P(B|A)=P(B)$。那么，对于 A、B 两个相互独立事件同时发生的概率则为它们单独发生的概率之乘积。

例 5-4 从去掉大小王的 52 张扑克牌中有放回连续抽两张牌，即抽完第一张后将所抽的牌再放回去，混合后再抽第二张。问第一次抽取红桃 K 第二次抽取方块 K 的概率是多少？

根据概率乘法，这两个独立事件积的概率，亦即两个事件同时出现的概率是：$1/52×1/52=1/2\ 704=0.000\ 37$。若问第一次抽取红桃，第二次抽取方块的概率，则是：$1/4×1/4=1/16=0.062\ 5$。

这些是最简单的组合情况。对于一些较为复杂的情况，有时需要概率加法和概率乘法并用。例如上例中若问抽牌两次皆为红色的概率，则可以有两种计算方法：一是考虑到满足两次皆红的四种组合：红桃—红桃，方块—方块，方块—红桃，红桃—方块，每一种的概率为 $1/4×1/4=1/16$，因此，总概率为：$1/16+1/16+1/16+1/16=1/4$。另一种计算方法是考虑到红色与黑色的张数相同，其概率各为 $1/2$，因此两次皆为红色的概率则为 $1/2×1/2=1/4$，两种计算结果相同。

四、概率分布的类型

概率分布是指用函数对随机变量取值的概率分布情况进行描述。了解随机变量的概率分布，才能使统计分析与推论有了可能，从而为统计分析提供依据。随机变量是表示随机现象各种结果的变量。例如某一时间某段道路上通过的车辆数，商场在某个时间内的顾客人数等，都是随机变量的实例。一般用大写字母 X，Y，Z 等表示随机变量，它们的取值用相应的小写字母 x，y，z 等表示。了解随机变量的取值规律，就是要掌握它的概率分布。不同的随机变量，其概率分布有所不同。如果某一随机变量的取值规律与已知的某一分布相吻合，则可认为该随机变量服从这一分布。若某一随机变量的取值规律与已有的任何概率分布均不相同，则可能意味着新的概率分布将被发现。随机变量根据其所代表的数值可分为离散型与连续型两类。

1. 离散型随机变量及其概率分布

只取有限个或可列个实数值的随机变量称为离散型随机变量。例如，设 x 为某产品表面的瑕疵数，则 x 是一个离散随机变量，它可以取 0，1，2 等值。我们用随机变量 x 的取值来表示事件，如"$x=0$"表示事件"产品表面无瑕疵"；"$x=1$"表示事件"产品表面有一个瑕疵"；"$x>2$"表示事件"产品表面上的瑕疵超过两个"，等等。这些事件可能发生，也可能不发生，因为 x 取 0，1，2 等值是随机的。类似地，一批产品中的次品数、一台机器在一天内发生的故障数等都是取非负整数值 $\{0, 1, 2, 3, \cdots\}$ 的离散随机变量。任一离散随机变量的概率函数必须满足以下两个条件：

$$f(x) \geqslant 0 \tag{5-8}$$

$$\sum f(x) = 1 \tag{5-9}$$

上面的几个例子，对于任意 x，有 $f(x)$ 大于或等于零，且随机变量 x 的所有概率之和为 1，从而满足公式（5-8）和公式（5-9）。

离散型概率分布中最简单的一种就是均匀离散型概率分布，它的概率函数为：

$$f(x) = \frac{1}{n} \tag{5-10}$$

式中：

$f(x)$ 为随机变量的概率；

n 为随机变量取值的个数。

例如，抛掷一个骰子的试验，定义随机变量 x 为向上的面的数字。随机变量共有 $n=6$ 个可能的值，$x=1$，2，3，4，5，6。从而，随机变量的函数为：

$$f(x) = 1/6, \qquad x=1，2，3，4，5，6$$

随机变量所有可能的取值为 1～6，每种取值的概率相等，均为 1/6。常用的离散型随机变量的概率分布有二点分布、二项分布、超几何分布、泊松分布等。

2. 连续型随机变量及其概率分布

可以取全部实数或者某一区间任一实数的随机变量称为连续型随机变量。例如，公共汽车每 15 分钟一班，某人在站台等车时间 x 是个随机变量，x 的取值范围是[0，15]，它是一个区间，从理论上说在这个区间内可取任一实数，因而称这一随机变量为连续型随机变量。由于连续型随机变量的所有可能取值无法像离散型随机变量那样一一排列，因而也就不能用离散型随机变量的分布规律来描述它的概率分布，对应于连续型随机变量概率函数的是概率密度函数。

设随机变量 X 的分布函数为 $F(x)$，如果存在一个非负可积函数 $f(x)$，使得对于任意实数 x，有：

$$F(x) = \int_{-\infty}^{x} f(x)dx \tag{5-11}$$

则称 X 为连续型随机变量，而 $f(x)$ 称为 X 的分布密度函数（或概率密度函数），简称分布密度（或概率密度）。

概率密度函数并没有直接给出随机变量取某一特定值的概率，而是通过给定区间上曲线 $f(x)$ 下图形的面积来给出连续型随机变量在某个区间内取值的概率。

连续型随机变量概率分布具有以下性质：

（1）$f(x) \geqslant 0$ \hfill (5-12)

（2）$\int_{-\infty}^{\infty} f(x)dx = 1$ \hfill (5-13)

公式（5-12）表明密度曲线 $y=f(x)$ 在 x 轴上方，公式（5-13）表明密度曲线 $y=f(x)$ 与 x 轴所夹全部面积为 1。

常用的连续型随机变量的概率分布有均匀分布、指数分布、正态分布等。

第二节　正态分布

正态分布也称常态分布或常态分配，是最常见的一种连续型随机变量的概率分布，它在数理统计的理论与实际应用中占有重要的地位。在自然现象和社会现象中，大量事物或变量的分布均服从或近似地服从正态分布。例如电池、灯泡等产品的寿命，人体的身高、体重，人的智力水平，测量同一物体的误差，某个地区的年降水量，等等。一般来说，如果一个变量是由一些微小的独立的随机因素影响的结果，那么这一变量一般服从正态分布。

正态分布是由德国的数学家和天文学家棣莫弗（Abraham de Moivre）于 1733 年在求二项分布的渐近公式时发现的。德国数学家高斯（Carl Friedrich Gauss）以及法国天文学家和数学家拉普拉斯（Pierre-Simon Marquis de Laplace）也对正态分布的研究做出了重要的贡献。由于高斯率先将其应用于天文学研究，故有时也称正态分布为高斯分布。

一、正态分布的特征

正态分布有以下特点:

(1) 集中性:正态曲线的形状呈钟形,高峰位于分布的中央,即平均数、中数和众数所在的位置。

(2) 对称性:正态曲线以平均数为中心,左右对称。

(3) 渐进性:正态曲线由中心处向两侧逐渐均匀下降,曲线两端永远不与横轴相交。

(4) 正态分布有两个参数,即平均数 μ 和标准差 σ,可记作 $N(\mu, \sigma)$。平均数 μ 决定正态曲线的中心位置;标准差 σ 决定正态曲线的陡峭或扁平程度。σ 越小,曲线越陡峭;σ 越大,曲线越扁平。

二、正态分布的密度函数

正态分布的密度函数为:

$$f(x) = \frac{1}{\sqrt{2\pi} \cdot \sigma} e^{-\frac{(x-\mu)^2}{2\sigma^2}} \tag{5-14}$$

式中:

$f(x)$ 为正态分布的密度函数;

π 是圆周率 3.141 59…;

e 是自然对数的底 2.718 28…;

x 为随机变量取值 $-\infty < x < +\infty$;

μ 为总体平均数;

σ^2 为总体方差。

如果不采用实测记分,而采用标准分数 z 记分,即通过标准化变换:

$$Z = \frac{X - \mu}{\sigma}$$

若 X 服从正态分布 $N(\mu, \sigma^2)$,则 μ 就服从标准正态分布,标准正态分布的 $\mu = 0$,$\sigma^2 = 1$,通常用 Z 表示服从标准正态分布的变量,记为 $Z \sim N(0, 1^2)$。标准正态分布密度函数为:

$$f(Z) = \frac{1}{\sqrt{2\pi}} e^{-\frac{z^2}{2}} \tag{5-15}$$

我们一般不用直接进行标准正态分布密度函数的手工计算,对于不同的 Z 值已经编制成函数表,即正态分布表。从中可查到 Z 在任一区间内取值的概率。也可以通过计算机中的函数来进行计算，如利用 Excel 中的 NORMDIST 函数计算。NORMDIST 函数的格式为：NORMDIST（变量，平均数，标准差，累积）变量（X）是需要计算的 X 值；平均数（μ）是分布的算术平均数；标准差（σ）是分布的标准差；累积：如果为 TRUE，则是累积分布函数，如果为 FALSE，则是概率密度函数。例如，计算标准正态分布 $Z=0$ 和 $Z=1$ 的密度函数，由于标准正态分布平均数为 0，标准差为 1，调出函数后在变量（X）栏输入"0"，在平均数（Mean）栏输入"0"，在标准差（Standard_dev）栏输入"1"，在累积（Cumulative）栏输入"FALSE"，则输出"计算结果=0.39894228"。若在变量（X）栏输入"1"，则输出"计算结果=0.241970725"。若在累积（Cumulative）栏输入"TRUE"，则计算结果输出累积分布函数。如 $Z=0$ 和 $Z=1$ 的累积分布函数计算结果分别为："0.5"和"0.841344746"。意即 $Z=0$ 以下累积概率为 0.5；$Z=1$ 以下累积概率为 0.841 3。利用 Excel 中的函数给解决不同 μ、σ^2 的正态分布概率计算问题带来很大的方便。

从上面的计算可见，在平均数这一点上曲线达到最高点，概率密度函数值为 0.398 9。

在正态分布曲线下，标准差与概率（面积）之间有一定的数量关系：
在平均数左右各 1 个标准差（1σ）范围内有 68.268 949 2%的面积；在平均数左右各 2 个标准差（2σ）范围内有 95.449 973 6%的面积；在平均数左右各 3 个标准差（3σ）范围内有 99.730 020 4%的面积；在平均数左右各 4 个标准差（4σ）范围内有 99.993 665 8%的面积（图 5-1）。

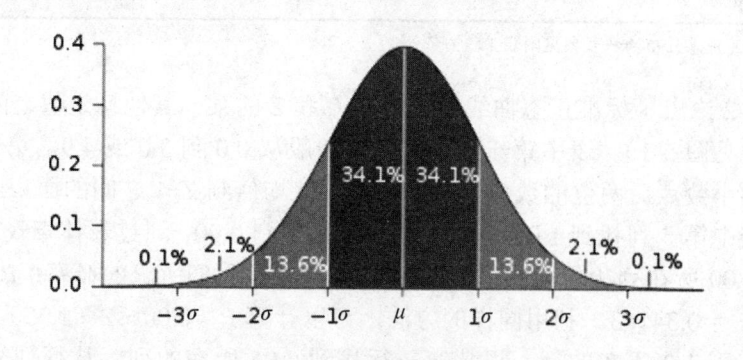

图 5-1 标准正态分布图示

在实际应用上，常考虑一组数据具有近似于正态分布的概率分布。若其假设正确，则约 68% 的数值分布在距离平均数 1 个标准差之内的范围，约 95%

的数值分布在距离平均数 2 个标准差之内的范围,约 99.7% 的数值分布在距离平均数 3 个标准差之内的范围。这被称为"正态分布的 68—95—99.7 法则",也称为"经验法则"。

三、正态分布数值表的应用

正态分布数值表根据不同的用途和编制方法有多种形式。常见的有正态分布函数表(根据给定的 Z 值求相应的面积或概率)、正态分布密度函数表(根据给定的 Z 值求密度函数或曲线的高度值)、正态分布分位数表(根据给定的面积或概率求相应的Z值)以及Z值与曲线下的面积及曲线高度对应表等。这些表的使用一般来说并不困难,根据表的图例或简单说明很容易理解。现以正态分布函数表为例,说明其使用方法。

表 5-2 正态分布函数表样例*

Z	0.00	0.01	0.02	0.03	0.04	0.05	0.06	0.07	0.08	0.09
0.0	0.0000	0.0040	0.0080	0.0120	0.0160	0.0199	0.0239	0.0279	0.0319	0.0359
⋮	⋮	⋮	⋮	⋮	⋮	⋮	⋮	⋮	⋮	⋮
1.0	0.3413	0.3438	0.3461	0.3485	0.3508	0.3531	0.3554	0.3577	0.3599	0.3621
1.1	0.3643	0.3665	0.3686	0.3708	0.3729	0.3749	0.3770	0.3790	0.3810	0.3830
1.2	0.3849	0.3869	0.3888	0.3907	0.3925	0.3944	0.3962	0.3980	0.3997	0.4015
1.3	0.4032	0.4049	0.4066	0.4082	0.4099	0.4115	0.4131	0.4147	0.4162	0.4177
1.4	0.4192	0.4207	0.4222	0.4236	0.4251	0.4265	0.4278	0.4292	0.4306	0.4319
⋮	⋮	⋮	⋮	⋮	⋮	⋮	⋮	⋮	⋮	⋮

*更全的正态分布函数表参见附表 1。

表 5-2 给出了标准正态曲线在均值 Z=0 和 Z 的某一其他特定值之间的曲线下面积(见图 5-1)。表中第一列为 Z 值,一般从 0.0 到 3.0 或 4.9。第一行为 Z 值精确到小数点后两位的数值。例如,要查从均值到 Z=1 之间的面积或概率,就可从表中第一列找到 1.0,然后表中第一行找到 0.00,通过表体查找在 1.0 所在行和 0.00 所在列相交处的值为 0.341 3。这就是我们所求的概率:P(0.00≤Z≤1.00)=0.341 3。利用同样的方法,可以计算 P(0.00≤Z≤1.35)。首先在第一列找到 1.3 所在的行,再从第一行找到 0.05 所在的列,从行列交叉处得 P(0.00≤Z≤1.35)=0.411 5。

表中并未列出 Z<0 的值,这是由于正态分布左右对称,正负 Z 值到均值之间的概率相等。因而,如果我们要查 Z=-1.00 到 Z=1.00 之间的概率,即

$P(-1.00 \leqslant Z \leqslant 1.00)$，则：

$$P(-1.00 \leqslant Z \leqslant 1.00) = 0.341\ 3 + 0.341\ 3 = 0.682\ 6$$

利用正态分布函数表，我们还可以计算 Z 值大于或小于某一特定值的概率。例如，要计算 Z 值至少为 1.45 的概率是多少，即 $P(Z \geqslant 1.45)$。首先从表 5-2 中 $Z=1.4$ 所在行和 0.05 所在列交叉处求得 $P(0.00 \leqslant Z \leqslant 1.45) = 0.426\ 5$。由于正态分布是对称的，且曲线下的总面积为 1，各有 50% 的面积位于均值左右两侧。0.426 5 是均值 $Z=0$ 和 $Z=1.45$ 之间的面积，因而与 $Z \geqslant 1.45$ 对应的面积或概率则为 $0.5-0.426\ 5=0.073\ 5$。所以 Z 值大于 1.45 以上的概率为 0.073 5。

若求 $Z=1.96$ 以下的概率，即 $P(Z \leqslant 1.96)$。则：

$$P(Z \leqslant 1.96) = P(Z \geqslant 0.00) + P(0.00 \leqslant Z \leqslant 1.96) = 0.5 + 0.475 = 0.975$$

再如，求两个 Z 分数之间的概率，例如要求 $Z=1$ 至 $Z=2$ 之间的概率，先要分别查出 $P(0.00 \leqslant Z \leqslant 1.00) = 0.341\ 3$ 和 $P(0.00 \leqslant Z \leqslant 2.00) = 0.477\ 2$，然后用 $P(0.00 \leqslant Z \leqslant 2.00) - P(0.00 \leqslant Z \leqslant 1.00)$，得 $P(1.00 \leqslant Z \leqslant 2.00) = 0.477\ 2 - 0.341\ 3 = 0.135\ 9$。

如果要从已知某一概率求相应的 Z 值，则正好与前面的例子相反。例如求随机变量大于某个值 Z 的概率为 0.10 的相对应的 Z 值为多少，则首先确定我们所要求的 Z 值与均值之间的面积。已知均值右侧面积为 0.50，则均值与所求 Z 值之间的面积为 $0.50-0.10=0.40$。查表 5-2 发现与 0.40 最接近的概率值为 0.399 7，对应左边第一列和上面第一行其 Z 值为 1.28，即 Z 值大于 1.28 的概率约为 0.10。同理，若求小于某个值 Z 的概率为 0.85 的相应 Z 值，则所求 Z 值与均值之间面积为 0.35（$0.85-0.50$），查表 5-2 可知与 0.35 最接近的概率值为 0.350 8。相对应的 Z 值为 1.04，即 $Z=1.04$ 以下的概率约为 0.85。

实际上，上面最后一例可以通过查正态分布分位数表来求得。正态分布分位数表是根据给定的面积或概率来求相应的 Z 值。若要根据给定的 Z 值求密度函数或正态分布曲线的高度值，则查正态分布密度函数表。

相应的数值也可以通过 Excel 中的函数来求得。Excel 中相应的函数有：

（1）计算正态分布函数的 NORMDIST 函数

格式为：NORMDIST(X, mean, standard_dev, cumulative)

其中，X 是需要计算的变量，mean 是分布的算术平均数，standard_dev 为分布的标准差，cumulative 为一逻辑值，指明函数的形式。如果 cumulative 为 TRUE，函数 NORMDIST 返回累积分布函数；如果为 FALSE，返回概率密度函数。

（2）计算正态累积分布的反函数 NORMINV 函数

格式为：NORMINV (probability, mean, standard_dev)

其中，probability 为正态分布的概率值，它用于累计分布函数。当平均数为 0，标准差为 1 时，正态分布便成为标准正态分布。

（3）计算标准正态累积分布函数的 NORMSDIST 函数

格式为：NORMSDIST(Z)。

其中，Z 为需要计算其分布的数值。

（4）计算标准正态累积函数的反函数 NORMSINV

格式为：NORMSINV (probability)

例 5-5 已知某市中考成绩符合正态分布，平均分为 450 分，标准差为 58 分，根据招生计划，只有 30%的人能够升入高中，求高中的录取分数线。

设高中录取分数线为 X_0，其相应的 Z 值为 Z_0。

依题意，只有分布右端的 30%能够升入高中。

从平均数到 Z_0 间的面积则为：0.5-0.3=0.2。

查正态分布函数表，找到概率最接近 0.2 的数值为 0.198 5，对应的 Z 值为 0.52。也可直接查正态分布分位数表，或从 Excel 调用 NORMSINV(probability) 函数，得：Z_0=0.524 4。

根据公式（4-18）将这一标准分转化为原始分数：

$$X_0 = 0.524\ 4 \times 58 + 450 = 480.415\ 2$$

因而可以把高中的最低录取分数线定为 480 分。

第三节　二项分布

二项分布是描述只有两种互斥结果的离散型随机事件规律性的一种概率分布。在许多领域中都有一些随机事件只具有两种互斥的结果，如试验的结果或者成功或者失败，对产品的检验或者合格或者不合格，对病人治疗的结果或者有效或者无效等。二项分布（binomial distribution）是离散型随机变量最常用的一种类型，有着非常广泛的应用。

一、二项试验与二项分布

将某随机试验在相同条件下重复进行 n 次，若各次试验结果互不影响，即每次试验结果出现的概率都不依赖于其他各次试验的结果，则称这 n 次试验是独立的。对于 n 次独立的试验，如果每次试验结果出现且只出现对立事件 A 与 $\overline{A}$ 之一，在每次试验中出现 A 的概率是常数 p（$0<p<1$），因而出现对立事件 $\overline{A}$ 的概率是 1-p=q，则称这 n 次独立的重复试验为二项试验，也称为伯努利试验（Bernoulli trials）。

可见二项试验要满足 4 个条件：

（1）任何一次试验恰好有两个结果，成功与失败，或 A 与 $\overline{A}$；

（2）共有 n 次试验，且 n 是预先给定的任一正整数；

（3）各次试验相互独立，即各次试验之间无相互影响。例如投掷硬币，每次投掷只有两个可能的结果：正面向上或反面向上。如果一个硬币掷 10 次，或 10 个硬币掷一次，这时独立试验的次数为 n=10。再如选择题组成的测验，选答不是对就是错，只有两种可能结果，它们都属于二项试验。但在一般心理和教育实验中，有时很难保证第一次的结果完全对第二次结果无影响。譬如，对前面题目的选答可能对后面题目的回答有一定的启发或抑制作用，这时我们只能将它假设为近似满足不相互影响。

（4）任何一次试验中成功或失败的概率保持相同，即成功的概率在第一次为 P(A)，在第 n 次试验中也是 P(A)，但成功与失败的概率可以相等也可以不等。这一点同（3）一样，有时也较难保证。例如，某射击运动员的命中率为 0.70，但由于身体状态、心理状态的变化，在每一次射击时，命中率并不能保证都准确地是 0.70，但为了计算，只可假设其相等。

心理与教育研究中有很多符合二项试验的例子。

如果进行 n 次伯努利试验，事件 A 可能发生 0，1，2，…，n 次，现在我们来求事件 A 恰好发生 k（$0 \leqslant k \leqslant n$）次的概率 $P_n(k)$。

假设 n=4，k=2。在 4 次试验中，事件 A 发生 2 次的方式有 C_4^2 种：

$$A_1 A_2 \overline{A}_3 \overline{A}_4 \qquad A_1 \overline{A}_2 A_3 \overline{A}_4 \qquad A_1 \overline{A}_2 \overline{A}_3 A_4$$
$$\overline{A}_1 A_2 A_3 \overline{A}_4 \qquad \overline{A}_1 A_2 \overline{A}_3 A_4 \qquad \overline{A}_1 \overline{A}_2 A_3 A_4$$

其中，A_k（k=1，2，3，4）表示事件 A 在第 k 次试验发生；$\overline{A}_k$（k=1，2，3，4）表示事件 A 在第 k 次试验不发生。由于试验是独立的，按概率的乘法法则，于是有：

$$P(A_1 A_2 \overline{A}_3 \overline{A}_4) = P(A_1 \overline{A}_2 A_3 \overline{A}_4) = \cdots = P(\overline{A}_1 \overline{A}_2 A_3 A_4)$$
$$= P(A_1) P(A_2) P(\overline{A}_3) P(\overline{A}_4) = p^2 q^{4-2}$$

又由于以上各种方式中，任何两种方式都是互不相容的，按概率的加法法则，在 4 次试验中，事件 A 恰好发生 2 次的概率为：

$$P_4(2) = P(A_1A_2\overline{A}_3\overline{A}_4) + P(A_1\overline{A}_2A_3\overline{A}_4) + \cdots + P(\overline{A}_1\overline{A}_2A_3A_4) = C_4^2 p^2 q^{4-2}$$

一般地，在 n 次伯努利试验中，事件A恰好发生 k（$0 \leq k \leq n$）次的概率为：

$$P_n(k) = C_n^k p^k q^{n-k}, \quad k=0, 1, 2, \cdots, n \quad (5\text{-}16)$$

其中，$p>0$，$q>0$，$p+q=1$，则称随机变量 x 服从参数为 n 和 p 的二项分布，记为 $X \sim B(n, p)$。

公式（5-16）即为二项概率公式。若把它与二项展开式

$$(q+p)^n = \sum_{k=0}^{n} C_n^k p^k q^{n-k}$$

进行比较，可以发现在 n 次伯努利试验中，事件A发生 k 次的概率恰好等于 $(q+p)^n$ 展开式中的第 $k+1$ 项。因此我们可以利用二项展开式的各项系数来快速地确定二项试验结果发生的概率。例如，就抛掷硬币试验来说，抛掷一次，结果只有两种，$(p+q)^1$，或正或反，且正、反面出现的概率相等，$p=q=1/2$；抛掷两次，结果有三种，$(p+q)^2$，二正、一正一反、二反；抛掷三次：结果有四种，$(p+q)^3$，三正、二正一反、二反一正、三反，以此类推。表5-3列出了二项展开式10次方时各项的系数，借助 $(p+q)^n$ 的二项展开式可以简捷地确定各种概率。

表 5-3　二项展开式 10 次方时各项的系数

n												总计
1						1	1					2
2					1	2	1					4
3					1	3	3	1				8
4				1	4	6	4	1				16
5				1	5	10	10	5	1			32
6			1	6	15	20	15	6	1			64
7			1	7	21	35	35	21	7	1		128
8		1	8	28	56	70	56	28	8	1		256
9	1	9	36	84	126	126	84	36	9	1		512
10	1	10	45	120	210	252	210	120	45	10	1	1 024

例如，要断定某项试验是否凭机遇获得成功的，那么至少要进行多少次试验呢？试验只有成功和失败两种可能，可把它看做一个二项试验。根据表 5-3，试验 2 次，2 次都成功的概率为 1/4=0.25；试验 3 次，3 次都成功的概率为 1/8=0.125；试验 4 次，4 次都成功的概率为 1/16=0.062 5；试验 5 次，5 次都成功的概率为 1/32=0.031 25。如果把概率为 0.05 的事件作为一个小概率事件，完全凭机遇获得 5 次成功的概率仅为 3% 左右。所以至少要进行 5 次试验才能比

较有把握地断定试验的成功不是机遇造成的。

统计学证明，服从二项分布 $B(n, p)$ 的随机变量的平均数 μ、标准差 σ 与参数 n、p 有以下关系：

$$\mu = np \quad (5\text{-}17)$$
$$\sigma = \sqrt{npq} \quad (5\text{-}18)$$

二项分布的图形形状取决于 n 和 p 两个参数。当 $p \neq q$ 时，图形呈偏斜状，两值相差越大，则偏度越大。随着 n 的增大，分布逐渐趋于对称。当 $p=q$ 时，不论 n 大小，分布是对称的；在 n 足够大（$np \geqslant 5$ 和 $nq \geqslant 5$）时，二项分布接近于正态分布；当 $n \to \infty$ 时，二项分布的极限即是正态分布。

二、二项分布的应用

二项分布有助于解决含有机遇性的实际问题。举一个简单的例子说明：在解答 10 道正误选择的测验问题时，$p=q=1/2$，$n=10$，如果学生对题目内容并不理解，只凭机遇去猜，平均可以答对 5 题，即：

$$\mu = np = 10 \times 1/2 = 5$$

有些人猜对的题数可能大于 5，也可能小于 5，它们所组成分配的标准差为：

$$\sigma = \sqrt{npq} = \sqrt{10 \times \frac{1}{2} \times \frac{1}{2}} = \sqrt{2.5} = 1.58$$

根据概率计算，10 道正误选择题猜中 8 题的概率为 45/1 024=0.043 95，猜中 9 题的概率为 10/1 024=0.009 97，猜中 10 题的概率为 1/1 024=0.000 98。那么，猜中 8 题以上的概率为 0.043 95+0.009 97+0.000 98=0.054 687 5；猜中 9 题以上的概率为 0.010 742 2。

根据正态分配的概率，只有 5% 的次数在 $\mu \pm 1.96\sigma$ 以外（$\mu \pm 1.96\sigma = 5 \pm 1.96 \times 1.58 \approx 2 \sim 8$），因此除非学生 10 道题全对（由机遇造成的可能是 1/1 024），或者对 9 题错 1 题（由机遇造成的可能是 10/1 024），我们不能全然肯定测验成绩真实地表现了学生的理解水平。但如果我们改用多重选择方式，使每道题都有 5 个答案，其中只有一个正确，要学生做出选择时，只凭猜测答对问题的可能性就减少了。在这种情况下，$p=1/5$，$q=4/5$，$n=10$，平均数 $np=2$，标准差为：

$$\sigma = \sqrt{npq} = \sqrt{10 \times 1/5 \times 4/5} = 1.264\ 9$$

利用正态分配的概率计算，$2 \pm 1.96 \times 1.264\ 9 \approx 0 \sim 4.5$，因此这时只要学生答对 5 道题，就可切实证明他对问题内容有了一定的理解。从这里也可看出，在测验中使用正误选择题不如多重选择题能够更好地考查学生的知识水平。

例 5-6 某学生参加一个有 50 道"四择一"选择题的测试，每题 2 分。如果全凭猜测作答，95%的机会他的猜测范围是多大？他能够得 60 分以上的概率是多少？

已知：$n=50$，$p=1/4$，$q=3/4$，$np=12.5$，$nq=37.5$。由于 np 和 nq 均大于 5，因此可以假定分布近似正态分布。

$$\mu = np = 50 \times 1/4 = 12.5$$

$$\sigma = \sqrt{npq} = \sqrt{50 \times \frac{1}{4} \times \frac{3}{4}} = \sqrt{9.38} = 3.0627$$

若分布近似正态分布，则有 95% 的机会他猜对题的数量会落在 $\mu \pm 1.96\sigma$ 范围内：

$$12.5 \pm 3.0627 \times 1.96 (6.4971 - 18.5029)$$

即他的得分约在 13~37 分之间的概率为 0.95。

如果得分在 60 分以上，则需要至少答对 30 题。对应于正态分布的 z 分数：

$$z = \frac{X - \mu}{\sigma} = \frac{30 - 12.5}{3.0627} = 5.71391$$

在正态分布中 $z=5.71391$ 以上的概率几乎为 0，也就是说，一个考生全凭猜测是不可能答对 30 题的。

第四节 抽样分布

正态分布和二项分布都属于总体理论分布。总体分布一般不是观察或试验记录资料的分布，我们一般根据理论或用数学方法来对它进行描述。从总体中随机地抽取若干个体组成样本，即使每次抽取的样本含量相等，其统计量如平均数、标准差也将随样本的不同而有所不同，因而样本统计量也是一种随机变量，它也有其概率分布。我们把样本统计量的概率分布称为抽样分布。抽样分布是实际观察和试验所获得资料的分布。研究总体与抽取样本之间的关系是统计学的重要内容，也是统计推断的理论基础。

一、样本均值的抽样分布

从总体中进行随机抽样，可分为重复抽样与不重复抽样两种。重复抽样也称"回置抽样"或"有放回抽样"，是指从总体中每次抽取的个体经观察记录后，再放回总体中继续参加下一次的抽取方法。不重复抽样也叫做"不回置抽样"或"无放回抽样",是指从总体中每次抽取的个体经观察后,不再放回总体中参加下一次抽选的方法。可见,重复抽样在抽取过程中总体数量始终未减少,每一个体被抽中的概率始终相等。而不重置抽样的总体数量是在逐渐减少的,每一个体被抽中的可能性前后不断变化,随着抽中个体的不断增多,剩下的个体被抽中的机会不断增大,而且个体没有被重复抽中的可能。对于无限总体,重复抽样与不重复抽样都可以保证每个个体被抽取到的机会相等。对于有限总体,如果是重复抽样,则仍可以把总体看做无限,因而具有与无限总体中抽样同样的性质;如果是不重复抽样,则所抽取的样本就不能看做随机样本。所以抽样时样本容量与有限总体的个体总数的比例必须考虑。若总体较大,而样本容量不超过总体个体总数的5%,这时可以把它看做是从无限总体中的抽样。

假如我们采用重复抽样的方法,每次从总体中抽取 n 个个体组成一个样本,每一个样本经计算得到一个平均数,那么每一次抽样所得到的平均数可能会有不同程度的差异,这种差异是由随机抽样造成的,称为抽样误差。如果将抽样得到的所有可能样本平均数集合起来便构成一个新的总体,这个总体便称为样本平均数总体。而样本平均数则是该总体的随机变量,它也组成一定的分布,这种分布就称为样本平均数的抽样分布。其平均数和标准差分别记为 $\mu_{\bar{x}}$ 和 $\sigma_{\bar{x}}$。其中,$\sigma_{\bar{x}}$ 为样本平均数抽样总体的标准差,简称标准误(standard error),它表示平均数抽样误差的大小。若以 μ 表示母体总体的平均数,σ^2 表示总体方差,那么,样本平均数分布的平均数与方差(或标准差)与母体总体的平均数与方差(或标准差)有如下关系:

$$\mu_{\bar{x}} = \mu \tag{5-19}$$

$$\sigma_{\bar{x}}^2 = \frac{\sigma^2}{n} \text{ (或 } \sigma_{\bar{x}} = \frac{\sigma}{\sqrt{n}} \text{)} \tag{5-20}$$

在实际工作中,由于总体标准差 σ 往往是未知的,因而无法直接通过公式(5-20)求得 $\sigma_{\bar{x}}$。一般是通过样本标准差 S 来估计 σ,即用 $S/\sqrt{n}$ 来估计 $\sigma_{\bar{x}}$,记为 $S_{\bar{x}}$ 或 SE,称做样本标准误或平均数的标准误。

$$S_{\bar{x}} = \frac{S}{\sqrt{n}} = \sqrt{\frac{\sum(X-\bar{X})^2}{n(n-1)}} \tag{5-21}$$

样本标准误 $S_{\bar{x}}$ 是平均数抽样误差的估计值。它与样本标准差是既有联系又有区别的两个统计量。样本标准差 S 是反映样本中各观测值变异程度大小的一个指标，它的大小说明了样本平均数对该样本代表性的高低。样本标准误是样本平均数分布的标准差，它是样本平均数抽样误差的估计值，其大小说明了样本间变异程度的大小及样本平均数精确性的高低。

二、中心极限定理

我们用一个模拟抽样试验来验证平均数抽样总体与原总体概率分布间的关系。设有一个 $N=4$ 的有限总体，变量为 1、2、3、4，则这一总体的均值和方差分别为：

$$\mu = \frac{\sum X_i}{N} = 2.5$$

$$\sigma^2 = \frac{\sum (X_i - \mu)}{N} = 1.25$$

现从总体中抽取 $n=2$ 的简单随机样本，在重复抽样条件下，共有 $4^2=16$ 个样本。总体数据的直方图和样本均值的抽样分布见图 5-2 和图 5-3。我们可以将所有样本的结果列于表 5-4。

表 5-4 所有可能的样本（共 16 个）及样本均值

样本	样本均值	样本	样本均值	样本	样本均值	样本	样本均值
1, 1	1.0	1, 2	1.5	1, 3	2.0	1, 4	2.5
2, 1	1.5	2, 2	2.0	2, 3	2.5	2, 4	3.0
3, 1	2.0	3, 2	2.5	3, 3	3.0	3, 4	3.5
4, 1	2.5	4, 2	3.0	4, 3	3.5	4, 4	4.0

计算表 5-4 中 16 个样本均值的均值和方差得：

$$\mu_{\bar{x}} = \frac{1.0 + 1.5 + \cdots + 4.0}{16} = 2.5 = \mu$$

$$\sigma^2 = \frac{(1.0-2.5)^2 + (1.5-2.5)^2 + \cdots + (4.0-2.5)^2}{16} = 0.625 = \frac{\sigma^2}{n}$$

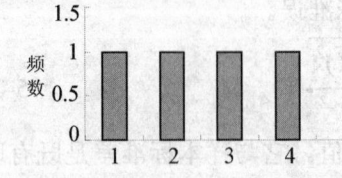

图 5-2 总体数据的直方图

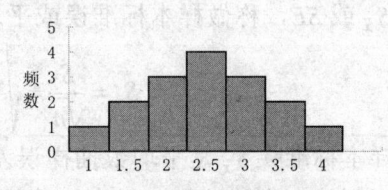

图 5-3 样本均值的抽样分布

由模拟抽样试验可以看出，虽然原总体并非正态分布，但从中随机抽取样本，即使样本含量很小（$n=2$，$N=4$），样本平均数的分布也趋于正态分布。随着样本含量 n 的增大，样本平均数的分布愈来愈从不连续趋向于连续的正态分布。

中心极限定理：设从均值为 μ，方差为 σ^2 的一个任意总体中抽取容量为 n 的样本，当 n 充分大（一般地，$n \geqslant 30$）时，样本均值 $\overline{X}_i$ 的抽样分布近似服从均值为 μ、方差为 σ^2/n 的正态分布。记为 $N(\mu, \sigma^2/n)$ 或 $N(\mu_{\overline{x}}, \sigma_{\overline{x}}^2)$。

中心极限定理告诉我们：不论变量 X 是连续型变量还是离散型变量，也无论 X 服从何种分布，只要样本充分大，就可认为样本均值的分布是正态的。因而它有着广泛的应用。

不论是母体总体的分布还是样本平均数的分布，都可通过求标准分数将各自的正态分布形式转换成相同的标准正态分布。样本平均数的标准分数，可写作：

$$Z = \frac{\overline{X}_i - \mu}{\sigma_{\overline{x}}}$$

若样本平均数恰好与总体平均数相等，由于分子 $(\overline{X}_i - \mu)=0$，那么其标准分数则为 0。根据正态分布的概率 $\overline{X}_i$ 的取值或 $(\overline{X}_i - \mu)$ 的值，有 95% 的机会落在 $Z=\pm 1.96$ 范围之内，由此可知一次抽样的样本平均数在这个分布中的相对位置。

三、t 分布

t 分布是一种样本分布，它是为进行统计推断所构造的分布，由统计学家高赛特（Willam Sealy Gosset）于 20 世纪初所提出。t 分布是小样本分布，小样本一般是指 $n<30$。t 分布适用于当总体方差未知时用样本方差代替总体方差，由样本平均数推断总体平均数或检验两个样本平均数之间差异的显著性等。

若总体分布为正态分布，但总体方差未知时，我们要以样本的方差 S^2 作为总体 σ^2 的估计值，这样，每取一个样本，便可计算一个样本方差 S^2 或标准差 S。当样本容量小于 30 时，样本方差及标准差的分布不是正态分布，而是偏态分布。因而 $S_{\overline{x}} = S/\sqrt{n}$ 也是偏态分布。那么每个样本的统计量 $t = (X_{\overline{x}} - \mu)/S_{\overline{x}}$ 的分布在 n 很大时也为正态分布，但在 n 较小时，则不接近正态分布。这是因为 n 较小时，S 的分布成为偏态，因此 $S_{\overline{x}}$ 的分布也就成为偏态。那么，每个统计量 $t = (X_{\overline{x}} - \mu)/S_{\overline{x}}$ 中分子的分布为正态分布，但分母的分布却为偏态分布。其结果,这一比值 t 的分布仍是以平均数为 0,左右对称,但却具有高狭峰的分布,并且其分布形状随样本容量 n-1 的变化而变化而成一族分布。图 5-4 是自由度(df)分别为 1、4、8、12 和 ∞ 时的 t 分布密度曲线。

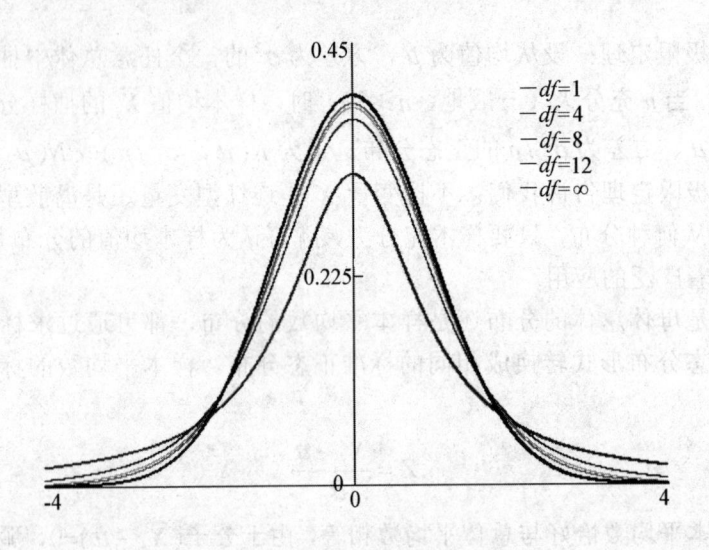

图 5-4 不同自由度下的 t 分布

  t 分布的形状随自由度的大小而变化。自由度是指任何变量中可以自由变化的量的数目,一般用 v 或 df 表示。它是 t 分布的参数,因为它代表 t 分布中独立随机变量的数目。故称为自由度。例如我们从一总体中抽取 n 个数据求其平均数,这时每个数据都是自由的、可独立变化而不受限制,这时的自由度就是 n,若从随机抽取的 5 个数据 1、2、3、4、5 中计算出它的平均数($\overline{X}=3$),若再要计算其标准差,此时这 5 个数据就不是都能自由变化的了。因为它们受到了平均数的约束,只要确定了 4 个数值后,第 5 个数值就不能再自由变化了。所以在计算标准差时,有一个数据是受到限制不能自由变化的,这时的自由度比计算平均数时少 1,即 $df=n-1$。当 $df>30$ 时,t 分布接近正态分布。df 越小,t 分布越不接近正态分布,而具有高狭峰的特性。$df \to \infty$ 时,t 分布为正态分布。
  计算 t 统计量的公式:

$$t = \frac{\overline{X} - \mu}{S_{\overline{x}}} \quad (5\text{-}22)$$

式中:
$S_{\overline{x}} = S/\sqrt{n}$;

第五章 概率与概率分布

$$S = \sqrt{\sum(X-\overline{X})^2/(n-1)}。$$

t 分布的形态随自由度而变化，它有一族分布，因而不能像标准正态曲线那样编制一个详细的表。但为应用方便，一般 t 分布表只列出不同自由度时某些概率下的 t 值。附表 2 中所列的值是由 t 分布函数计算得到的。该表最左一列为自由度，最上一行是指不同自由度下 t 分布两尾部端的概率，分别为 0.5、0.4、0.3、0.2、0.1、0.05、0.02、0.01 和 0.001。这些概率是指某一 t 值时，t 分布两尾部端概率的和，而表的最下一行标明的是单侧界限，即从某 t 值以下 t 分布尾部一端的概率，因而单侧概率是双侧概率的一半，见图 5-5。附表 2 中所列的值为 t 值，它随自由度及概率不同而变化。例如 $df=20$，最大 t 值的概率为 0.05（双侧概率）t 值为 2.086，意思是在 t 小于 -2.086 以下的概率与 t 大于 2.086 以上的概率和为 0.05，亦即该两部分尾端的面积和与总面积之比率为 0.05。双侧概率常写作 $t_{\alpha/2}$，上例 $t_{0.05/2}=2.086$。单侧概率则只计算一侧尾部的概率，故单侧概率为双侧概率的一半，常写作 t_α，上例则可写作 $t_{0.025}=2.086$。当概率为 0.01 时 $t_{0.01/2}=2.845$，即 $t_{0.005}=2.845$。

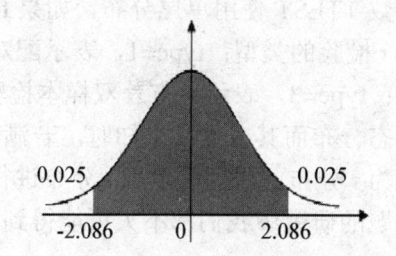

图 5-5 df 为 20 时，t 分布的双侧概率

以上是已知自由度及概率查 t 值，有时常常要根据已知的自由度与 t 值，查相应的概率。例如 $df=17$，$t=2.567$，求该 t 值双侧概率，查附表 2 知其双侧概率为 0.02，$t=±2.567$ 之间的概率为：1-0.02=0.98。有时所查 t 值，不是刚好与某一概率的 t 值相等，这时可取近似的概率值。例如 $df=17$，$t=3.00$，而附表 2 中没有相应的概率，因 $t_{0.001/2}=3.965$，$t_{0.01/2}=2.898$ 可以用近似的 0.01 作为 $t=3.00$ 的概率，常写作 $p<0.01$。

从 t 值表可查得自由度 $df=30$ 的情况下，在 0.05 概率时，$t=2.042$，而正态分布函数表（附表 1）相同概率时 $Z=1.96$，二者相差甚微，当 $df \to \infty$ 时，t 值表所列不同概率下的 t 值与正态表相应概率下的 Z 值完全相同。故可知当

$n \to \infty$ 时，t 分布的极限为正态分布。

也可以利用 Excel 中的函数计算 t 值或相应的概率。具体函数有：

（1）计算 t 分布概率的函数。

格式为：TDIST(x，degrees_freedom，tails)

其中，x 为需要计算的 t 值；degrees_freedom 为自由度；tails 指返回的分布函数是单尾分布还是双尾分布。如果 tails=1，函数 TDIST 返回单尾分布；如果 tails=2，函数 TDIST 返回双尾分布。TDIST 函数可以代替 t 分布的临界值表。

（2）计算 t 值的函数。

格式为：TINV(probability，degrees_freedom)

其中，probability 为对应于双尾的 t 分布的概率；degrees_freedom 为分布的自由度。

（3）t 检验相关概率的函数，判断两个样本是否来自两个具有相同平均数的总体。

格式为：TTEST(array1，array2，tails，type)

其中，array1 为第一组数据；array2 为第二组数据；tails 表示分布曲线的尾数。如果 tails=1，函数 TTEST 使用单尾分布，如果 tails=2，函数 TTEST 使用双尾分布；type 表示 t 检验的类型：type=1，表示配对样本 t 检验；type=2，表示等方差双样本检验；type=3，表示异方差双样本检验。

当总体分布为非正态分布而其方差又未知时，若满足 $n > 30$ 这一条件，样本平均数的分布，近似为 t 分布，故也可以用 t 分布进行估计。

在绝大多数实际问题的研究中我们都不大可能得到总体方差，因而 t 分布有着广泛的应用。

四、χ^2 分布

当我们对正态随机变量 X 随机地重复抽取 n 个数值，并将其变换成标准正态变量，再对这 n 个新的变量分别取平方然后求和，这样就得到一个新的分布，统计学证明，这一分布服从自由度为 n 的卡方（χ^2）分布。χ^2 分布是由海尔墨特（Hermert）和皮尔逊（K. Pearson）分别于 1875 年和 1890 年导出的分布。它是一种由正态分布构造而成的抽样分布。χ^2 分布的随机变量：

$$\sum Z^2 = \frac{(X_1-\mu)^2}{\sigma^2} + \frac{(X_2-\mu)^2}{\sigma^2} + \cdots + \frac{(X_n-\mu)^2}{\sigma^2} = \frac{\sum(X_i-\mu)^2}{\sigma^2}$$

第五章 概率与概率分布

$$\chi^2 = \frac{\sum(X_i - \mu)^2}{\sigma^2} \qquad (5\text{-}23)$$

χ^2 分布具有以下几个特点：

(1) χ^2 分布是一个以自由度 n 为参数的分布族，自由度 n 决定了分布的形状，对于不同的 n 有不同的 χ^2 分布。随着参数 n 的增大，χ^2 分布趋近于正态分布，见图 5-6。

(2) χ^2 分布是一种非对称分布。一般为正偏分布。

(3) χ^2 分布的变量值始终为正。

(4) χ^2 分布的平均数为 n，方差为 $2n$。

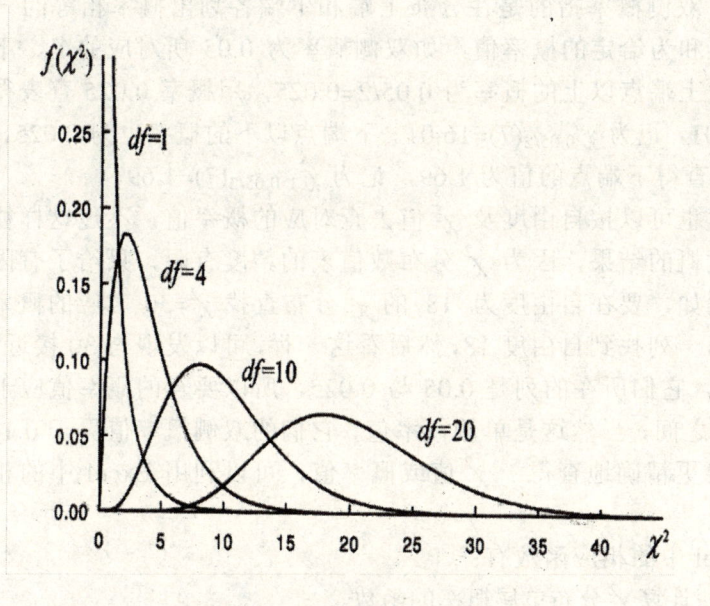

图 5-6 不同自由度下的 χ^2 分布

χ^2 的临界值可以通过查 χ^2 分布表（参见附表 3）来得到。在 χ^2 分布表中列出了不同自由度下某些特定概率的临界值。表中第一列为自由度，第一行为分布右端尾部所包括的面积的比例。查 χ^2 分布表时，按自由度及相应的概率去找到对应的 χ^2 临界值。如图 5-7 所示的单侧概率 $\chi^2_{0.05}(7) = 14.07$ 的查表方法就是，在附表 3 第一列找到自由度为 7 这一行，在第一行中找到概率为 0.05 这一列，行列交叉处的值即为 14.07。

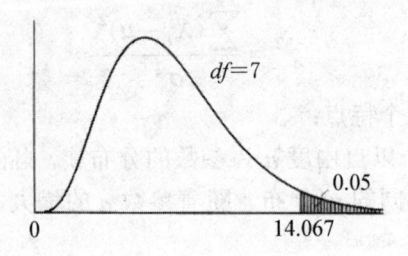

图 5-7 χ^2 分布临界值示意图

附表 3 中所列是 χ^2 分布的单侧概率值，若要查双侧概率值则可以这样来考虑：双侧概率指的是在分布上端和下端各划出概率相等的一部分，使两概率之和为给定的概率值，如双侧概率为 0.05 所对应的上、下端点，实际上就是上端点以上的概率为 0.05/2=0.025，用概率 0.025 查表得上端点的值为 16.01，记为 $\chi^2_{0.05/2}(7)=16.01$。下端点以下的概率也为 0.025，因此可以用 0.975 查得下端点的值为 1.69，记为 $\chi^2_{1-0.05/2}(7)=1.69$。

当然也可以按自由度及 χ^2 值去查对应的概率值，不过这样往往只能得到一个大概的结果，因为 χ^2 分布数值表的精度有限，只给了有限的几个概率值。例如，要在自由度为 18 的 χ^2 分布查找 $\chi^2=30$ 对应的概率，则先在附表 3 第一列找到自由度 18，然后看这一行，可以发现与 30 接近的有 28.87 与 31.53，它们所在的列是 0.05 与 0.025，所以要查的概率值应于介于 0.05 与 0.025 之间，当然这是单侧概率值，它们的双侧概率值界于 0.1 与 0.05 之间。若要更精确地查得一 χ^2 值或概率值，可以利用 Excel 中的相应函数来求得。

Excel 中的相应函数有：

（1）计算 χ^2 分布单尾概率的函数。

格式为：CHIDIST(x，degrees_freedom)

其中，x 为用来计算分布的数值；degrees_freedom 为自由度。利用此函数可根据自由度及 χ^2 值计算相应的概率值。

（2）计算 χ^2 分布单尾概率的反函数值。

格式为：CHIINV(probability，degrees_freedom)

其中，probability 为 χ^2 分布的单尾概率；degrees_freedom 为自由度。此函数可代替 χ^2 分布表，即根据概率和自由度计算 χ^2 临界值。

第五章 概率与概率分布

五、F 分布

F 分布是连续型随机变量的另一种重要的抽样分布之一，它与 t 分布、χ^2 分布同样都是基于正态分布进行统计推断构建起来的分布。F 分布由英国统计学家费舍（R. A. Fisher）于 1924 年提出，并以他的姓氏的第一个字母命名。

F 分布定义为：设 X、Y 为两个独立的随机变量，X 服从自由度为 v_1 的卡方分布，Y 服从自由度为 v_2 的卡方分布，这两个独立的卡方分布与各自的自由度相除以后的比率为这一统计量的分布，即：

$$F = \frac{\dfrac{X}{v_1}}{\dfrac{Y}{v_2}} \tag{5-24}$$

式中，F 服从自由度为 (v_1, v_2) 的 F 分布。其中，分子上的自由度 v_1 叫做第一自由度，分母上的自由度 v_2 叫做第二自由度。

F 分布的应用广泛，主要用于两个母总体方差的推论、方差分析、协方差分析和回归分析等。

F 分布具有以下性质：

（1）F 分布是一种非对称分布，其变量值始终为正，F 分布密度曲线下总面积亦为 1。

（2）F 分布有两个自由度，即 v_1 和 v_2，相应的分布记为 $F(v_1, v_2)$，v_1 通常称为分子自由度，v_2 通常称为分母自由度。

（3）F 分布是一个以自由度 v_1 和 v_2 为参数的分布族，不同的自由度决定了 F 分布的形状，图 5-8 是不同自由度下的 F 分布曲线。

（4）F 分布的倒数性质：$F_\alpha(v_1, v_2) = 1/F_{1-\alpha}(v_2, v_1)$。

F 分布与其他分布及标准正态分布具有一定的关系：①对 $v_1=1$ 及 $v_2=k$，F 分布成为 t^2 分布；②对 $v_1=1$ 及 $v_2=\infty$，F 分布成为 Z^2 分布；③对 $v_1=k$ 及 $v_2=\infty$，F 分布成为 χ^2/k 分布。

对于不同分子自由度、分母自由度的 F 分布，我们可以像正态分布和 t 分布那样确定概率的临界值。如图 5-9 所示，对于分子自由度为 2，分母自由度为 5 的 F 分布，其分布最极端的 5% 临界值为 5.79，最极端的 1% 的临界值为 13.27。具体查表（附表 4）方法为：从 F 分布表的第一行找到分子自由度为 2 所在列，从表的第一列找到分母的自由度为 5 所在行，在行列相交处有两行值。

第一行为 $a=0.05$ 的临界值，第二行为 $a=0.01$ 的临界值。

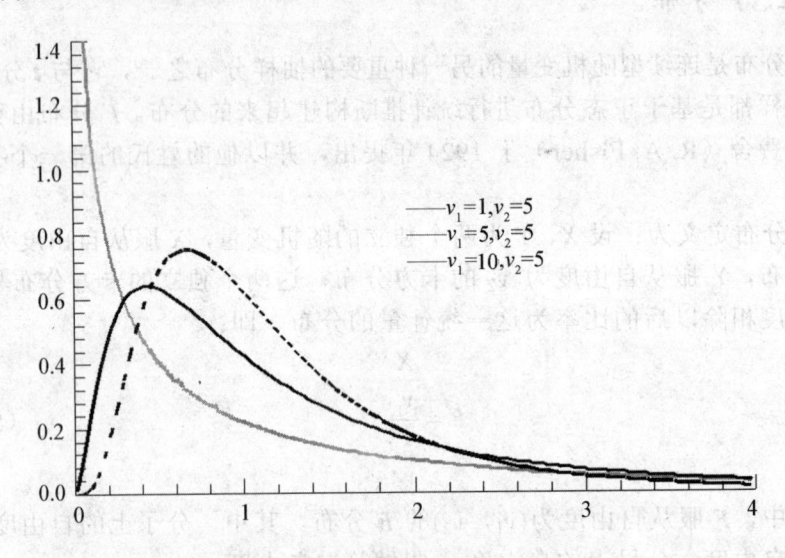

图 5-8　不同自由度下的 F 分布

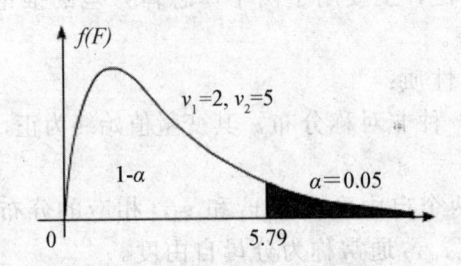

图 5-9　F 分布临界值示意图

同样，我们也可以通过 Excel 中的函数进行计算。Excel 中相应的函数有：

（1）计算 F 概率分布的函数。

格式为：FDIST(x, degrees_freedom1, degrees_freedom2)

其中，x 为 F 值；degrees_freedom1 为分子自由度；degrees_freedom2 为分母自由度。例如，调用该函数，输入 FDIST(3.88，2，5)，则返回计算结果：$p=0.049941743$。

（2）计算 F 概率分布的反函数值。

格式为：FINV (probability, degrees_freedom1, degrees_freedom2)

其中，probability 为与 F 累积分布相关的概率值；degrees_freedom1 为分子

自由度；degrees_freedom2 为分母自由度。此函数可代替 F 分布表。例如，计算分子自由度为 2，分母自由度为 12，$\alpha=0.05$ 的 F 临界值，调用该函数后，输入 FINV (0.05，2，5)，则返回计算结果为：$F=5.786135043$。

上述抽样分布 χ^2 分布、t 分布和 F 分布等是 χ^2 检验、t 检验和方差分析等假设检验的基础。

思考与练习题

一、名词概念

加法定理　条件概率　乘法定理　正态分布　二项分布　中心极限定理　t 分布

二、单项选择题

1. 打靶时，甲每打 10 次可打中 8 靶次，乙每打 10 次可打中 7 靶次，若两人同时射击同一个目标，则他们都中靶的概率是（　　）。
   A．14/25　　　　　　　　　　B．12/25
   C．3/4　　　　　　　　　　　D．3/5

2. 掷两枚骰子所得的点数和为 10 的概率为（　　）。
   A．1/12　　　　　　　　　　B．3/12
   C．5/12　　　　　　　　　　D．7/12

3. A、B 为任意两个事件，若 A、B 之积为不可能事件，则称（　　）。
   A．A 与 B 相互独立　　　　B．A 与 B 互不相容
   C．A 与 B 互为对立事件　　D．A 与 B 为样本空间 Ω 的一个部分

4. 总体的均值为 100，标准差为 20，从总体中抽取一个容量为 100 的样本，则样本均值的标准差为（　　）。
   A．2　　　　　　　　　　　　B．5
   C．20　　　　　　　　　　　 D．30

5. 五选一选择题共 120 道，问：一考生全凭猜测来作答其标准差是多少？（　　）
   A．19.2　　　　　　　　　　B．4.38
   C．24　　　　　　　　　　　D．4.90

6. 为了检验两个总体的方差是否相等，所使用的变量抽样分布是（　　）。
   A．F 分布　　　　　　　　　B．Z 分布
   C．t 分布　　　　　　　　　D．χ^2 分布

三、应用题

1. 设 x 服从 $\mu=28.32$，$\sigma^2=4.91^2$ 的正态分布，试求 $P(22.18 \leqslant x < 32.34)$。

2. 某项考试有 10 道 4 选 1 单项选择题，若有一个对题目毫无所知的人，对 10 道题任意猜测，则其猜对 6 题的概率和及格（猜对 6 题以上）的概率分别为多少？

3. 某项考试成绩的分布近似服从正态分布，其平均成绩为 72 分。96 分以上者占考生总数的 2.28%，求考生成绩在 60 分至 84 分之间的概率。

4. 某零件的寿命服从均值为 1 200 小时、标准差为 50 小时的正态分布。随机地抽取一只零件，试求：

（1）它的寿命不低于 1 300 小时的概率；

（2）它的寿命在 1 100 小时和 1 300 小时之间的概率；

（3）它的寿命不低于多少小时的概率为 95%？

第六章　参数估计

一般情况下我们很难得到总体的统计量，如总体平均数和总体标准差等。我们通常通过抽样的方法，利用样本的统计量来对总体的参数进行估计。这种从样本统计量估计总体参数的方法叫做参数估计。对总体参数的估计可分为两类问题，即点估计与区间估计。

第一节　点估计

当总体随机变量 X 的分布函数形式已知，但它的一个或多个参数未知时，我们常根据从总体中抽取的一个样本的统计量去估计总体的参数，这就是点估计。例如对总体平均数 μ 的估计是用样本平均数 $\overline{X}$；对总体参数 σ^2 的估计常用样本方差 S^2 等。但用样本统计量来作为总体参数的估计值，由于抽样的不同，计算得到的估计值也不同，因而总会有一定的偏差，有的估计值可能会大于参数真值，有的估计值可能会小于参数真值。一个好的估计量必须满足以下准则：

（1）无偏性。要求样本估计量的数学期望值等于总体参数的真值。如果用多个样本的统计量作为总体参数的估计值，虽然有的偏大、有的偏小，但偏差的平均数为 0，那么，这个统计量就是无偏估计量。所谓无偏估计是说这种估计不存在系统偏差。样本平均数可能大于总体平均数，也可能小于总体平均数，但样本平均数是围绕着总体平均数波动的。如果从一个总体中多次随机抽取样本，各个样本平均数的平均数将近似等于总体平均数。并且，只要样本容量 N 足够大，样本平均数在总体均数附近的波动程度就很小。

可以证明，样本平均数是总体平均数的无偏估计值。

设随机变量 X_1，X_2，$\cdots$，X_i，样本平均数 $\overline{X}$，总体参数 μ：

$$x_i = X_i - \bar{X}$$

$$\sum X_i = N\bar{X}$$

$$d_i = X_i - \mu$$

$$\sum d_i = \sum (X_i - \mu) = \sum X_i - N\mu$$

$$\sum d_i = N\bar{X} - N\mu$$

$$\sum d_i / N = \bar{X} - \mu$$

当 $N \to \infty$ 时，$\sum d_i/N \to 0$，故 $\bar{X} - \mu = 0$。
$\bar{X} = \mu$，所以，$\bar{X}$ 是 μ 的无偏估计值。
但用样本方差 S^2 估计 σ^2 时，就不是一个无偏估计值。
因为 $\bar{X} - \mu = \sum d_i / N$

$$\bar{X} = \mu + \sum d_i / N$$

将上式代入 $S^2 = \dfrac{\sum (X_i - \bar{X})^2}{N}$ 中，得：

$$S^2 = \frac{\sum [X_i - (\mu + \dfrac{\sum d_i}{N})]^2}{N}$$

$$= \frac{\sum [(X_i - \mu) + \dfrac{\sum d_i}{N}]^2}{N}$$

由于 $X - \mu = d_i$，故

$$S^2 = \frac{\sum (d_i + \dfrac{\sum d_i}{N})^2}{N}$$

$$= \frac{1}{N}[\sum d_i^2 - 2\sum d_i \cdot \frac{\sum d_i}{N} + \sum (\frac{\sum d_i}{N})]^2$$

$$= \frac{1}{N}[\sum d_i^2 - \frac{(\sum d_i)^2}{N}]$$

因为 $(\sum d_i)^2 = [d_1 + d_2 + \cdots + d_i]^2 = [d_1^2 + d_2^2 + \cdots + d_i^2 + 2d_1d_2 + 2d_1d_3 \cdots]$，又因为 $d_1d_2d_3$ 为正负相等，故其乘积 $d_1d_2\ d_1d_3\cdots d_2d_3\cdots$ 为正为负亦相等，故 $2d_1d_2 + 2d_1d_3 + 2d_2d_3 + \cdots$ 之和为零。故

$$[\sum d_i]^2 = [d_1^2 + d_2^2 + \cdots + d_i^2] = \sum d_i^2$$

将其代入下式：

第六章 参数估计

$$S^2 = \frac{1}{N}[\sum d_i^2 - \frac{(\sum d_i)^2}{N}]$$

$$= \frac{1}{N}[\sum d_i^2 - \frac{\sum d_i^2}{N}]$$

$$= \frac{1}{N}\sum d_i^2(1 - \frac{1}{N})$$

$$= \frac{1}{N}\sum d_i^2(\frac{N-1}{N})$$

因为 $$\sigma^2 = \frac{1}{N}\sum d_i^2$$

所以 $$S^2 = \sigma^2\left(\frac{N-1}{N}\right)$$

说明 S^2 总围绕 $(\frac{N-1}{N})\sigma^2$ 波动，等号两边同乘以 $(\frac{N}{N-1})$ 得：

$$\frac{NS^2}{N-1} = \sigma^2$$

说明 S^2 不是总体方差 σ^2 的无偏估计。

由于 $NS^2 = \sum(X - \overline{X})^2$，故

$$\sigma^2 = \frac{\sum(X - \overline{X})^2}{N-1}$$

则 σ^2 的无偏估计值是 $\sum(X - \overline{X})^2/(N-1)$，用 S^2 表示。不过从上式我们也可以看出，如果 N 非常大，则 $N/(N-1)$ 很接近于 1，故对于大样本，也可以用 S^2 作为总体参数 σ^2 的估计值。但为了避免差错和便于计算，我们宁可在任何情况下都用 S^2 作为总体方差 σ^2 的估计值。

（2）一致性。这是指当样本容量无限增大时，估计值接近于被估计值总体参数的概率越来越大。样本平均数 $\overline{X}$ 作为总体参数 μ 的一个估计量，当 $N \to \infty$ 时，$\overline{X} \to \mu$。

（3）有效性。对总体参数的无偏估计值不止一个时，无偏估计变异性小者有效性高，变异性大者有效性低。变异性小意味着取值比较稳定，因而对总体参数的估计较为可靠。

例 6-1 研究者想知道某一特殊群体在某项能力测验上的总体平均数和总体标准差。由于不可能对总体全部进行测验，现从这一群体中随机抽取 10 人，

测得能力分数如下:
  80 95 102 105 85 88 110 98 112 82
试估计 μ 和 σ。

解 根据点估计量的定义,样本平均数是总体平均数的无偏估计,S^2 是总体方差的无偏估计。

$$\overline{X} = \frac{1}{10}\sum X_i$$
$$= \frac{1}{10}(80+95+102+105+85+88+110+98+112+82)$$
$$= 95.7$$
$$S^2 = \frac{1}{10-1}\sum(X_i - \overline{X})^2$$
$$= \frac{1}{9}\left[(80-95.7)^2 + (95-95.7)^2 + \cdots + (82-95.7)^2\right]$$
$$= 134.56$$
$$S = 11.6$$

则该群体的平均数和标准差分别为 95.7 和 11.6。

参数的点估计可以说是单纯用样本平均数 $\overline{X}$ 作为总体平均数 μ 的估计值,或用样本的修正方差 S^2 作为总体方差 σ^2 的估计值等。但是,即使 $\overline{X}$ 或 S^2 是无偏有效的估计量,由于一次只能随机抽取一个样本,因样本的不同,其估计值会有很大的差异。

例 6-2 已知某种灯泡的寿命 $X \sim N(\mu, \sigma^2)$,其中,μ,σ^2 都是未知的,今随机取得 4 只灯泡进行试验,测得寿命分别为 1 502、1 453、1 367、1 650 小时,试估计 μ 和 σ。

因为 μ 是全体灯泡的平均寿命,$\overline{X}$ 为样本的平均寿命,我们可以用 $\overline{X}$ 去估计 μ;同理用 S 去估计 σ。

$$\overline{X} = \frac{1}{4}(1\,502 + 1\,453 + 1\,367 + 1\,650) = 1\,493$$

$$S^2 = \frac{(1\,502-1\,493)^2 + (1\,453-1\,493)^2 + (1\,367-1\,493)^2 + (1\,650-1\,493)^2}{4-1}$$
$$= 14\,068.667$$

$$S = 118.611$$

故 μ 和 σ 的估计值分别为 1 493 小时和 118.611 小时。

第六章 参数估计

若再抽取 4 只灯泡，又测得寿命分别为：1 489、1 526、1 354、1 577 小时，试再估计其 μ 和 σ。

$$\overline{X} = \frac{1}{4}(1\,489+1\,526+1\,354+1\,577) = 1\,486.5$$

$$S^2 = \frac{(1\,489-1\,486.5)^2 + (1\,526-1\,486.5)^2 + (1\,354-1\,486.5)^2 + (1\,577-1\,486.5)^2}{4-1}$$

$$= 9\,104.333$$

$S=95.417$

故根据这 4 只灯泡估计的 μ 和 σ 分别为 1 486.5 小时和 95.417 小时。

可见，样本不同，总体参数估计值就会不同。所以一次只是随机抽取一个样本所得点估计值不能恰当地代表所要估计的总体参数，其估计值会因样本的不同而不同，甚至产生很大的差异。因而点估计不能很好地解决参数估计的精确度与可靠性问题。参数估计的精确度与可靠性问题只有区间估计才能解决。但由于点估计直观、简单，对于那些要求不太高的判断和分析具有很高的实用价值。

第二节 区间估计

点估计是由样本数据计算出一个统计值去估计未知参数，而区间估计则是用一个区间去估计未知参数，即把未知参数值估计在某两个界限之间。这样，它既告诉我们参数的真正数值在什么范围内，又告诉我们下此结论有多大的把握。

区间估计的精确性用置信区间来表达，区间估计的可靠性用置信概率来表达。置信区间或称置信间距，是指在某一置信度时，总体参数所在的区域距离或区域长度。置信概率又称置信度，是指估计总体参数落在某一区间时的概率，用 $1-\alpha$ 表示。α 称为显著性水平，指总体参数落在某一区域时，可能犯错误的概率。

例如，0.95 置信区间是指总体参数落在该区间之内，估计正确的概率为 95%（$1-\alpha$），而出现错误的概率为 5%（$\alpha=0.05$）；0.99 置信区间是指总体参数落在该区间之内，估计正确的概率为 99%（$1-\alpha$），而出现错误的概率为 1%（$\alpha=0.01$）。

关于置信概率，在统计学中进行区间估计时，按照一定要求总是先定好标准，通常采用三个标准：

1-α=0.95，即α=0.05；
1-α=0.99，即α=0.01；
1-α=0.999，即α=0.001。

在进行区间估计时，必须同时考虑置信概率与置信区间两个方面，即置信概率定得越大（即估计的可靠性越大），置信区间相应也越大（即估计精确性越小），所以，可靠性与精确性要结合具体问题、具体要求来全面考虑。

区间估计的原理是样本分布理论，即在进行区间估计值的计算及估计正确概率的解释上，是依据该样本统计量的分布规律及样本分布的标准误来进行的。只有知道样本统计量的分布规律和样本统计量分布的标准误才能计算总体参数可能落入的区间长度，才能对区间估计的概率进行解释。样本分布提供了区间估计的概率解释，标准误的大小决定了区间估计的长度。标准误越小，置信区间的长度就会越短，而估计正确的概率仍保持较高水平。

一、总体均数的区间估计

1. 总体方差σ^2已知时，对总体均值的估计

当总体分布为正态分布，总体方差已知时，样本平均数的分布为正态分布或渐正态分布。样本平均数的平均数$\mu_{\bar{x}}=\mu$，平均数的离散程度即平均数分布的标准差（称做标准误，用$S_{\bar{x}}$、SE或$\sigma_{\bar{x}}$表示），$\sigma_{\bar{x}}=\dfrac{\sigma}{\sqrt{n}}$，根据正态分布，有68.26%的$\bar{X}$落在$\mu\pm1.00\sigma_{\bar{x}}$之间，有95%的$\bar{X}$落在$\mu\pm1.96\sigma_{\bar{x}}$之间，有99%的$\bar{X}$落在$\mu\pm2.58\sigma_{\bar{x}}$之间。所以，在总体方差已知的情况下总体均值的区间估计一般形式为：

$$\bar{X}\pm Z_{\alpha/2}\dfrac{\sigma}{\sqrt{n}} \tag{6-1}$$

式中，$Z_{\alpha/2}$是标准正态概率分布上侧面积为$\alpha/2$时的Z值；$Z_{\alpha/2}(\sigma/\sqrt{n})$为边际误差。

例6-3 某校的一次考试中，全体考生成绩的总体标准差σ=12。现从中抽取10名学生的成绩：

87　75　68　72　90　94　76　69　85　82

试求全体考生成绩均值的95%和99%的置信区间。

从全体中抽取10名学生，可看做是从总体中的一次抽样。首先计算这一次抽样的平均数：

$$\overline{X} = \frac{1}{10}(87+75+68+72+90+94+76+69+85+82)=79.8$$

样本平均数分布的标准误为：

$$\sigma_{\overline{x}} = \frac{\sigma}{\sqrt{n}} = \frac{12}{\sqrt{10}} = 3.79$$

用 $n=10$ 的样本估计总体参数 μ：

根据公式（6-1）得：在 95%的置信区间下边际误差为 7.43，置信区间从 72.4 到 87.2。即：

$$79.8-1.96\times3.79 < \mu < 79.8+1.96\times3.79$$

在 99%的置信区间下边际误差为 9.78，置信区间从 70.0 到 89.6。即：

$$79.8-2.58\times3.79 < \mu < 79.8+2.58\times3.79$$

故据此抽样推论，全体考生的成绩落在 72.4~87.2 分之间，估计正确的概率为 0.95，错误的概率为 0.05；全体成绩在 70.0~89.6 分之间，估计正确的概率为 0.99，错误的概率为 0.01。

2. 总体方差 σ^2 未知时，对总体均值的估计

当总体服从正态分布，但总体方差 σ^2 未知时，要用样本方差 S^2 代替总体方差 σ^2。这时样本平均数的分布服从 t 分布。因而在总体方差未知的情况下总体均值的区间估计一般形式可写为：

$$\overline{X} \pm t_{\alpha/2}\frac{S}{\sqrt{n}} \qquad (6-2)$$

式中，$t_{\alpha/2}$ 是自由度为 $n-1$ 时使 t 分布的上侧面积为 $\alpha/2$ 的值；S 为样本标准差。

在给定显著性水平 α 及自由度时，可通过查 t 分布表或利用计算机函数计算获得 t 统计量的临界值。

例 6-4 某研究机构进行了一项调查来估计某一特定群体平均每月花在吸烟上的费用。假定该群体吸烟者香烟消费的月支出近似服从正态分布。该机构随机抽取了容量为 20 的样本进行调查，得到数据结果如表 6-1。试以 95%的把握估计全部吸烟者月均香烟消费的置信区间。

表 6-1 20 个吸烟者月平均消费额（元）

200	260	270	210	200
500	420	520	460	480
300	280	440	350	290
310	285	315	255	345

解 已知 $\overline{X}=334.5$，$S=101.254$，$n=20$，$1-\alpha=0.95$

由于总体方差未知，所以用样本方差 S 代替总体方差 σ。

根据 $\alpha=0.05$，查 t 值表（附表2）得，$t_{0.05/2}(19)=2.093$。95%的置信区间下边际误差为 47.388。

即：$334.5-47.388<\mu<334.5+47.388$

总体的置信区间为[287.112，381.888]。

故此有 95%的把握认为该群体吸烟者月均香烟消费支出额在 287.1 元到 381.9 元之间。作此推论错误的概率应不大于 0.05。

当总体为非正态分布且总体方差 σ^2 未知时，只要样本足够大，一般当 $n\geq 30$ 时，仍可用样本方差作为总体方差的估计值，实现对总体均数的区间估计。

二、总体方差的区间估计

从对总体均值的区间估计可见，要进行总体参数的区间估计首先要了解它们的抽样分布，然后才能根据样本分布确定相应的统计量，从而确定其置信区间。对总体方差的估计可根据公式（5-23），由于样本方差与总体方差之比服从 χ^2 分布，即：

$$\chi^2=\frac{\sum(X-\overline{X})^2}{\sigma^2}=\frac{(n-1)S^2}{\sigma^2}$$

则：
$$\sigma^2=\frac{(n-1)S^2}{\chi^2}$$

这样我们就可以通过查 χ^2 分布表确定其比值的 95%或 99%的置信区间，再利用下式确定总体方差的 95%或 99%的置信区间：

$$\frac{(n-1)S^2}{\chi^2_{1-\alpha/2}}\leqslant\sigma^2\leqslant\frac{(n-1)S^2}{\chi^2_{\alpha/2}}$$

查 $df=n-1$ 的 χ^2 分布表，确定 $\chi^2_{1-\alpha/2}$ 与 $\chi^2_{\alpha/2}$ 的值，代入上式计算总体 σ^2 在给定的 $1-\alpha$ 的置信区间。

例 6-5 某测验样本 $n=40$，样本方差 $S^2=82.62$，试确定该测验分数总体方差 σ^2 的 95%置信区间。

解 查 $df=40-1$ 的 χ^2 分布表，因 χ^2 分布数值表（附表3）的概率是从一侧计算的，故应查 $\alpha/2$ 的概率。

$\chi^2_{\alpha/2}=\chi^2_{0.025}=58.12$，$\chi^2_{1-\alpha/2}=\chi^2_{0.975}=23.65$。

也可用 Excel 中的 CHIINV 函数，从函数中调出 CHIINV 函数或直接从函数窗口输入"=CHIINV(0.025，39)"，然后确定，得出结果"58.120"；同样地，输入"=CHIINV(0.975，39)"，按确定得出结果"23.654"。

然后代入公式：

$$\frac{(n-1)S^2}{x^2_{1-\alpha/2}} \leqslant \sigma^2 \leqslant \frac{(n-1)S^2}{x^2_{\alpha/2}}$$

$$\frac{39 \times 82.62}{58.120} \leqslant \sigma^2 \leqslant \frac{39 \times 82.62}{23.654}$$

即 $55.199 \leqslant \sigma^2 \leqslant 135.628$

故总体方差95%的置信区间为55.199~135.628之间，此推论正确的概率为0.95，错误的概率为0.05。

除了对总体均值、总体方差进行区间估计之外，有时我们还需要通过样本对总体的其他参数进行估计。如对相关系数的区间估计、对二总体方差之比的区间估计、对二总体均值之差的区间估计和二总体比例之差的区间估计等。其原理都是根据抽样分布理论，对给定的置信度 $1-\alpha$ 进行区间估计。

三、样本容量的确定

我们在总体均值的区间估计中知道，如果总体服从正态分布，总体方差已知，则总体均值的区间估计一般形式为：

$$\overline{X} \pm Z_{\alpha/2} \frac{\sigma}{\sqrt{n}}$$

式中，$Z_{\alpha/2}(\sigma/\sqrt{n})$ 为边际误差。可见一定置信区间的临界值 $Z_{\alpha/2}$、总体标准差 σ 和样本量 n 共同确定了边际误差。如果我们一旦确定了置信区间 $1-\alpha$，则 $Z_{\alpha/2}$ 就能够确定。此时，如果我们已知 σ 的值，就可以确定任一希望的边际误差所需要的样本容量 n。

若用 E 表示所希望的边际误差，则：

$$E = Z_{\alpha/2} \frac{\sigma}{\sqrt{n}} \tag{6-3}$$

因而可得样本容量的表达式：

$$n = \frac{Z^2_{\alpha/2} \sigma^2}{E^2} \tag{6-4}$$

例 6-6 某校为了评估某学科教学改革的成效，需要对学生进行考查。为了减少工作量并且不对学生造成过大负担，学校决定进行抽样考查。根据以往经验，该科成绩的标准差为18分。如果要使误差不超过5分，且具有95%的置信度，则至少需要抽取多少学生？

解 根据题意，有 $E=5$，$\sigma=18$，$\alpha=0.05$

查正态分布函数表（附表1），$Z_{0.05/2}=1.96$，则：

$$n=\frac{Z_{\alpha/2}^2\sigma^2}{E^2}=\frac{1.96^2\times 18^2}{5^2}=49.79$$

因此，要使边际误差不超过5分，至少需要抽取50位学生进行考查。

思考与练习题

一、名词概念

参数估计　点估计　区间估计　置信度　置信区间

二、单项选择题

1. 估计量的无偏性是指（　　）。
    A. 统计量的值恰好等于被估计的总体参数
    B. 所有可能样本估计值的数学期望等于被估计的总体参数
    C. 样本估计值围绕被估计的总体参数使其误差最小
    D. 样本量扩大到和总体相等时与总体参数一致
2. 估计量的有效性是指（　　）。
    A. 估计量的数学期望等于被估计的总体参数
    B. 估计量的具体数值等于被估计的总体参数
    C. 估计量的方差比其他估计量的方差小
    D. 估计量的方差比其他估计量的方差大
3. 估计量的一致性是指（　　）。
    A. 估计量的具体数值等于被估计的总体参数
    B. 估计量的方差比其他估计量的方差小
    C. 估计量的方差比其他估计量的方差大
    D. 随样本容量的增大，估计量的值越来越接近被估计的总体参数
4. 置信水平 $1-\alpha$ 表达了置信区间的（　　）。
    A. 精确性　　　　　　　　　B. 准确性
    C. 显著性　　　　　　　　　D. 可靠性
5. 置信水平不变的条件下，要缩小置信区间，则（　　）。
    A. 要增加样本容量　　　　　B. 要减小样本容量
    C. 要保持样本容量不变　　　D. 要改变统计量的标准误差

6. 置信区间估计中,临界值 1.96 所对应的置信水平为(   )。
   A. 85%   B. 90%
   C. 95%   D. 99%

7. 抽取一个容量为 50 的样本,其均值为 70,标准差为 12,则总体均值 95%的置信区间为(   )。
   A. 10±1.96   B. 10±2.33
   C. 10±3.33   D. 10±2.58

8. 某次测验的标准误为 2,被试甲在此测验中得分为 80,则其真实水平 99%的置信区间为(   )。
   A. [74.24,85.76]   B. [74.84,85.16]
   C. [76.64,83.36]   D. [76.04,83.96]

三、应用题

1. 入学考试成绩的分布服从正态分布,现从档案中抽取 9 人的成绩为:70、67、68、75、80、73、66、71 和 60。求总体均值的置信度为 0.95 的置信区间;若由以往经验知 σ=6,求总体均值置信度为 0.95 的置信区间。

2. 某研究者在某地调查居民的平均家庭收入,已知该地区居民家庭收入的标准差为 15 000 元,现要求估计的误差不超过 1 000 元,置信度为 95%,问应抽取多少个家庭做样本?

第七章 假设检验

参数估计和假设检验是推论统计的两个组成部分。假设检验是先对研究总体的参数作出某种假设，然后利用样本的信息去检验这个假设是否成立。如果成立，则假设被接受；如果不成立，则推翻假设。

第一节 假设检验的原理与步骤

一、假设检验的有关概念

1. 虚无假设

在进行一项严谨的研究之前，研究者通常都需要根据已有的理论和经验对研究结果提出一个假设。然后利用收集的数据资料来检验这一假设的真实性程度。这种假设就是研究假设，有时也叫做科学假设，用统计符号 H_1 来表示。

但是在统计学中不能对研究假设的真实性直接进行检验，而是通过对研究假设的对立面进行检验。其检验的思路是：若研究假设的对立面成立，则研究假设不能成立；若研究假设的对立面不能成立，则研究假设成立。这一与研究假设相对立的假设称为虚无假设，有时也称为原假设或零假设，用符号 H_0 表示。这样，原本对研究假设的检验就转化为对虚无假设的检验。此时运用统计方法若能证明 H_0 为真，则 H_1 为假；反之，H_0 为假，则 H_1 为真。

例如，要检验两个平均数 X_1 和 X_2 之间是否真的有差异。我们可以把 X_1 看做是从总体均数为 μ_1 的总体中的一次抽样，X_2 是从总体均数为 μ_2 的总体中的一次抽样。则检验的目的是要证实研究假设 $\mu_1 \neq \mu_2$，即 $H_1: \mu_1 \neq \mu_2$。与之相对立的虚无假设则为 $\mu_1 = \mu_2$，即 $H_0: \mu_1 = \mu_2$。在假设检验中我们首先假定 μ_1 与 μ_2 无差异，即虚无假设为真。然后根据样本统计量分布的原理，如果两个总体 $\mu_1 = \mu_2$

第七章 假设检验

成立的话,则样本统计量的分布服从概率的规则。若我们得到的样本统计量的结果不能用概率来解释,即在两个总体均值无差异的前提下,实得的样本均值差异是一个很小的概率的事件,也就是说几乎不可能出现。这样就等于推翻了虚无假设。证明 H_0 为假,从而 H_1 得证;若在两个总体均值无差异的前提下,实得的样本均值的差异并非一个小概率事件,也就是说它是很可能出现的。此时我们就不能推翻虚无假设,只能接受虚无假设。若我们不能证明 H_0 为假,则 H_1 就不能被接受。这种"反证法"是统计推论的一个重要特点。

在假设检验中由于 H_1 不能直接被检验,因而 H_0 总是作为直接被检验的假设,而 H_1 与 H_0 相对立、二者择一,因而 H_1 也被称做对立假设或备择假设。

2. 两类错误

假设检验是根据一个样本所提供的信息去对总体进行推断的过程,由于样本信息存在抽样误差,它不可能完全反映总体的情况,因而这一推断过程必然会产生误差。表 7-1 显示了假设检验中可能发生的两类错误。

表 7-1 假设检验中的两类错误

判断	总体情况	
	H_0 为真	H_0 为伪
接受 H_0	$1-\alpha$(正确决策)	β(第二类错误)
拒绝 H_0	α(第一类错误)	$1-\beta$(正确决策)

从表 7-1 可见,当虚无假设为真,我们做出了接受 H_0 的判断,则为正确决策;当虚无假设为真,而我们却做出了拒绝 H_0 的判断,这时我们就犯了第一类错误。犯第一类错误的概率用 α 来表示,因而也称为 α 型错误,又称 I 型错误。当虚无假设为伪,我们做出了接受 H_0 的判断,这时我们就犯了第二类错误,犯第二类错误的概率用 β 来表示,因而也称为 β 型错误,又称 II 型错误;同理,当虚无假设为伪,我们做出了拒绝 H_0 的判断,此时则为正确决策。

我们当然希望犯这两类错误的概率越小越好。但是对于一定的样本量 n,不可能同时做到犯这两类错误的概率都小。也就是说,如果减小 α 型错误,就会必然增大犯 β 型错误的机会;同样,若减小 β 型错误,也会必然增大 α 型错误的机会。虽然增大样本容量可以同时控制 α 型和 β 型错误,但在实际研究中不可能无限制地增大样本容量。因而,在假设检验中就需要对两类错误进行控制。在实际应用中,由于犯第二类错误的概率具有不确定性,我们一般通过设定显著性水平,即选择一定的 α 来控制犯第一类错误的概率。如果犯第一类错误的概率的成本很高，则选择小的 α 值；如果犯第一类错误的概率的成本不高，则选择相对较大的 α 值。一般 α 值取 0.05、0.01 或 0.001 几种水平。这种通过控制第一类错误的假设检验就称为显著性检验。由于在显著性检验中未对发生第二类错误的概率加以确定或控制，统计学家一般建议不采用"接受 H_0"的说法。这样，显著性检验的结果就有两种可能：拒绝 H_0 或不能拒绝 H_0。

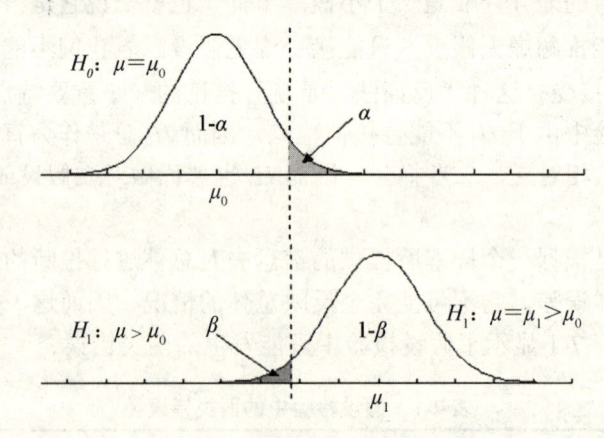

图 7-1 假设检验中的两类错误

图 7-1 显示，如果原假设为真 $H_0: \mu = \mu_2$，样本统计量落入阴影中的概率为 α；如果原假设为伪，$\mu_1 > \mu_0$，但我们却接受了，这时就犯了第二类错误，其概率为 β。由于我们不知道 μ_1 究竟有多大，也不知道 μ_1 比 μ_0 大多少。因而 β 型错误没有一个具体的概率值。这就是为什么我们选择控制第一类错误的原因。从图中我们可以看到，如果把临界点沿水平方向右移，α 将变小而 β 将变大；如果向左移，α 将变大而 β 将变小。两者之间存在此消彼长的关系。

在假设检验中无论是拒绝还是不拒绝 H_0，都有可能犯错误。但只要我们把犯错误的概率规定在统计学所允许的范围之内，所做出的统计判断或结论即成立。

3. 双侧检验与单侧检验

根据假设的形式，可以把检验分为双侧检验与单侧检验。

双侧检验的虚无假设是 μ 等于某一数值 μ_0，只要 $\mu > \mu_0$ 或 $\mu < \mu_0$ 二者中有一个成立，就否定虚无假设。

即：$H_0: \mu = \mu_0$，$H_1: \mu \neq \mu_0$。

双侧检验的目的是观察在规定的显著性水平 α 下所抽取的样本统计量是否显著高于或低于假设的总体参数。双侧检验只强调是否有差异而不强调差异的方向性。双侧检验也称为双尾检验。

显著性水平 α 固定了接受区域和拒绝区域的分界线。如果样本统计量落在拒绝区域，就拒绝虚无假设。在双侧检验中，所定的 α 要分为两个区域，左右对称，各占 $\frac{1}{2}\alpha$。

单侧检验的虚无假设是 μ 大（小）于或等于某一数值 μ_0，如果研究者在检验之前，根据理论或经验预知 μ 大于 μ_0，即 $H_1: \mu > \mu_0$，这时的虚无假设就为 $H_0: \mu \leqslant \mu_0$。这种单侧检验的形式称为上侧检验或右侧检验。同样，如果研究者在检验之前，根据理论或经验预知 μ 小于 μ_0，即 $H_1: \mu < \mu_0$，这时的虚无假设就为 $H_0: \mu \geqslant \mu_0$。这种单侧检验的形式称为下侧检验或左侧检验。这种检验单一方向性的问题，就叫做单侧检验或单尾检验。在单侧检验中，α 集中在一侧区域。当 $H_1: \mu < \mu_0$ 时，α 集中在曲线的左端；当 $H_1: \mu > \mu_0$ 时，α 全部集中在曲线的右端。它距平均数的距离要比双侧检验为近。α 所占区域称为临界区或拒绝区。如选定的显著性水平 $\alpha=0.05$，则接受区为 95%（$1-\alpha$），拒绝区为 5%（α）。图7-2中，（a）为双侧检验；（b）为下侧检验；（c）为上侧检验。根据正态分布，双侧检验的临界值 $Z_{0.05/2}=\pm 1.96$；单侧检验的临界值 $Z_{0.05}=\pm 1.645$。因为假设检验时如果计算所得的样本统计量 Z 值落入这一区域，便要拒绝虚无假设 H_0。决定采用单侧或双侧检验，取决于研究问题的性质和要求，它是由研究假设所决定的，与样本数据无关。

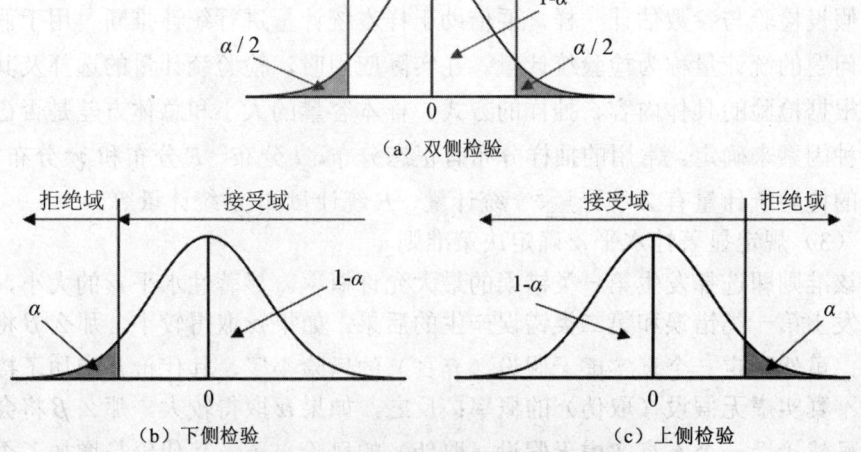

（a）双侧检验

（b）下侧检验　　　　　　　　　　（c）上侧检验

图7-2　双侧检验与单侧检验示意图

二、假设检验的步骤

假设检验的过程首先是对总体的特征作出某种假设,然后再通过抽样研究的统计推理,对此假设是否被拒绝作出推断。完整的假设检验包括4个步骤:

(1) 根据所研究问题提出虚无假设和备择假设

假设检验的第一步是提出要检验的假设,即虚无假设或原假设。有三种类型的虚无假设和备择假设。以总体均值的假设检验为例,这三种类型的虚无假设为:

① 双侧假设检验

双侧检验只关注是否有差异而不关注差异的方向。双侧检验的一般形式为:

$$H_0: \mu = \mu_0, \quad H_1: \mu \neq \mu_0$$

② 右侧假设检验

右侧检验关注的是 $1-\alpha$ 的上限,确定是否拒绝虚无假设的临界点。右侧检验的一般形式为:

$$H_0: \mu \leq \mu_0, \quad H_1: \mu > \mu_0$$

③ 左侧假设检验

左侧检验关注的是 $1-\alpha$ 的下限。左侧检验的一般形式为:

$$H_0: \mu \geq \mu_0, \quad H_1: \mu < \mu_0$$

因为假设检验是根据概率意义下的反证法来否定虚无假设,所以虚无假设必须包含等号。究竟采用哪一种检验要视具体问题而定,尤其是选择右侧检验还是左侧检验时,更要慎重。

(2) 确定检验的统计量及其样本分布

假设检验与参数估计一样,要借助于样本统计量进行统计推断。用于假设检验问题的统计量称为检验统计量。在实际应用时,检验统计量的选择及其分布要根据检验的具体内容、抽样的方式、样本容量的大小和总体方差是否已知等多种因素来确定。常用的抽样分布有正态分布、t 分布、F 分布和 χ^2 分布等,相应的检验统计量有 Z 统计量、t 统计量、F 统计量和 χ^2 统计量等。

(3) 规定显著性水平 α 确定决策准则

该准则即选择发生第一类错误的最大允许概率。显著性水平 α 的大小,取决于发生第一类错误和第二类错误产生的后果。如果 α 取得较小,那么 β 将会较大,虽然否定一个真实虚无假设(弃真)的风险小了,其代价是增加了接受一个不真实虚无假设(取伪)的概率;反之,如果 α 取得较大,那么 β 将会较小,虽然接受一个不真实虚无假设(取伪)的风险小了,其代价是增加了否定一个真实虚无假设（弃真）的概率。因此，要根据研究问题的需要选择一个合适的 α，通常 α 取 0.05 或 0.01 等。在选择好检验统计量和规定了显著性水平之后，就可以根据样本统计量的概率分布求出是否拒绝虚无假设的临界值，从而划分出接受域和拒绝域。例如，显著性水平 $\alpha=0.05$ 的 Z 检验，其双侧检验的临界值为±1.96。在-1.96 之下和+1.96 之上为拒绝域；大于-1.96 和小于+1.96 之间为接受域。

（4）根据计算的检验统计量作出统计决策

如果计算出的检验统计量的值落在拒绝域 α 中，则拒绝虚无假设；否则，不能拒绝虚无假设。

假设检验的基本思想是应用小概率的原理。所谓小概率原理是指发生概率很小的随机事件在一次试验中几乎是不可能发生的。在一定的虚无假设前提下，如果样本统计量落在 $1-\alpha$ 区域内，意味着出现该事件的概率大于 α，即不是一个小概率事件，此时不能推翻虚无假设。若计算出的统计量落在了 $1-\alpha$ 区域之外，说明在虚无假设成立的前提下出现这一事件的概率小于 α，即这是一个小概率事件。根据"在一次试验中小概率事件不可能发生的原理"，推翻虚无假设所犯错误的概率不大于 α。

第二节 Z 检验

Z 检验是用标准正态分布的理论来推断差异发生的概率，从而比较样本平均数与总体平均数之间差异是否显著或比较两个样本平均数之间差异是否显著等的一种常用检验方法。Z 检验一般用于大样本的检验，或当总体方差已知时，对样本平均数差异或比例差异等方面的检验。

一、单样本 Z 检验

1. 平均数的显著性检验

平均数的显著性检验是对一个总体的参数检验，指对样本平均数与总体平均数是否存在显著性差异的检验，也称为平均数的显著性检验。检验的原理是假定该样本平均数是对总体一次抽样的结果，如果样本平均数与总体平均数没有显著性的差异，或实际观测到的差异可以用抽样误差来解释，则可以认为样本平均数来自这一总体，即样本平均数与总体平均数之间的差异不显著。若实际观测到的样本平均数与总体平均数之间的差异大到不能完全用抽样误差来解释了，则可以认为样本平均数来自另一个总体平均数不同的总体，即样本平均数与总体平均数之间的差异显著。

Z 检验适用的条件是总体为正态分布，总体方差已知或大样本的情况。此时我们可以用总体标准差去估计样本平均数分布的标准误，从而计算出这个样本平均数在样本平均数分布中的相对位置，即正态分布的临界比率，然后根据选定的显著性水平 α，与正态分布表中的临界值相比较，从而决定它是落在 $1-\alpha$ 接受域还是落在 α 拒绝域。

例 7-1 某班 40 名学生在一项智力测验中的得分为：

102　105　95　98　110　115　92　112　103　108　93　120
　90　116　104　119　99　105　113　110　101　95　95　109
120　114　105　113　119　102　125　122　117　108　119　117
110　102　105　113

已知该项测验的常模 $\mu_0=100$，$\sigma_0=15$。问该班的平均得分是否与总体平均水平有差异。

解 已知该项测验的总体水平服从正态分布，可把该班的测验结果看做是从总体的一次抽样，并已知总体标准差，故采用 Z 检验。该班平均得分经计算得 $\bar{X}=108$。

（1）建立虚无假设。该问题只问该班的平均得分是否与总体平均水平有差异，虽然实得分数高于总体平均分，但它有可能只是抽样误差的结果。若把一次测验看做是一次抽样的话，下一次测验的结果或许其平均数会小于总体平均数。故这是一个双侧检验的问题。

$$H_0: \mu = \mu_0, \quad H_1: \mu \neq \mu_0$$

（2）确定检验的统计量及其分布。由于总体方差 σ^2 已知，样本平均数的分布服从正态分布。正态分布的统计量：

$$Z = \frac{\bar{X} - \mu_0}{\sigma_{\bar{x}}}$$

可以根据总体标准差来估计样本平均数分布的标准误。样本平均数分布的标准误一般用 $\sigma_{\bar{x}}$ 或 SE 表示。

$$\sigma_{\bar{x}} = SE = \frac{\sigma_0}{\sqrt{n}} = \frac{15}{\sqrt{40}} = 2.372$$

$$Z = \frac{\bar{X} - \mu_0}{SE} = \frac{108 - 100}{2.372} = 3.373$$

（3）选定一定的显著性水平 α 确定决策准则。本例并没有明确指定显著性水平。一般默认 $\alpha=0.05$。

根据选定的显著性水平，查正态分布表（附表1）找出双侧检验的临界值 $Z_{0.05/2}=1.96$。

（4）将计算出的 Z 统计量与临界值进行比较并作出统计决策：
$$Z=3.373>Z_{0.05/2}=1.96$$

这意味着拒绝 H_0 所犯Ⅰ类错误的概率不足 0.05，在统计学上认为这时 $\bar{X}$ 与 μ_0 的差异在 0.05 水平上显著，用 $P<0.05$ 表示。因而作出统计决策：拒绝虚无假设，备择假设成立，即该班平均成绩与总体平均成绩有显著差异。

例7-2 某幼儿智力开发训练班宣称通过培训能够明显提高幼儿智力水平。现从该班随机抽取 30 名进行韦氏幼儿智力测试，结果平均分数为 104。已知韦氏幼儿智力测验的总体平均分为 100，标准差为 15，问该班幼儿的智力水平是否显著高于一般水平。

解 根据题意，这就是一个单侧检验的问题。它关注的是 $1-\alpha$ 接受域的上限的临界点，因而是一个右侧检验。

首先虚无假设：
$$H_0: \mu \leqslant \mu_0$$
$$H_1: \mu > \mu_0$$

$$SE = \frac{\sigma_0}{\sqrt{n}} = \frac{15}{\sqrt{30}} = 2.74$$

$$Z = \frac{\bar{X}-\mu_0}{SE} = \frac{104-100}{2.74} = 1.46$$

若取显著性水平 $\alpha=0.05$，查正态分布表（附表1）$Z_{0.05}=1.645$。

将计算出的 Z 统计量与 $\alpha=0.05$ 时的临界值进行比较：$Z=1.46<Z_{0.05}=1.645$，$P>0.05$，故不能拒绝 H_0，即认为该班平均智力水平显著高于一般水平的证据不足。

例7-3 已知某产品零件尺寸的绝对平均误差为 1.25 mm，标准差为 0.32 mm。该零件生产厂家引进一种新的工艺来降低误差。为检验新工艺加工的零件平均误差是否比旧工艺加工的平均误差有显著降低，研究者随机从采用新工艺加工的零件中抽取 50 个进行检验。得出 $\bar{X}=1.13$，试以 $\alpha=0.01$ 的显著性水平检验新工艺的产品误差比旧工艺是否有显著降低。

解 根据题意，这是一个左侧检验的问题。

建立虚无假设：
$$H_0: \mu \geqslant 1.25$$
$$H_1: \mu < 1.25$$

假设误差的分布服从正态分布，则误差分布的标准误为：
$$SE = \frac{\sigma_0}{\sqrt{n}} = \frac{0.32}{\sqrt{50}} = 0.045\,3$$
$$Z = \frac{\overline{X} - \mu_0}{SE} = \frac{1.13 - 1.25}{0.0453} = -2.649$$

查正态分布表左单侧 $\alpha = 0.01$ 时临界点 $Z_{0.01} = -2.326$。

将 Z 统计量与临界值进行比较，$|Z| = 2.649 > |Z_{0.01}| = 2.326$，$P < 0.01$，故拒绝 H_0，即采用新工艺加工的零件尺寸平均误差非常显著地低于采用旧工艺加工的零件平均误差。

2. 比例的显著性检验

在实际研究中我们有时会得到比例的研究数据。如果我们要检验总体中含有某种特征的单位数所占的比例是否为某个假设值 p_0，这时就需要进行总体比例的显著性检验。样本比例的抽样分布与二项分布有很大的关系。若令 p 表示总体比例，$\overline{p}$ 表示样本比例，X 表示具有某种特征的个体数目，n 表示样本容量，则我们定义样本比例为：

$$\overline{p} = \frac{X}{n} \tag{7-1}$$

当我们从总体中抽取一个容量为 n 的样本时，具有某种特征的个体要么被抽取到，要么没被抽取到。对应于二项分布的概念，具有某种特征的个体被抽取到的数目应该服从二项分布，因而样本比例 $\overline{p}$ 也服从二项分布。

根据二项分布的均值 $\mu = np$，标准差 $\sigma = \sqrt{npq}$，若将二项分布中的均值和标准差均除以 n，即是将次数转换为比例。故比例的平均数和标准差为：

$$\mu_{\overline{p}} = \frac{p_0 n}{n} = p_0 \tag{7-2}$$

$$\sigma_{\overline{p}} = \frac{\sqrt{np_0 q_0}}{n} = \sqrt{\frac{p_0 q_0}{n}} \tag{7-3}$$

由于二项分布的极限为正态分布，在大样本情况下，一般当 $np \geqslant 5$，并且 $nq \geqslant 5$ 时，$\overline{p}$ 的抽样分布渐进服从正态分布。因而可用 Z 统计量进行检验。

第七章　假设检验

$$Z = \frac{\bar{p} - p_0}{\sigma_{\bar{p}}} = \frac{\bar{p} - p_0}{\sqrt{\dfrac{p_0 q_0}{n}}} \qquad (7\text{-}4)$$

式中，$\bar{p}$ 为样本比例，p_0 为要检验的总体比例，n 为样本容量，$q_0 = 1 - p_0$。
总体比例的显著性检验同样有三种假设形式：
双侧检验 H_0：$p = p_0$，H_1：$p \neq p_0$；
右侧检验 H_0：$p \leq p_0$，H_1：$p > p_0$；
左侧检验 H_0：$p \geq p_0$，H_1：$p < p_0$。

例 7-4 某区中学生参加某项测试的达标率为 85%，其中一所学校的 500 名学生中共有 412 名达标，试以 0.05 的显著性水平检验该校达标率与全区达标率是否有差异。

解 已知全区达标率为 $p_0 = 0.85$，$\bar{p} = 412/500 = 0.82$，$n = 500$。
建立假设：

$$H_0: p = p_0$$
$$H_1: p \neq p_0$$

即假定该校达标率与全区达标率相等。

$$Z = \frac{\bar{p} - p_0}{\sqrt{\dfrac{p_0 q_0}{n}}} = \frac{0.82 - 0.85}{\sqrt{\dfrac{0.85 \times 0.15}{500}}} = -1.863$$

由于 $|Z| = 1.863 < Z_{0.05/2} = 1.96$，故不能拒绝虚无假设。该校的达标率与全区的达标率没有显著差异。

在总体比例的显著性检验实际应用中，绝大多数情况下样本容量是足够大的，因而可以利用正态分布近似。但在小样本情况下，由于 $\bar{p}$ 的抽样分布不服从正态分布，故不宜采用正态近似。

二、独立样本的 Z 检验

1. 独立样本平均数差异的显著性检验

独立样本平均数差异的显著性检验是利用两个样本平均数所带的信息来推论它们所来自的总体之间是否存在差异的一种检验方法。例如，要研究两个群体之间在某方面是否存在差异，一般需要从两个总体中各抽取出一个样本。这两个样本的统计值如均值一般不会完全相等，但它们之间的差异并不一定意味着两个总体之间就存在真实的差异。样本统计值的差异既有可能是由抽样误差造成的，也有可能是由于两个总体均值之间确实存在差异所造成的。所以，样本平均数差异的显著性检验就是要检验样本平均数的差异有多大可能是由于抽样误差所造成的。如果由于抽样误差造成样本统计量之间差异的概率非常小，那么我们倾向于认为总体均值之间确实存在差异；如果由于抽样误差造成样本平均数之间差异的概率不是很小，则没有充分根据认为两个总体均值存在差异。

独立样本的 Z 检验适用于两个总体都是正态分布且两个总体方差都已知的情况下。

假定有两个独立的总体 X 和 Y 均服从正态分布，它们的均值分别为 μ_1 和 μ_2，方差分别为 σ_1^2 和 σ_2^2。若从第一个总体中抽取一个样本计算出样本平均数 $\overline{X}_1$，再从第二个总体中抽取一个样本计算出样本平均数 $\overline{Y}_1$，这两个样本的平均数之差记为 $D_{\overline{X}_1} = (\overline{X}_1 - \overline{Y}_1)$。若再从两个总体中抽取两个样本，重复上述过程，则又可得到第二个样本均值的差值 $D_{\overline{X}_2} = (\overline{X}_2 - \overline{Y}_2)$。如此反复可得到 N 个 $(\overline{X}_n - \overline{Y}_n)$ 的差值。这 N 个平均数差值 $D_{\overline{X}}$ 的分布也为正态分布。可以证明，N 个 $(\overline{X} - \overline{Y})$ 的平均值 $\mu_{D_{\overline{X}}} = \mu_1 - \mu_2$。$D_{\overline{X}}$ 分布的标准差（即标准误）$\sigma_{D_{\overline{X}}}$ 或 SE 也可以根据两个总体方差进行推求。这样对两个样本平均数差异的显著性检验实际上就是对 $D_{\overline{X}}$ 与 $\mu_{D_{\overline{X}}}$ 差异的检验。根据两个样本是否独立，$D_{\overline{X}}$ 样本分布的标准误计算公式有所不同。

在两样本相互独立的情况下，根据方差的可加性特点，由两个独立样本的方差推求出两个样本平均数之差分布的方差。

$$\sigma_{X-Y}^2 = \sigma_{D_{\overline{X}}}^2 = \sigma_X^2 - 2r\sigma_X\sigma_Y + \sigma_Y^2$$

由于两样本相互独立，即 $r=0$，则：

$$\sigma_{X-Y}^2 = \sigma_X^2 + \sigma_Y^2$$

即两个相互独立的变量之差的方差等于各自方差之和。

由抽样分布理论可知，$\overline{X}$ 的方差为 $\dfrac{\sigma_1^2}{n_1}$，$\overline{Y}$ 的方差为 $\dfrac{\sigma_2^2}{n_2}$，因而 $(\overline{X} - \overline{Y})$ 的方差为：

$$\sigma_{X-Y}^2 = \sigma_{D_{\overline{X}}}^2 = \frac{\sigma_1^2}{n_1} + \frac{\sigma_2^2}{n_2}$$

则：

$$\sigma_{D_{\overline{X}}} = SE = \sqrt{\frac{\sigma_1^2}{n_1} + \frac{\sigma_2^2}{n_2}} \qquad (7\text{-}5)$$

显然有:

$$Z = \frac{(\overline{X} - \overline{Y}) - (\mu_1 - \mu_2)}{SE} = \frac{D_{\overline{X}} - \mu_{D_{\overline{X}}}}{SE} \quad (7-6)$$

也将服从正态分布，因而应用 Z 检验的方法就可以对两个样本平均数是否存在真实的差异进行检验。

例 7-5 某市中考的成绩服从正态分布，现从甲、乙两校各抽取 120 名学生，得到甲校平均分 354 分，乙校平均分 342 分。已知甲、乙两校中考成绩的总标准差分别为 59.5 分和 68.2 分。问甲、乙两校在这次中考中的平均分是否有显著差异（取 $\alpha = 0.01$）。

解 根据题意作统计假设：

$$H_0: \mu_1 = \mu_2$$
$$H_1: \mu_1 \neq \mu_2$$

已知样本统计量服从正态分布，且 $n_1 = n_2 = 120$，$\overline{X}_1 = 354$，$\sigma_1^2 = 59.5$，$\overline{X}_2 = 342$，$\sigma_2^2 = 68.2$。

$$SE = \sqrt{\frac{\sigma_1^2}{n_1} + \frac{\sigma_2^2}{n_2}} = \sqrt{\frac{354}{120} + \frac{342}{120}} = 8.262\ 1$$

$$Z = \frac{(\overline{X}_1 - \overline{X}_2) - (\mu_1 - \mu_2)}{SE} = \frac{D_{\overline{x}} - 0}{SE} = \frac{354 - 342}{8.262\ 1} = 1.452\ 4$$

查正态分布表，当 $\alpha = 0.01$ 时的临界点 $Z_{0.01/2} = 2.576$。

由于 $Z = 1.452\ 4 < Z_{0.01/2} = 2.576$，故不能拒绝虚无假设。甲、乙两校中考平均成绩差异不显著，即 $P > 0.01$。

2. 独立样本比例差异的显著性检验

如果我们已知两个样本的比例，需要由此推断出这两个样本所代表的总体的比例情况，这时就需要进行比例差异的显著性检验。

假设两个样本来自两个独立的总体，p_1 表示总体 1 的比例，p_2 表示总体 2 的比例。$\overline{p}_1$ 为来自总体 1 的简单随机样本的样本比例，$\overline{p}_2$ 为来自总体 2 的简单随机样本的样本比例。$\overline{p}_1 - \overline{p}_2$ 为两样本比例之差。在样本容量足够大的情况下，一般 $n_1 p_1$、$n_1 q_1$、$n_2 p_2$ 和 $n_2 q_2$ 均大于 5，$\overline{p}_1 - \overline{p}_2$ 的抽样分布可由正态分布近似。其平均数为 $p_1 - p_2$，标准差为：

$$\sigma_{\overline{p}_1 - \overline{p}_2} = \sqrt{\frac{p_1 q_1}{n_1} + \frac{p_2 q_2}{n_2}} \quad (7-7)$$

假定在 H_0 为真时，两总体比例相等，$p_1=p_2=p$，这样，比例抽样分布的标准差就可写为：

$$\sigma_{\bar{p}_1-\bar{p}_2} = \sqrt{\frac{pq}{n_1}+\frac{pq}{n_2}} = \sqrt{pq(\frac{1}{n_1}+\frac{1}{n_2})} \qquad (7\text{-}8)$$

由于 p 未知，我们用样本比例 $\bar{p}_1$ 和 $\bar{p}_2$ 的加权平均数进行估计，得到 p 的估计量：

$$\bar{p} = \frac{n_1\bar{p}_1+n_2\bar{p}_2}{n_1+n_2} \qquad (7\text{-}9)$$

因而，$\bar{p}_1-\bar{p}_2$ 的假设检验的检验统计量为：

$$Z = \frac{\bar{p}_1-\bar{p}_2}{\sqrt{\bar{p}\bar{q}(\frac{1}{n_1}+\frac{1}{n_2})}} \qquad (7\text{-}10)$$

式中，$\bar{p}_1$ 为第一个样本具有某种特征的比例，$\bar{p}_2$ 为第二个样本具有某种特征的比例，n_1 为第一个样本中的观测个数，n_2 为第二个样本中的观测个数，$\bar{q}=1-\bar{p}$。

两个独立总体比例的显著性检验同样有三种假设形式：

双侧检验 H_0：$p_1-p_2=0$，H_1：$p_1-p_2\neq 0$；
右侧检验 H_0：$p_1-p_2\leq 0$，H_1：$p_1-p_2>0$；
左侧检验 H_0：$p_1-p_2\geq 0$，H_1：$p_1-p_2<0$。

例 7-6 随机抽取两个学术团体 A 和 B 各 100 人，发现其中的女性会员分别为 43 和 39。试以 0.05 的显著性水平检验 A 学术团体的女性比例是否显著高于 B 学术团体。

解 这是一个右侧检验的问题。

H_0：$p_1-p_2\leq 0$，两个学术团体的性别比例没有差异；
H_1：$p_1-p_2>0$，A 团体女性比例高于 B 团体。

$$\bar{p} = \frac{n_1\bar{p}_1+n_2\bar{p}_2}{n_1+n_2} = \frac{100\times 0.43+100\times 0.39}{100+100} = 0.41$$

$$\bar{q} = 1-\bar{p} = 0.59$$

代入公式（7-10）：

$$Z = \frac{0.43-0.39}{\sqrt{0.41\times 0.59(\frac{1}{100}+\frac{1}{100})}} = 0.575$$

第七章 假设检验

查正态分布表 α=0.05 时，单侧检验的临界值 $Z_{0.05}$=1.645。Z=0.575＜$Z_{0.05}$=1.645，因此不能拒绝虚无假设，即两个学术团体的性别比例没有显著差异。

三、相关样本的 Z 检验

1. 相关样本平均数差异的显著性检验

相关样本是指两个样本之间不是相互独立，而是存在着某种对应的关系。如心理实验中的配对组实验设计或被试内（重复测量）的实验设计都属于相关样本。相关样本也称配对样本，其中的两个变量之间存在着一定的对应关系。当两个变量 X 和 Y 之间的相关系数为 r 时，两变量之差的方差为：

$$\sigma^2_{X-Y} = \sigma^2_{D_{\bar{X}}} = \sigma^2_X - 2r\sigma_X\sigma_Y + \sigma^2_Y$$

同理可得：

$$SE = \sqrt{\frac{\sigma^2_1}{n} + \frac{\sigma^2_2}{n} - 2r \cdot \frac{\sigma_1 \cdot \sigma_2}{n}} \tag{7-11}$$

实际上，当 r=0 时，公式（7-11）就与独立样本的 $D_{\bar{X}}$ 分布的标准误公式完全一样。

Z 检验的统计量仍为：

$$Z = \frac{D_{\bar{X}}}{SE}$$

例 7-7 某智力开发训练班在开班之初对 50 名儿童进行智力测验，平均成绩 $\bar{X}_1$=102。训练结束时再次对这组儿童进行测量，得 $\bar{X}_2$=105。已知该项测验的总体标准差 σ=15，两次测验的相关系数 r=0.75，试以 α=0.01 显著性水平检验智力开发训练能否显著提高儿童的智商水平。

解 根据题意，这是一个右单侧检验的问题。首先建立假设：

$$H_0: \mu_2 \leqslant \mu_1$$
$$H_1: \mu_2 > \mu_1$$

根据样本分布计算统计量：

$$SE = \sqrt{\frac{\sigma^2_1}{n} + \frac{\sigma^2_2}{n} - 2r \cdot \frac{\sigma_1 \cdot \sigma_2}{n}} = \sqrt{\frac{225 + 225 - 2 \times .75 \times 225}{50}} = 1.50$$

$$Z = \frac{D_{\bar{X}}}{SE} = \frac{105 - 102}{1.50} = 2.00$$

查正态分布表，当 α=0.01 时单侧检验的临界值 $Z_{0.01}$=2.326。

将计算出的样本统计量与单侧检验的临界值进行比较：$Z=2.00 <Z_{0.01}=2.326$，故不能拒绝 H_0，训练前与训练后的儿童的智力水平没有显著差异，$P>0.01$。

2. 相关样本比例差异的显著性检验

相关样本比例的差异显著性检验方法不同于独立样本比例的差异显著性检验方法。当我们要研究的问题是要比较同一组被试在实验前后具备某种特征的比例差异，或者是要研究两个配对组被试具备某种特征的比例差异时，所得到的样本就属于相关样本。比较相关样本比例差异的方法采用了与比较独立样本完全不同的思路。

例 7-8 某心理辅导员对 90 名学生进行了团体心理辅导。在辅导前后进行了两次有关态度的问卷调查，辅导前持积极态度的人数为 47 人，辅导后持积极态度的人数为 68 人，具体结果如表 7-2 所示。问团体心理辅导前后持积极态度的学生比例是否相同（$\alpha=0.01$）？

表 7-2 态度调查结果

		辅导后		Σ
		积极	消极	
辅导前	积极	45(a)	2(b)	47
	消极	23(c)	20(d)	43
	Σ	68	22	90

解 这是一个相关样本的比例差异显著性检验问题。我们用 a 表示实施辅导前后均持积极态度的人数；b 表示实施辅导前持积极态度的人数；c 表示实施辅导前持消极态度的人数；d 表示实验前后均持消极态度的人数。这其中 a 和 d 是实施辅导前后态度未发生变化的人数；只有 b 和 c 是前后态度发生变化的人数。

用 $\bar{p}_1$ 和 $\bar{p}_2$ 分别表示实施辅导前后持积极态度的学生比例，则：

$$\bar{p}_1 = \frac{a+b}{n}, \quad \bar{p}_2 = \frac{a+c}{n}$$

其中 $n=a+b+c+d$。那么：

$$\bar{p}_1 - \bar{p}_2 = \frac{b-c}{n}$$

可见，$\bar{p}_1$ 和 $\bar{p}_2$ 的差异只与 b、c 的大小有关。若 $\bar{p}_1$ 和 $\bar{p}_2$ 无差异，则必有 $b=c$。故两次态度不一致的比例，即辅导前持积极态度、辅导后持消极态度的

第七章 假设检验

比例，与辅导前持消极态度、辅导后持积极态度的比例相等且各为 1/2。假如把前者当做成功，后者当做失败，用 x 表示 $n=b+c$ 次试验中成功的次数，则 x 服从二项分布，其均值和标准差分别为：

$$\mu = np = (b+c)/2 \tag{7-12}$$

$$\sigma = \sqrt{npq} = \sqrt{(b+c) \times \frac{1}{2} \times \frac{1}{2}} = \frac{1}{2}\sqrt{b+c} \tag{7-13}$$

当 $n=b+c$ 较大时，一般 $np \geqslant 5$ 时，x 近似服从正态分布。其样本统计量为：

$$Z = \frac{x - \frac{1}{2}(b+c)}{\frac{1}{2}\sqrt{b+c}}$$

当 $x=b$，则：

$$Z = \frac{b - \frac{1}{2}(b+c)}{\frac{1}{2}\sqrt{b+c}} = \frac{b-c}{\sqrt{b+c}} \tag{7-14}$$

建立假设：

H_0：$\bar{p}_1 = \bar{p}_2$，即前积极后消极的比例等于前消极后积极的比例；
H_1：$\bar{p}_1 \neq \bar{p}_2$，即两者比例不等。
由于 $np \geqslant 5$，计算 Z 统计量：

$$Z = \frac{b-c}{\sqrt{b+c}} = \frac{2-23}{\sqrt{2+23}} = -4.2$$

$|Z| = 4.2 > Z_{0.01/2} = 2.576$，故拒绝虚无假设，可推论辅导前后学生的态度有非常显著的差异。作此推论犯错误的概率小于 0.01。

两相关样本比例差异的显著性检验也可通过公式（7-15）来进行：

$$Z = \frac{\bar{p}_1 - \bar{p}_2}{\sqrt{S_1^2 + S_2^2 - 2rS_1S_2}} \tag{7-15}$$

式中，$\bar{p}_1$、$\bar{p}_2$ 为两样本的比例，S_1、S_2 为两样本的标准差，r 为两样本比例的相关系数。其中：

$$S_1 = \sqrt{\frac{\bar{p}_1\bar{q}_1}{n}} \quad (\bar{q}_1 = 1 - \bar{p}_1)$$

$$S_2 = \sqrt{\frac{\bar{p}_2\bar{q}_2}{n}} \quad (\bar{q}_2 = 1 - \bar{p}_2)$$

$$r = \frac{ad-bc}{\sqrt{(a+b)(c+d)(a+c)(b+d)}}$$

公式（7-15）的应用同样要求大样本的前提。我们试用公式（7-15）来对例 7-8 进行检验：

建立假设：

$$H_0: \quad \bar{p}_1 = \bar{p}_2$$
$$H_1: \quad \bar{p}_1 \neq \bar{p}_2$$

计算相应的统计量：

$$\bar{p}_1 = 47/90 = 0.52, \quad \bar{p}_2 = 68/90 = 0.76$$
$$\bar{q}_1 = 0.48, \quad \bar{q}_2 = 0.24$$
$$S_1 = \sqrt{\frac{0.52 \times 0.48}{90}} = 0.0527$$
$$S_2 = \sqrt{\frac{0.76 \times 0.24}{90}} = 0.0450$$
$$r = \frac{45 \times 20 - 2 \times 23}{\sqrt{(45+2)(23+20)(45+23)(2+20)}} = 0.4911$$

代入公式（7-15）：

$$Z = \frac{0.52 - 0.76}{\sqrt{0.0527^2 + 0.0450^2 - 2 \times 0.4911 \times 0.0527 \times 0.0450}} = -4.826$$

$|Z|=4.826 > Z_{0.01/2}=2.576$，故拒绝虚无假设。辅导前后学生的态度有非常显著的差异。结论与例 7-8 的检验结果相同。

第三节 t 检验

t 检验是一种根据 t 分布理论来推断样本平均数差异的检验方法。它主要用于样本含量较小（$n<30$），总体方差 σ^2 未知的正态分布的资料的检验。即使在样本较大的情况下，若总体方差未知，一般也采用 t 检验，因而 t 检验有非常广泛的应用。t 检验是由统计学家戈斯特（William S. Gossett）于 1908 年在《生物计量学》（*Biometrika*）上发表的一种适用于小样本统计推断方法。由于当时戈斯特受聘于一家酿酒厂，出于商业机密的原因，戈斯特以笔名"Student"署名，因而 t 检验又称为"学生氏 t 检验"（Student's t test）。t 检验可分为单样本

t 检验、独立样本 t 检验和相关样本 t 检验。

一、单样本 t 检验

当总体为正态分布，总体方差 σ^2 未知时，要检验样本均值与总体均值的差异，就不能直接根据总体标准差 σ 来求出样本均值分布的标准误 $\sigma_{\overline{X}}$（SE）。此时只能用样本标准差 $S=\sqrt{(X-\overline{X})^2/(n-1)}$ 来代替 σ，此时临界比率的分布不再服从正态分布，而是服从自由度为 $n-1$ 的 t 分布，因而假设检验的方法就要采用 t 检验。

例 7-9 已知某项测验的分数服从正态分布，测验的总体平均数为 80 分。现对一组 15 名学生进行测试，得分如下：
　　75　84　72　79　68　73　81　83　87　68　72　74　76　75　74
问这组学生在这项测验中的得分是否与总体平均分有差异。

解 （1）建立统计假设：
$$H_0:\ \mu=\mu_0$$
$$H_1:\ \mu\neq\mu_0$$

（2）由于总体方差 σ^2 未知，这时要用 $S=\sqrt{(X-\overline{X})^2/(n-1)}$ 来代替总体标准差，然后根据 S 估计样本平均数分布的标准误 SE，再计算出 t 统计量。

$$S=\sqrt{\frac{\sum(X-\overline{X})^2}{n-1}}=\sqrt{\frac{446.936}{14}}=5.650$$

$$SE=\frac{S}{\sqrt{n}}=\frac{5.650}{\sqrt{15}}=1.459$$

$$t=\frac{\overline{X}-\mu_0}{S/\sqrt{n}}=\frac{\overline{X}-\mu_0}{SE}=\frac{76.067-80}{1.459}=-2.696$$

（3）若显著性水平为 $\alpha=0.05$，查 t 分布表（双侧）$df=15-1=14$ 时，临界值 $t_{0.05/2}(14)=2.145$。

（4）作出统计决策。由于计算所得的样本统计量 $|t|=2.696>t_{0.05/2}(14)=2.145$，$P<0.05$。故拒绝 H_0，该组学生的平均分与总体平均分存在显著差异。

例 7-10 根据大规模调查资料，一般婴儿出生时的平均体重为 $\mu_0=3.30\text{kg}$，现测得 10 个难产儿的体重分别为：3.10、2.95、3.40、3.50、3.35、2.80、3.05、2.75、2.95 和 3.15。试检验难产儿的平均体重是否显著低于一般婴儿。

解 根据题意，这是一个单侧检验的问题。

（1）建立统计假设：

$$H_0: \mu \geq \mu_0$$
$$H_1: \mu < \mu_0$$

（2）假定婴儿出生时的体重服从正态分布，10 个难产儿可看做是正态分布总体的一个随机抽样，样本统计量服从 t 分布。计算相应的统计量：

$$\bar{X} = 3.10$$

$$S = \sqrt{\frac{\sum(X-\bar{X})^2}{n-1}} = \sqrt{\frac{0.575}{9}} = 0.253$$

$$t = \frac{\bar{X} - \mu_0}{S/\sqrt{n}} = \frac{3.10 - 3.30}{0.253/\sqrt{10}} = -2.502$$

（3）查单侧检验 df=10-1=9，α=0.05 时的临界值 $t_{0.05}(9)$=1.833；α=0.01 时，$t_{0.01}(9)$=2.821。

（4）作出统计决策。由于 $t_{0.05}(9)$=1.833<|t|=2.502<$t_{0.01}(9)$=2.821，若在 α=0.05 的显著性水平上，应拒绝 H_0，P<0.05。可认为这 10 名难产儿的平均体重显著低于一般婴儿。但若在 α=0.01 的显著性水平上，则不能拒绝 H_0，此时 P>0.01，故在 0.01 的显著性水平上不能认为这 10 名难产儿的平均体重显著低于一般婴儿。

二、独立样本 t 检验

在大多数实际问题研究中，我们都不大可能得到总体方差，而只能通过样本方差来估计总体的方差。这样，当两个相互独立的总体都是正态分布、两个总体方差都未知的情况下，对两个样本平均数差异的显著性检验就是独立样本的 t 检验。

对涉及两个总体的检验问题，不管两个样本是来自同一个总体，还是来自总体方差相同的两个不同总体，都需要满足两个基本假定：第一，两个样本所来自的总体分布为正态分布；第二，两个总体的方差相同，即方差同质性或方差齐性，亦即 $\sigma_1^2 = \sigma_2^2 = \sigma_0^2$。在已知两个总体服从正态分布的情况下，其方差同质性与异质性时的检验方法也有所不同。

1. 两个总体方差齐性

在总体方差已知的情况下，两个独立样本平均数之差分布的标准误为：

$$SE = \sqrt{\frac{\sigma_1^2}{n_1} + \frac{\sigma_2^2}{n_2}} \quad [参见公式（7-5）]$$

第七章 假设检验

那么，当两个总体方差相等时，则：

$$SE = \sqrt{\frac{\sigma_0^2}{n_1} + \frac{\sigma_0^2}{n_2}} = \sqrt{\sigma_0^2(\frac{1}{n_1} + \frac{1}{n_2})} = \sqrt{\sigma_0^2(\frac{n_1+n_2}{n_1 n_2})} \quad (7\text{-}16)$$

由于 σ_0^2 未知，需要从两个样本方差对它进行估计。考虑到 n_1 与 n_2 可能不相等，对总体方差的估计应采用两个样本方差的加权平均，称为联合方差，用 S_p^2 表示：

$$S_p^2 = \frac{(n_1-1)S_1^2 + (n_2-1)S_2^2}{(n_1-1)+(n_2-1)} = \frac{(n_1-1)S_1^2 + (n_2-1)S_2^2}{n_1+n_2-2} \quad (7\text{-}17)$$

用联合方差 S_p^2 作为总体方差的估计值，则样本平均数之差分布的标准误为：

$$SE = \sqrt{S_p^2(\frac{n_1+n_2}{n_1 n_2})} = \sqrt{\frac{(n_1-1)S_1^2 + (n_2-1)S_2^2}{n_1+n_2-2} \cdot \frac{n_1+n_2}{n_1 n_2}} \quad (7\text{-}18)$$

但当两个样本容量相同时，即 $n_1 = n_2$ 时，上式可简化为：

$$SE = \sqrt{\frac{S_1^2 + S_2^2}{n}} \quad (7\text{-}19)$$

式中，$n = n_1 = n_2$。

由样本分布理论可知，统计量

$$t = \frac{\overline{X}_1 - \overline{X}_2}{SE}$$

服从自由度为 $df = n_1 + n_2 - 2$ 的 t 分布。这样，我们就可以根据给定的显著性水平 α 及计算所得的自由度，查 t 分布表得到临界值 $t_{\alpha/2}(df)$，再将根据样本计算所得的 t 统计量与之相比较，从而作出是否拒绝 H_0 的决策。

从上面的标准误计算中可见，样本统计量的计算是以两个总体方差相等为前提的。所以，在进行独立样本 t 检验时，应首先进行对两个总体方差差异的显著性检验。

常用的方差齐性检验的方法有两种，即 Levene 检验法和 Hartley 检验法。

（1）Levene 检验法

Levene 检验是一种常用的方差同质性检验法，它不像其他大多数检验那样依赖于总体正态性的假设，因而应用范围相对较广。在一些统计软件如 SPSS 中对方差齐性检验就是采用这一方法。Levene 检验法是通过计算每一观测值与该组平均数的绝对差值，然后再对这些差值进行平均数差异的显著性检验，即简单方差分析，若只有两个样本方差进行比较，也可采用独立样本的 t 检验对两组绝对差值进行平均数差异的显著性检验。根据检验的结果作出是否拒绝虚无假设的决策。

例 7-11 两列变量 X 和 Y 如表 7-3 所示，试检验 X 和 Y 方差是否齐性。

表 7-3 变量 X 和 Y 及各自的绝对离差

X	$|X-\bar{X}|$	Y	$|Y-\bar{Y}|$
86	5	81	7
82	1	77	3
74	7	63	11
85	4	75	1
76	5	69	5
79	2	86	12
82	1	81	7
83	2	60	14
83	2		
79	2		
82	1		

解 首先建立假设：

$$H_0: \sigma_1^2 = \sigma_2^2$$

$$H_1: \sigma_1^2 \neq \sigma_2^2$$

计算 X 和 Y 的平均数：$\bar{X}=81$ 和 $\bar{Y}=74$。再据此计算出绝对差值。

然后运用后面将要介绍的 t 检验方法或简单方差分析对两样本方差进行齐性检验。当只有两个样本时，$t^2=F$。这里可对两组差值进行独立样本的 t 检验：

$$t = \frac{2.91 - 7.5}{\sqrt{\frac{10 \times 2.023^2 + 7 \times 4.536^2}{17} \times \frac{19}{11 \times 8}}} = -2.995$$

查 t 分布表，$t_{0.05/2}(17)=2.110$，$|t|=2.995 > t_{0.05/2}(17)=2.110$，$P<0.01$，拒绝 H_0，两样本方差存在显著差异。

（2）Hartley 检验法

Hartley 检验法亦称最大 F 比检验法，它是用于比较正态总体多个样本方差之间是否存在差异的一种简便方法。它将样本方差中最大的一个作为分子，样本方差中最小的一个作为分母，然后求其比值，即：

第七章 假设检验

$$F_{\max} = \frac{S_{\max}^2}{S_{\min}^2} \qquad (7\text{-}20)$$

其中，$S_{\max}^2$ 为最大样本方差，$S_{\min}^2$ 为最小样本方差。

然后查 $F_{\max}$ 临界值表（附表 5），将根据样本计算出的 $F_{\max}$ 值与表中临界值相比较，若小于相应的临界值，则可以认为多个样本方差之间无显著差异。

对于只有两个样本方差的比较，则将较大的样本方差作为分子，较小的样本方差作为分母。

$$F = \frac{S_{大}^2}{S_{小}^2} \qquad (7\text{-}21)$$

然后可查双侧检验的 F 值表（附表 4）作出判断（$df_1=n_1-1$，$df_2=n_2-1$）。

如果两个总体方差相等 $\sigma_1^2 = \sigma_2^2$，则两者之比 $\sigma_1^2/\sigma_2^2 =1$。如果两个总体方差未知，则需要从各自的样本方差去进行估计 $S^2 = \sum(X-\overline{X})^2/(n-1)$。如果 S_1^2/S_2^2 的比值过大或过小，则意味着 $\sigma_1^2 = \sigma_2^2$ 的假设应予以推翻，即两个总体方差不等。

在给定的显著性水平 α 下，若 $F_{(左侧\alpha/2)} < F < F_{(右侧\alpha/2)}$，则说明两方差差异不显著；相反，若 $F < F_{(左侧\alpha/2)}$ 或 $F > F_{(右侧\alpha/2)}$，则说明两方差差异显著，见图 7-3。

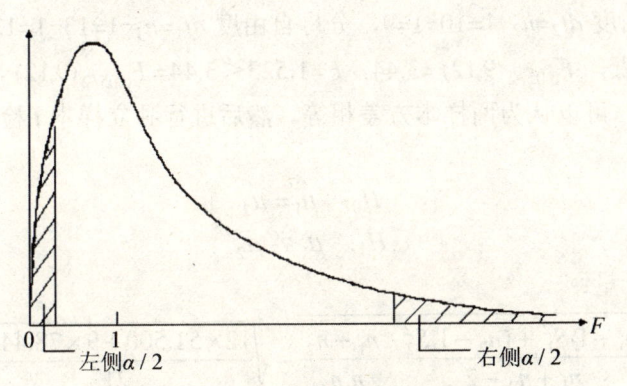

图 7-3　F 分布的双侧 α 拒绝域示意图

由于 F 分布左右不对称，$F_{(左侧\alpha/2)}$ 与 $F_{(右侧\alpha/2)}$ 的绝对值并不相等。根据 F 分布理论，$F_{(左侧\alpha/2)}$ 与 $F_{(右侧\alpha/2)}$ 互为倒数，即 $F_{(左侧\alpha/2)} = \dfrac{1}{F_{(右侧\alpha/2)}}$。但附表 4 双侧检验的 F 值表中只有右侧临界值 $F_{(右侧\alpha/2)}$，为了查表的方便而不必去计算

$F_{(右侧\alpha/2)}$ 的倒数,通常在求 F 值时将较大的样本方差放在分子,较小的样本方差放在分母,这样计算所得的 F 值总会大于或等于 1,尽管是双侧检验,但临界点只需右侧一个。通过查附表 4 双侧检验的 F 值表得到 F 值右侧临界值 $F_{\alpha/2}$,若 $F > F_{\alpha/2}$,则说明方差的差异显著;若 $F < F_{\alpha/2}$,则说明方差的差异不显著。

例 7-12 在一项测验中,13 名男生得分分别为:103,87,92,87,85,95,90,100,89,92,90,74,86;10 名女生得分分别为:81,85,84,89,74,74,100,86,98,79。试检验男女生的平均成绩是否有显著差异。

解 根据两样本数据计算出男女生平均成绩和方差分别为:$\overline{X}_1 = 90$,$\overline{X}_2 = 85$;$S_1 = 7.1764$,$S_2 = 8.8569$。假定该测验成绩服从正态分布,由于总体方差未知,需从样本方差估计总体方差,应采用独立样本 t 检验。因而首先要对两样本方差齐性进行检验:

$$H_0: \sigma_1^2 = \sigma_2^2$$
$$H_1: \sigma_1^2 \neq \sigma_2^2$$

计算 F 分布的统计量:

$$F = \frac{S_{大}^2}{S_{小}^2} = \frac{78.444}{51.500} = 1.523$$

分子自由度 $df_2 = n_2 - 1 = 10 - 1 = 9$,分母自由度 $df_1 = n_1 - 1 = 13 - 1 = 12$。

查 F 值表,$F_{0.05/2}(9,12) = 3.44$,$F = 1.523 < 3.44 = F_{0.05/2}(9,12)$,$P > 0.05$,故不应拒绝 H_0,可以认为两样本方差相等。然后进行独立样本 t 检验。检验的假设为:

$$H_0: \mu_1 = \mu_2$$
$$H_1: \mu_1 \neq \mu_2$$

计算统计量:

$$SE = \sqrt{\frac{(n_1-1)S_1^2 + (n_2-1)S_2^2}{n_1+n_2-2} \cdot \frac{n_1+n_2}{n_1 n_2}} = \sqrt{\frac{12 \times 51.500 + 9 \times 78.444}{21} \times \frac{23}{130}} = 3.340$$

$$t = \frac{(\overline{X}_1 - \overline{X}_2)}{SE} = \frac{90-85}{3.34} = 1.497$$

当 $\alpha = 0.05$,$df = n_1 + n_2 - 2 = 13 + 10 - 2 = 21$ 时,双侧临界值 $F_{0.05/2}(21) = 2.08$。

由于 $t = 1.497 < F_{0.05/2}(21) = 2.08$,故不应拒绝 H_0,即男女生平均成绩没有显著差异。

例 7-13 在一项实验中,实验组平均分 $\overline{X}_1 = 88.10$,标准差 $S_1 = 5.7436$;控

制组平均分 $\bar{X}_2$=81.20，标准差 S_2=5.593 6。实验组和控制组的样本量 $n_1=n_2$=10，试以 0.05 的显著性水平比较实验组和控制组的平均分是否有差异。

解 首先对两样本方差齐性进行检验。

建立假设：
$$H_0: \sigma_1^2 = \sigma_2^2$$
$$H_1: \sigma_1^2 \neq \sigma_2^2$$

计算 F 分布的统计量：
$$F = \frac{S_{\text{大}}^2}{S_{\text{小}}^2} = \frac{32.988\,9}{31.288\,9} = 1.054\,3$$

分子自由度 $df_2=n_2-1=10-1=9$，分母自由度 $df_1=n_1-1=10-1=9$。

查 F 值表，$F_{0.05/2}(9,9)$=4.03，F=1.523＜4.03=$F_{0.05/2}(9,9)$，P＞0.05，故不拒绝 H_0，两样本方差相等。

再进行独立样本 t 检验。

建立假设：
$$H_0: \mu_1 = \mu_2$$
$$H_1: \mu_1 \neq \mu_2$$

计算统计量：
$$SE = \sqrt{\frac{S_1^2 + S_2^2}{n}} = \sqrt{\frac{32.988\,9 + 31.288\,9}{10}} = 2.535\,3$$

$$t = \frac{(\bar{X}_1 - \bar{X}_2)}{SE} = \frac{88.1 - 81.2}{2.535\,3} = 2.721\,6$$

当 α=0.05，$df=n_1+n_2-2=10+10-2=18$ 时，双侧临界值 $F_{0.05/2}(18)$=2.101。

由于 t=2.721 6＞$F_{0.05/2}(21)$=2.101，故拒绝 H_0，实验组与控制组的平均分存在显著差异。作此推论犯错误的概率小于 0.05（P＜0.05）。

2. 两个总体方差不齐

当两个总体方差不等时，上述根据两个样本方差求样本平均数之差分布的联合方差的前提便不能成立。因而独立样本 t 检验的公式不再适用。此时可分别用两个样本的方差作为其总体方差的无偏估计。

$$\sigma_{D_{\bar{X}}} = SE = \sqrt{\frac{S_1^2}{n_1} + \frac{S_2^2}{n_2}}$$

但此时样本统计量 $(\bar{X}_1 - \bar{X}_2)/SE$ 的分布不再是服从 $df=n_1+n_2-2$ 的 t 分布，而是渐近的 t 分布。其自由度为：

$$df = \frac{(\frac{S_1^2}{n_1} + \frac{S_2^2}{n_2})^2}{(\frac{S_1^2}{n_1})^2(\frac{1}{n_1-1}) + (\frac{S_2^2}{n_2})^2(\frac{1}{n_2-1})} \quad (7\text{-}22)$$

用这一公式计算出的自由度通常不为整数，故从 t 分布表中查临界值时一般取最接近的整数。用于确定检验统计值的公式为：

$$t' = \frac{\overline{X}_1 - \overline{X}_2}{SE} = \frac{\overline{X}_1 - \overline{X}_2}{\sqrt{\frac{S_1^2}{n_1} + \frac{S_2^2}{n_2}}} \quad (7\text{-}23)$$

例 7-14 实验组和控制组的测试分数如下：

实验组：86，82，74，85，76，79，82，83，83，79，82

控制组：81，77，63，75，69，86，81，60

试问检验实验组与控制组的分数有无显著差异？

解 将数据初步整理可得：$n_1=11$，$n_2=8$；$\overline{X}_1=81.000$，$\overline{X}_2=74.000$；$S_1^2=13.400$，$S_2^2=84.857$；$S_1=3.661$，$S_2=9.212$。

首先进行样本方差齐性检验：

$$H_0: \sigma_1^2 = \sigma_2^2$$
$$H_1: \sigma_1^2 \neq \sigma_2^2$$

$$F = \frac{S_{\text{大}}^2}{S_{\text{小}}^2} = \frac{84.857}{13.400} = 6.333$$

查 F 分布表得：$F_{0.05/2}(7,10)=3.95$，$F_{0.01/2}(7,10)=6.30$。

$F=6.333 > F_{0.01/2}(7,10)=6.30$，$P<0.01$，拒绝 H_0，说明两样本方差差异非常显著，故采用近似 t 检验。

建立假设：

$$H_0: \mu_1 = \mu_2$$
$$H_1: \mu_1 \neq \mu_2$$

计算统计量：

$$t' = \frac{\overline{X}_1 - \overline{X}_2}{SE} = \frac{\overline{X}_1 - \overline{X}_2}{\sqrt{\frac{S_1^2}{n_1} + \frac{S_2^2}{n_2}}} = \frac{81-74}{\sqrt{\frac{13.4}{11} + \frac{84.857}{8}}} = 2.036$$

$$df = \frac{(\frac{S_1^2}{n_1} + \frac{S_2^2}{n_2})^2}{(\frac{S_1^2}{n_1})^2(\frac{1}{n_1-1}) + (\frac{S_2^2}{n_2})^2(\frac{1}{n_2-1})} = \frac{(\frac{13.4}{11} + \frac{84.857}{8})^2}{(\frac{13.4}{11})^2(\frac{1}{10}) + (\frac{84.857}{8})^2(\frac{1}{7})} = 8.621$$

在 α=0.05 水平上，查自由度 df=9 的 t 分布临界值 $F_{0.05/2}(9)$=2.262。

由于 t'=2.036＜2.262，P＞0.05，故不能拒绝 H_0，实验组与控制组的分数没有显著差异。

三、相关样本 t 检验

相关样本也称为配对样本。有时两个样本之间不一定是相互独立的，而是存在某种对应或关联关系，这时的假设检验就要采用不同的检验公式。在配对组实验设计或重复测量实验设计中，两个样本之间就存在着一定的相关，这时就不能像独立样本那样把两个样本间的相关视为 0。如前所述，由方差的性质可知，当 $r \neq 0$ 时，$\sigma_{X-Y}^2 = \sigma_{D_{\bar{X}}}^2 = \sigma_X^2 - 2r\sigma_X\sigma_Y + \sigma_Y^2$，因而在样本统计量服从 t 分布时同样可得：

$$S_d^2 = S_1^2 + S_2^2 - 2rS_1S_2$$

其中，S_d^2 为两样本之差的方差。

样本之差均值 $\bar{d}$ 分布的标准误为：

$$\sigma_{\bar{d}} = SE = \frac{S_d}{\sqrt{n}}$$

则统计量：

$$t = \frac{(\bar{X}_1 - \bar{X}_2)}{SE} = \frac{\bar{X}_1 - \bar{X}_2}{\sqrt{\frac{S_1^2 + S_2^2 - 2rS_1S_2}{n}}}$$

服从自由度 df=n-1 的 t 分布。

实际上相关样本的 t 检验与一个母总体平均数假设检验很相似。若用 d 表示每对数据之差值 $d_i = X_{1i} - X_{2i}$，如果两样本所代表的总体均值相等，则差值的总体均值应当为 0。两个样本的平均差值 $\bar{d}$ 可看做是从差值总体的一次抽样，其均值也应当在 0 附近波动；反之，如果两总体之间有差异，其差值的总体均数就应当远离 0，同样其样本均数也应当远离 0。这样，通过检验该差值总体均数是否为 0，就可以得出两样本所代表的总体均数是否有差异的结论。因此，相关样本的 t 检验与独立样本的 t 检验实际上检验过程完全相同。若把相关样本的两个样本之差作为一个新的样本，采用独立样本的 t 检验来检验该样本均值是否为 0，即可完成对相关样本的检验。因而相关样本 t 检验的公式为：

$$t = \frac{\bar{d}-0}{SE_{\bar{d}}} = \frac{\bar{d}-0}{\frac{S_d}{\sqrt{n}}} = \frac{\bar{d}-0}{\sqrt{\frac{\sum d^2 - \frac{(\sum d)^2}{n}}{n(n-1)}}} \quad (7-24)$$

正因为如此相关样本的 t 检验在形式上就成为对一个母总体的平均数显著性检验，故不需要像独立样本那样事先进行方差齐性检验。

例 7-15 在一项被试内实验设计中，12 名被试在两种实验条件下的成绩如下：

条件 1：5，8，5，4，8，9，7，6，6，8，10，8
条件 2：5，10，7，7，8，10，7，9，5，9，9，10
问两种实验条件下被试的成绩有无显著差异？

解 将原始数据进行整理，列于表 7-4。

表 7-4 相关样本 t 检验的计算过程

被试	条件 1	条件 2	d	d^2
1	5	5	0	0
2	8	10	−2	4
3	5	7	−2	4
4	4	7	−3	9
5	8	8	0	0
6	9	10	−1	1
7	7	7	0	0
8	6	9	−3	9
9	6	5	1	1
10	8	9	−1	1
11	10	9	1	1
12	8	10	−2	4
$\sum$			−12	34

第七章 假设检验

建立假设：

$$H_0: \mu_1 = \mu_2$$
$$H_1: \mu_1 \neq \mu_2$$

计算统计量：

$$t = \frac{\bar{d}-0}{\sqrt{\dfrac{\sum d^2 - \dfrac{(\sum d)^2}{n}}{n(n-1)}}} = \frac{-1}{\sqrt{\dfrac{34-\dfrac{(-12)^2}{12}}{12(12-1)}}} = -2.449$$

当 $\alpha = 0.05$ 时，查附表 2 得到自由度 $df=11$ 的 t 分布临界值 $t_{0.05/2}(11) = 2.201$。由于 $|t| = 2.449 > 2.262$，故应拒绝 H_0，可以认为两种实验条件下的平均成绩有显著差异（$P<0.05$）。

思考与练习题

一、名词概念

虚无假设　备择假设　α 型错误　β 型错误　双侧检验　单侧检验

二、单项选择题

1．统计检验拒绝虚无假设情况下可能发生的错误是（　　）。
　　A．拒绝性错误　　　　　　B．"取伪"错误
　　C．统计性错误　　　　　　D．"弃真"错误

2．对于正态总体 $N(\mu, \sigma^2)$，σ^2 为已知，关于 $H_0: \mu \leq \mu_0$，$H_1: \mu > \mu_0$ 的检验问题。在显著性水平 $\alpha = 0.05$ 下作出不能拒绝 H_0 的结论，那么在 $\alpha = 0.01$ 下按上述检验方案结论应该是（　　）。
　　A．不能拒绝 H_0　　　　　B．可能拒绝，也可能不拒绝 H_0
　　C．必拒绝 H_0　　　　　　D．不能判断是否拒绝 H_0

3．在心理实验中，有时安排同一组被试在不同的条件下进行实验，所获得的两组数据是（　　）。
　　A．不相关的　　　　　　　B．相关的
　　C．不一定　　　　　　　　D．相同条件下相关，不同条件下不相关

4．如果要检验一个平均数大于另一个平均数是否达到显著水平，需用（　　）。
　　A．单侧检验　　　　　　　B．双侧检验

C. 双侧 t 检验   D. 双侧 Z 检验

5. 假设检验中的两类假设称为（   ）。
   A. Ⅰ型假设和Ⅱ型假设   B. α 假设和 β 假设
   C. 原假设和备择假设   D. 正性假设和负性假设

6. 以下关于假设检验的命题，哪一个是正确的？（   ）
   A. 如果 H_0 在 $\alpha=0.05$ 的单侧检验中不能被拒绝，那么 H_0 在 $\alpha=0.05$ 的双侧检验中一定不能被拒绝
   B. 如果 t 的观测值大于 t 的临界值，一定可以拒绝 H_0
   C. 如果 H_0 在 $\alpha=0.05$ 的水平上被拒绝，那么 H_0 在 $\alpha=0.01$ 的水平上一定会被拒绝
   D. 实验中，如果实验者甲用 $\alpha=0.05$ 的标准，实验者乙用 $\alpha=0.01$ 的标准，实验者甲犯Ⅱ类错误的概率一定会大于实验者乙

三、简答题

1. 简述假设检验的步骤。
2. Z 检验和 t 检验适用的条件。

四、应用题

1. 已知全区某项考试成绩总平均为 80 分，现有某班考试成绩如下表所示，问该班成绩与全区平均成绩有无显著差异？

61	72	74	82	88
91	75	67	88	90
64	88	79	76	84
96	65	95	93	99
86	74	91	99	59
87	67	71	80	81
77	65	73	94	81
99	75	67	71	91
97	81	72	87	75
66	84	69	86	82

($\sum X = 4\,014$, $\sum X^2 = 328\,170$)

2. 某研究者对两所院校学生组织的社会活动获奖情况进行调查，发现甲

校共组织 60 次，其中 18 次获奖；乙校共组织 40 次，其中 14 次获奖。据此，能否认为乙校获奖次数的比例高于甲校（$\alpha=0.05$）？

3．某研究者对 12 名高血压患者进行放松训练。下表中给出了每人在治疗前后的收缩压数值，试检验放松训练的疗效是否显著（$\alpha=0.05$）。

患者序号	治疗前血压(mmHg)	治疗后血压(mmHg)
1	145	143
2	154	153
3	161	158
4	176	171
5	152	149
6	159	157
7	178	170
8	171	168
9	153	143
10	149	149
11	148	148
12	142	142

4．对两组被试分别进行反馈和无反馈条件下的长度估计实验，反馈条件下被试的平均误差分别为：0.15，0.13，0.07，0.24，0.19，0.06，0.08，0.12，0.09，0.08，0.11，0.07；无反馈条件下被试的平均误差分别为：0.19，0.18，0.21，0.30，0.41，0.12，0.27，0.22，0.18，0.16，0.14，0.18。试问两种条件下的平均误差有无显著差异。

第八章 方差分析

方差分析（Analysis of Variance，或缩写 ANOVA）也称变异数分析，由英国统计学家费舍（R. A. Fisher）首创，为纪念他的贡献，特以他的姓氏第一个字母命名，故又称 F 检验。方差分析是一种应用非常广泛的统计方法。其主要功能是检验两个或多个样本平均数的差异是否具有统计学意义，用以推断它们所代表的总体均值是否相同。方差分析可以看做是 t 检验的扩展，当需要比较的样本平均数多于两组时，方差分析就是一种最恰当的方法。

t 检验适用于检验两个平均数之间的差异，其数据来自实验中的两种不同的实验处理。但在大多数心理与行为实验中往往包含两种以上的实验处理，需要比较两个以上的样本平均数，此时若采用 t 检验的方法便不适宜。一方面不经济，另一方面会提高犯Ⅰ型错误的概率。例如，若要比较4组平均数间的差异，用 t 检验则需要比较6次 [$C_4^2 = (4\times3)/(2\times1) = 6$]。这样犯Ⅰ型错误的概率随着比较次数的增加而变大。因为，研究者如果检验 k 个独立的比较，每个检验的显著水平设为 α，则至少犯一次以上Ⅰ型错误的概率为 $1-(1-\alpha)^k$，如果 α 值很小，则此错误最大概率值约为 $k\times\alpha$。在一定的显著性水平 α 之下，检验一个比较，犯Ⅰ型错误的概率为 α，不会犯Ⅰ型错误的概率为 $1-\alpha$；如果检验两个比较，不会犯Ⅰ型错误的概率为$(1-\alpha)\times(1-\alpha)$；以此类推，如果检验 k 个比较，则不会犯Ⅰ型错误概率为$(1-\alpha)\times(1-\alpha)\times\cdots\times(1-\alpha)$，即 k 个$(1-\alpha)$，亦即$(1-\alpha)^k$。因而，会犯Ⅰ型错误的概率则为 $1-(1-\alpha)^k$。若进行6次独立的比较，则在全部比较中至少一次犯Ⅰ型错误的概率为 $p=1-(1-0.5)^6=0.2649$。故研究者比较4组平均数是否具有显著性差异时，有 0.2649 的概率至少犯一次Ⅰ型错误。这与原先设定整体的显著性水平为 0.05 或 0.01 就有了很大的不同。而如果采用方差分析的方法，则不仅可以同时检验多个平均数的差异问题，亦可维持整体检验的显著性水平为 0.05 或 0.01。当然，方差分析亦可用于两个总体平均数之间差异的显著性检验,此时 F 检验的 F 值恰好等于 t 检验时 t 值的平方。

第一节 方差分析的基本原理

方差分析的基本原理是应用方差的可加性特点,把实验数据的总变异分解为若干个不同来源的变异,并根据不同来源的变异在总变异中所占的比重对造成数据变异的原因作出解释。一项简单的实验设计中可以把因变量的变异分解为各个部分,并认为这些部分是由实验中所选择的自变量所带来的。而对总变异中的另一部分,由于无法用实验处理来解释,便认为它是由实验误差所带来的。至于自变量的效果,则把它对于总变异的贡献和误差所给的影响加以比较而得到评定。对于一项简单实验结果的数据变异可作如下分解:

总变异=处理因素导致的变异+随机因素导致的变异

其中,由实验处理因素所导致的变异就是由实验中的分组条件所造成的变异,表现为组间变异;由随机因素所导致的变异就是由抽样误差所造成的变异(E),它是由组内不同被试间的差异造成的,表示为组内变异。因而就可以将总变异分解为组间变异和组内变异两部分。根据真分数原理,在组间变异中又可再分为真正由分组条件所造成的变异(T)和随机误差(E)两部分。由抽样分布可知,方差之比服从 F 分布。如果分组条件对实验结果没有影响,即实验处理的变异为零,那么由实验处理因素造成的变异与随机因素造成的变异之比,就应该趋于1。即:

$$F = \frac{处理因素变异}{随机误差变异} = \frac{组间变异}{组内变异} = \frac{E+T}{E} = 1$$

如果 F 值显著大于1,则说明实验处理的效应显著。即不同的分组条件造成了明显的数据变异。在实际计算 F 比值时,由于变异的大小与样本量有关,故组间变异和组内变异需要除以各自的自由度,变为组间平均变异(组间均方)和组内平均变异(组内均方)。

若以 SS_T 表示总变异,SS_B 表示组间变异,SS_W 表示组内变异,则:

$$SS_T = SS_B + SS_W$$

其中:

$$SS_T = \sum\sum X^2 - \frac{(\sum\sum X)^2}{nk} \tag{8-1}$$

$$SS_B = \sum \frac{(\sum X)^2}{n} - \frac{(\sum\sum X)^2}{nk} \qquad (8\text{-}2)$$

$$SS_W = \sum\sum X^2 - \sum \frac{(\sum X)^2}{n} \qquad (8\text{-}3)$$

总自由度、组间自由度和组内自由度分别为：
总自由度 $df_T = nk-1 = df_B + df_W$；
组间自由度 $df_B = k-1$；
组内自由度 $df_W = k(n-1)$。
其中，X 为变量的取值，n 为组样本量，k 为组数。

$$F = \frac{MS_B}{MS_W} \qquad (8\text{-}4)$$

其中，组间均方 $MS_B = SS_B / df_B$，组内均方 $MS_W = SS_W / df_W$。

通过查 F 分布表，将计算出的 F 值与一定显著性水平下的临界值进行比较，从而做出是否拒绝 H_0 的决断。下面以一个具体例子进行说明。

例 8-1 某研究者要研究三种不同时间间隔的回忆量，随机抽取三个组的被试，每组接受一种实验条件的处理，结果如表 8-1 所示。

表 8-1 三种不同时间间隔的回忆量

n	时间间隔 A	B	C	
1	3	4	8	$k=3$
2	5	6	8	
3	4	8	9	
4	6	7	8	
5	2	5	7	
$\overline{X_j}$	4	6	8	$\overline{X_t}=6$

表中，$j=1, 2, \cdots, k$，表示有 k 种实验处理；$i=1, 2, \cdots, n$，表示每种实验处理有 n 个实验数据；$\overline{X_j}$ 表示某一种实验处理的平均数；$\overline{X_t}$ 表示总平均数。

从实验结果可见，三种实验处理的平均数之间存在一定的差异，同一种处理内部的 5 个数据也不完全相同。这样，我们就把所有这 15 名被试分数的变异分为两部分：实验组间的变异（组间变异）和实验组内的变异（组内变异）。组间变异是由于不同的实验处理造成的；组内变异是由于随机误差和一些在实验中未被有效控制的未知因素造成的。组间变异既包括由实验处理带来的系统变异,也包括随机变异;而组内变异我们可以认为主要是随机变异。如果实验处理对结果没有影响,即不同的时间间隔对回忆量均没有影响,那么在组间的变异中,就仅有随机变异存在,而没有系统变异,或者说系统变异为零。这样,它与组内变异就应该很接近。组间变异与组内变异的比值就会接近1;反之,如果实验处理对结果产生影响,那么在组间变异中就包括了系统变异。这时,组间变异就会大于组内变异。两个变异的比值就会大于1。当这个比值大到某个程度,或者说达到某一临界点时,我们就可以作出判断,说不同的处理之间存在着显著性差异。因此,方差分析是把组间的变异放到组内变异的背景上去进行比较,从而作出是否拒绝虚无假设的判断。

方差分析的虚无假设是 k 个处理的效应全部相等并均为零,相应的备择假设是 k 个处理中至少有一个处理的效应不为零。计算出的样本统计量 F 如果大于1,且落入 F 分布的临界区,即当 F 值 $> F_\alpha(df_1, df_2)$ 时,则表明实验数据的变异主要是由实验处理所造成的,从而拒绝虚无假设,认为 k 个实验处理中至少有一个处理效应不为零。

从以上的分析可见,方差分析就是将实验数据的总变异分解成若干不同来源的分量,对于简单方差分析来说实际上就是分解成组间变异和组内变异,然后把我们研究的那些因素所引起的变异放在误差变异的背景上做比较。对于复杂实验设计的方差分析,原理相同。所以,方差分析的核心首先是要根据实验设计来确定变异源的分解,然后构造方差比进行 F 检验。

第二节 方差分析的条件及数据转换

一、方差分析的条件

与 Z 检验和 t 检验同样,方差分析的应用也要受到一定的条件限制时,方差分析的数据需要满足三个基本条件,否则便会导致错误的结论。

(1) 总体正态性

观察值必须是来自正态分布的总体。如果违背了正态性的假定,就会较易犯 I 型错误,即较易在事实上未达到显著水平时,却得出达到显著水平的结论。如果有足够的证据表明样本所来自的总体非正态时,应对数据进行正态转换,或使用非参数方法。在一般情况下,大多数实验数据都服从正态分布,因此,除非有证据表明样本资料来自非正态的总体,一般不作正态性检验。

（2）变异的可加性

F 统计量的分子和分母是相互独立的，即处理效应与误差效应相互独立，并且是可加的。各变异来源对总离均差平方和的解释量正好可分割为几个可相加在一起的部分。可加性特性是方差分析的基本特性。对于非可加性资料，如效应表现为相乘性，一般需作对数转换或其他转换，使其效应变为可加性，才能符合方差分析的线性模型。

（3）方差齐性

方差齐性也称变异数同质性。F 统计量的分子和分母是相同总体变异量的估计值，亦即各组样本的总体变异数相同。即 $\sigma_1^2 = \sigma_2^2 = \cdots = \sigma_k^2$。如果发现变异数异质情形严重，可将原始分数加以转换以使变异数同质。在数据分析中，数据转换有三个目的，一是为达到误差变异数同质性；二是为使误差效果正态化；三是为获得效果值的可加性。常用的转换方法有平方根转换法、对数转换法、倒数转换法等。

如果我们所得到的变异数分析资料显示各组变异数相差太大或不相等时，可以使用方差齐性检验来确定。常用的方差齐性检验的方法有哈特莱（Hartley）法。这种方法简便易行：将要比较的 k 个组中最大的方差估计值代入下式的分子，k 组中最小的方差估计值代入分母，即可求出 F_{max} 值：

$$F_{max} = \frac{S_{max}^2}{S_{min}^2}$$

其自由度为 $(k, n-1)$。这里 k 是实验处理的组数，n 是每组内的样本量。若各组自由度不等时，可用其中较大的一个作为查表所用的自由度。查附表 5，将 F_{max} 与 $F_{max}(\alpha)$ 进行比较：

若 $F_{maxX} \leqslant F_{max}(\alpha)$，则认为各实验处理的方差没有显著差异，符合方差齐性；

若 $F_{maxX} > F_{max}(\alpha)$，则认为各实验处理的方差存在显著差异，不符合方差齐性。

例 8-2　试用表 8-1 中的数据检验各组方差是否齐性。

解　建立假设：

$$H_0: \sigma_1^2 = \sigma_2^2 = \sigma_3^2$$
$$H_1: \sigma_1^2 \neq \sigma_2^2 \text{ 或 } \sigma_1^2 \neq \sigma_3^2 \text{ 或 } \sigma_2^2 \neq \sigma_3^2$$

计算各组样本方差：

$$S_j^2 = \frac{\sum(X_{ij} - \overline{X}_j)^2}{n-1}$$

经计算，三组方差分别为：$S_A^2=2.5$，$S_B^2=2.5$，$S_C^2=0.5$。

将 S_A^2 和 S_C^2 代入公式：

$$F_{max}=2.5/0.5=5$$

查 F_{max} 临界值表（附表 5），$k=3$，$df=n-1=4$（若两组自由度不同，则可以用其中较大的一个作为查表时所用的自由度），得到 $F_{max}(0.05)=15.5$。$F_{max} < F_{max}(0.05)$，因此可以认为各组方差齐性。

当实验所得到的数据资料不满足方差分析的基本假定时。一般可在进行方差分析之前，采取一定的措施对数据进行处理。常用的方法有：

（1）对数据资料进行筛查，剔除由于人为疏忽所造成的数据误差，剔除某些极端值。

（2）将总的试验误差的方差分为几个较为同质的试验误差的方差。

（3）对于不符合正态分布的数据，可采用以几个观察值的平均数做方差分析，因为平均数比单个观察值更易满足正态分布的要求。故可采用抽取小样本求得平均数，再以这些平均数做方差分析的方法，以减小各种不符合方差分析基本假定的因素的影响。

（4）采用适当的数据转换方法，然后用转换后的数据做方差分析。

二、数据转换的方法

当数据资料不能满足方差分析的条件，如不服从正态分布、方差不齐等，可采用数据转换的方法在一定程度上弥补数据缺陷。例如可通过对数转换来使本来严重偏态的数据正态化。但要注意的是，采用数据转换往往只能使明显呈正偏态的数据正态化，若数据本身即呈负偏态，转换的结果会使负偏态更加严重。所以在数据转换之前首先要了解原始变量的分布形状及相关的参数，如偏度系数、峰度系数和方差齐性检验的 F 值等，然后再决定是否进行数据转换以及做何种转换。常用的数据转换方式有以下三种：

（1）对数转换

对数转换适用于显著呈正偏态分布的数据资料，或各组数据的标准差或全距与其平均数大体成比例，或者效应为相乘性而非相加性的资料。如某些变量的取值明显不呈算术级数变化，如变量在低值端变动不大，但在高值端却有较大的变异。因而数据分布会表现为左偏分布或正偏态分布。并且各处理均方将随平均数的增加而增加，或处理效应与处理水平的变化成比例并表现为非可加性。则可以通过对原始数据进行对数转换使之符合方差分析的基本假定。对数转换的公式为：

$$X' = \lg X \quad (8\text{-}5)$$

若变量中包括 0，则：

$$X' = \lg(X+1) \quad (8\text{-}6)$$

对数转换的作用是将普通尺度变为对数尺度，于是一个向右侧伸延的长尾就会被缩短，使之趋于正态分布。一般来说，对数转换对于削弱大变量的作用比较明显。如果原始数据在低值端变异很大，而高值端却变动不大，即表现为右偏分布或负偏态分布，此时不能直接进行数据转换，否则转换后的数据偏态会更加严重。可以先对原始变量进行反向转换，即将所有的变量值反转过来，如将最大值变成最小值、最小值变成最大值等，也可先找出样本的最大值，然后将此值加 1，产生一个常数，然后用这一常数减每个观测值，便将原负偏态分布反转为正偏态分布，然后再进行对数转换。对数转换纠偏的力度很强。

（2）平方根转换

平方根转换适用于呈正偏态分布的数据资料，或各组方差与其平均数之间有某种比例关系的资料，尤其适用于总体呈泊松分布的资料。如某些间断性变量，其取值低限为 0，高限却可能相当大。如单位面积上的细菌数等，这种变量的分布往往不呈正态分布，并且各处理的均方明显地随着平均数的增大而增大。对于这类数据资料，可通过平方根转换使之正态化，并符合方差齐性的要求。平方根转换的公式为：

$$X' = \sqrt{X} \quad (8\text{-}7)$$

如果变量都小于 10，尤其是在有 0 时，则需要做如下转换：

$$X' = \sqrt{X + \frac{1}{2}} \quad (8\text{-}8)$$

平方根转换的作用是减少极端大变量对于均方的影响。对于成数或比例资料，若成数值（%）都大于 80 或都小于 20，也可采用平方根转换。当成数（%）都小于 20 时，可直接转换为平方根；当成数（%）都大于 80 时，需要先对原始数据进行反向转换，方法是用 100 减去原始数据，然后再做平方根转换。平方根转换纠偏的力度一般比对数转换略低。

（3）平方根反正弦转换

平方根反正弦转换适用于二项分布的比例、成数或百分数数据资料。由于二项分布的方差是决定于 p 的。在 n 一定时，$p=q=0.5$ 时的标准误最大；p 与 q 相差愈大，则标准误愈小。如果比例等数据资料的 p 与 q 值很大或很小，这就

第八章　方差分析

直接违反了各处理方差的同质性的假定。所以，在理论上如果 $p<0.3$ 或 $p>0.7$ 时都需要做反正弦转换，以获得一个比较一致的方差。平方根反正弦转换是将比例或百分数的平方根值取反正弦值，即将 p 转换成 $\sin^{-1}\sqrt{p}$，从而成为角度。数据资料经过转换之后再进行方差分析以满足方差分析的基本假定。平方根反正弦转换的公式为：

$$\theta = \sin^{-1}\sqrt{p} \qquad (8\text{-}9)$$

平方根反正弦转换的主要作用是使具有小方差的小成数增大，而大成数减小。例如当 $p=0.01$ 时，$\theta = \sin^{-1}\sqrt{0.01} = 5.74$；当 $p=0.05$ 时，$\theta = \sin^{-1}\sqrt{0.05} = 12.92$；当 $p=0.25$ 时，$\theta = \sin^{-1}\sqrt{0.25} = 30$；当 $p=0.90$ 时，$\theta = \sin^{-1}\sqrt{0.90} = 71.56$。因而改进了具有不同 p 值的处理均方的异质性。

如果数据资料的 p 值都在 $0.3 \sim 0.7$ 之间，则因不同处理的误差均方差异不大，故一般不必做平方根反正弦转换，即可直接进行方差分析。但是，如果 $p>0.7$ 或 $p<0.3$，则需要将 p 值先转换为 θ，再做方差分析。不服从二项分布的百分数资料不能做平方根反正弦转换。

（4）数据转换的计算机实现

数据转换由于计算量很大，往往难以手工实现。通常数据转换都是通过计算机来实现的。例如，在 Excel 中若对数据进行对数转换可用函数 LOG10(number)，返回以 10 为底的对数。其中，number 为待转换为对数的数据。或用函数 LOG(number，base)，返回指定底数的对数。其中，base 为对数的底数，若省略则默认为 10。例如，输入 LOG(86，2.7182818)，则返回以 e 为底时 86 的对数，其值等于 4.454 347；或用函数 LN(number)，则返回给定数值的自然对数。平方根转换可用函数 SQRT(number)，其中，number 为待转换为平方根的数据。反正弦转换实际上是先把数据进行平方根转换再进行反正弦转换。由于是用角度表示，故乘以 1 弧度（$180/\pi$）。因而需调用返回平方根的 SQRT(number)函数、返回参数的反正弦值的 ASIN(number)函数和将弧度转为角度的 DEGREES(number) 函数。可以直接在函数窗口栏输入"=DEGREES(ASIN(SQRT(number)))"，其中，number 为待转换的数据。例如输入"=DEGREES(ASIN(SQRT(0.25)))"，则返回计算结果"30"。

若在统计软件 SPSS 中进行数据转换则较为方便：对数转换从工具栏"Transform"→"Compute Variable"，然后从右边的"Function Group"选项框中选中"All"或"Arthmetic"，再从下面的"Functions and Special Variables"选项框中选中"Lg10"，点击箭头把函数送入上面的"Numeric Expression"框

中。此时该框中出现"LG10(?)"。将待转换的变量用箭头送入问号处,再对转换后的变量命名写入"Target Variable"框中。单击"确定"按钮后即可将整个原始变量全部转换为对数变量。

若使用 SPSS 语法来进行操作会更加简便:打开 SPSS 语法文件"Syntax",直接输入下面两行内容后运行即可:

COMPUTE 转换后变量=LG10(原始变量).
EXECUTE.

其中,"转换后变量"为根据原始变量转换为对数的变量名,"原始变量"为要转换的变量名。

其他数据转换的方法与此类似。例如,平方根转换用同样的方法选中函数 SQRT,把待转换的变量送入 SQRT(?)中的问号处,对转换后的变量命名,写入"Target Variable"框中。单击"确定"按钮后,进行转换。相应的 SPSS 语法为:

COMPUTE 转换后变量=SQRT(原始变量).
EXECUTE.

反正弦转换在"Numeric Expression"框中输入:"ARSIN(SQRT(原始变量))*180/3.14159"。即在平方根转换和反正弦转换之后再乘以($180/\pi$)。相应的 SPSS 语法为:

COMPUTE 转换后变量=ARSIN(SQRT(原始变量))*180/3.14159.
EXECUTE.

需要注意的是,对转换后的数据进行方差分析之后,对结论作解释时,应将各组平均数再还原为原始变量的单位,以便于对结果做出合理的解释和表达。但是根据转换后的数据所计算出的方差或标准差则不宜直接转换回原始数据的单位。

例 8-3 一项实验结果的原始数据列于表 8-2 左边,试对其进行转换以符合方差分析的条件。

表 8-2 实验结果数据资料转换

n	原始数据				转换后数据			
	A	B	C	D	A	B	C	D
1	6.0	7.0	198.0	112.0	2.449	2.646	14.071	10.583
2	12.0	11.0	85.0	265.0	3.464	3.317	9.220	16.279
3	17.0	28.0	121.0	187.0	4.123	5.292	11.000	13.675
4	7.0	12.0	57.0	109.0	2.646	3.464	7.5498	10.440

续表

n	原始数据				转换后数据			
	A	B	C	D	A	B	C	D
5	10.0	8.0	203.0	213.0	3.162	2.828	14.248	14.595
平均数	10.4	13.2	132.8	177.2	3.169	3.509	11.218	13.114
方差	19.3	72.7	4 337.2	4 497.2	0.447	1.106	8.704	6.519

解 从原始数据可见,各处理的均方明显有随平均数的增大而增大趋势。可先对各处理组进行方差齐性检验。采用 Hartley 最大 F 比检验法。

H_0：各处理组方差相等，

H_1：至少有一对处理组方差不等。

$$F_{max} = \frac{S_{max}^2}{S_{min}^2} = \frac{4\,497.2}{19.3} = 233.02$$

查 F_{max} 临界值表,当 $k=4$, $df=n-1=4$ 时,$F_{max}(0.05)=20.6$,即 $F_{max} > F_{max}(0.05)$,故拒绝 H_0,各处理组的方差存在非常显著的差异。

根据原始数据的特征,宜采用平方根转换方法对数据进行转换。转换公式:

$$X' = \sqrt{X}$$

或通过 Excel 中的 SQRT(number) 函数,或通过 SPSS 的语法命令："COMPUTE 转换后变量=SQRT(原始变量)."进行转换。转换后的结果列于表 8-2 的右侧。此时各处理的方差随平均数增大的趋势已不复存在。

再对转换后的数据进行方差齐性检验,检验假设同上。

$$F_{max} = \frac{S_{max}^2}{S_{min}^2} = \frac{8.704}{0.447} = 19.472$$

由上面查出的临界值可知,$F_{max}=19.472 < F_{max}(0.05)=20.6$,故此时不应拒绝 H_0,可认为各处理组方差齐性,可以对转换后的数据进行方差分析了。

第三节 几种基本实验设计的方差分析

心理实验设计有多种类型,分类的方法也不尽相同,常用的分类方法有以下几种。

一种是根据实验中被试是接受自变量单一水平的处理还是接受自变量所有水平的处理来划分的,可分为被试间设计、被试内设计和混合设计。被试间设计是指实验中每个被试只接受一种自变量水平的处理或自变量水平结合的处理。这是一种对一组被试给予一种处理，对另一组给予另一种处理的设计，故也叫独立组设计。由于每个被试只接受一次实验处理，又叫非重复测量实验设计；被试内设计是指实验中每个被试接受所有的自变量水平的处理或自变量水平结合的处理，也叫重复测量实验设计。这种设计把实验中由被试带来的无关变异减少到最低限度。但是使用被试内设计的一个前提是，先实施给被试的自变量水平或自变量水平的结合对后实施的自变量或自变量水平的结合没有长期影响。当这种影响存在时，如有学习、记忆效应时，就不能用这种设计。混合设计是指实验中至少包含两个自变量的处理，它要求一个自变量用一种设计处理，如被试内设计处理；另一个自变量用不同种类的设计处理，如被试间设计处理。它也是重复测量实验设计的一种形式。在混合设计中，对实验中的被试内变量，每个被试接受所有的自变量水平或自变量水平的结合；对实验中的被试间变量，每个被试仅接受一个自变量水平或自变量水平结合的处理。

另一种是根据实验中是单一自变量还是两个以上自变量来划分的，可分为单因素设计和多因素设计。单因素设计是指实验中只有一个自变量，被试接受这个自变量的不同水平的实验处理，这是实验设计最简单的形式；多因素设计是指实验中含有多个自变量，被试接受几个自变量水平的结合的实验处理。在多因素设计中可以计算自变量水平之间的交互作用，这是单因素设计做不到的。在心理学研究中常有这样的情况，当同时考察两个因素的影响时，发现一个因素的影响只表现在另一个因素的某个水平上，而不是在另一个因素的所有水平上表现出来；或者一个因素的影响在另一个因素的不同水平上的影响是相反的。如，传统教学法与研讨教学法相比，后者对能力高的学生的学习成绩的提高有帮助，但对能力低的学生，不但没有帮助其提高学习成绩，反而使其成绩下降。这种复杂的效应在单因素设计中是无法察觉的。在多因素设计中，自变量水平的交互作用往往比自变量的主效应提供更多的信息。

再一种就是根据实验中控制无关变量的多少来划分，可分为完全随机化设计、随机化区组设计和拉丁方设计等。完全随机化设计是通过随机分配被试给各个实验处理，以期实现各个处理下的被试在统计上无差异，它不能分解出无关变量对因变量的影响，只是在理论上使所有无关变量对各处理的影响相等。随机区组设计将被试按某一无关变量的不同水平分成若干个区组，组内各被试在该无关变量上的大小相同。如要研究不同学习方法对某科学习成绩的影响，被试的能力水平则是一个无关变量或称控制变量，它会影响到实验的最终结果，因此需要把学生按能力水平的高低进行分组，即区组。然后再将每个区组内的被试按完全随机化实验设计那样随机地分配给各个处理。随机化区组设计通常要求无关变量与实验中的因素之间没有交互作用。拉丁方设计也称平衡对抗设计，它通过采用拉丁方的方式来平衡顺序效应。其目的在于控制顺序效应或分离出两个无关变量的效应。拉丁方设计要求自变量的水平和两个无关变量的水平数应相等。其中一个无关变量的水平分配给拉丁方的行，另一个无关变量的水平分配给拉丁方的列；并且处理水平与无关变量水平之间没有交互作用。

单因素完全随机设计、单因素随机区组设计、单因素拉丁方设计和单因素重复测量设计是四种最基本的设计，其他各种复杂的实验设计都是在这几种设计的基础上的组合。

一、单因素完全随机设计

实验中 N 个被试按随机的方法分派到 k 个不同的组别，分别接受一个自变量的 k 个水平中的一个实验处理。被试分派到某一组完全是随机的，并只接受一种实验处理。一组 n 个被试与其他组 n 个被试之间毫无关联，故也称做独立组设计或被试间设计。

单因素完全随机设计的总平方和分解为组间变异和组内变异两部分，即：

$$SS_T = SS_B + SS_W$$

总平方和及各部分平方和的计算公式如公式（8-1）、公式（8-2）和公式（8-3）。下面试以 0.05 显著性水平检验例 8-1 中三组平均数是否存在差异。

解 （1）建立假设

H_0： $\mu_1 = \mu_2 = \mu_3$，即 3 个总体平均数相同，即不存在处理效应；

H_1： $\mu_1 \neq \mu_2$ 或 $\mu_1 \neq \mu_3$ 或 $\mu_2 \neq \mu_3$，至少有 2 个总体平均数是不同的，即处理效应不全为 0。

（2）计算离差平方和

将计算过程列于表 8-3 中。

表 8-3 平方和的计算方法

样本	A	B	C	总和
1	3	4	8	
2	5	6	8	
3	4	8	9	
4	6	7	8	
5	2	5	7	

续表

样本	A	B	C	总和
$\sum X$	20	30	40	$\sum\sum X = 90$
$\dfrac{(\sum X)^2}{n}$	80	180	320	$\sum\dfrac{(\sum X)^2}{n}=580$
$\sum X^2$	90	190	322	$\sum\sum X^2 = 602$

$$SS_T = \sum\sum X^2 - \frac{(\sum\sum X)^2}{nk} = 602 - \frac{90^2}{5\times 3} = 62$$

$$SS_B = \sum\frac{(\sum X)^2}{n} - \frac{(\sum\sum X)^2}{nk} = 580 - \frac{90^2}{5\times 3} = 40$$

$$SS_W = \sum\sum X^2 - \sum\frac{(\sum X)^2}{n} = 602 - 580 = 22$$

或者，$SS_W = SS_T - SS_B = 62 - 40 = 22$

（3）计算自由度

$df_B = k-1 = 3-1 = 2$

$df_W = N-k = 15-3 = 12$

$df_T = N-1 = 15-1 = 14$

（4）计算均方

$MS_B = SS_B / df_B = 40/2 = 20$

$MS_W = SS_W / df_W = 22/12 = 1.83$

（5）进行 F 检验

计算 F 统计量：

$$F = \frac{MS_B}{MS_W} = \frac{20}{1.83} = 10.929$$

组间变异包括随机变异和系统变异两部分，组内变异则主要是随机变异，除非处理效应为零，否则组间均方均将大于组内均方，即 F 值总会大于 1。所以，这是单侧检验的问题。通过查单侧检验 F 值表，确定 F 检验的临界值。也可查 Excel 中的函数 FINV(0.05, 2, 12)：

$$F_{0.05}(2,12) = 3.885$$

$$F = 10.929 > F_{0.05}(2,12) = 3.885$$

故拒绝虚无假设 H_0，可认为三组平均数之间有显著差异。

（6）列出方差分析简表

表 8-4 方差分析摘要表

变异来源	平方和（SS）	自由度（df）	均方（MS）	F
组间（B）	40	2	20	10.9*
组内（W）	22	12	1.83	
总（T）	62	14		

*表示 $p<0.05$。

完全随机化设计具有设计和实施简单的优点，实验中每个处理水平的被试数量可以相等也可以不相等，不需对被试进行匹配，每个被试在实验中仅接受一种实验处理，统计分析和对结果的解释较为简单。但它也有明显的不足，即在这种设计中，把组内变异作为误差项，但组内变异并非完全由随机误差组成，其中还包括了被试的个别差异，因而使误差项变大。另外，当实验中有多个处理水平时，需要的被试量会很大，因而它的效率不是很高。

二、单因素随机区组设计

单因素随机区组设计中有一个自变量，或称因素，同时还存在一个无关变量，并且自变量与无关变量之间没有交互作用。在心理学实验中，这个无关变量常是被试变量，一般先将被试在这个无关变量上进行匹配，然后将他们随机分配给不同的实验处理。这样，区组内的被试在这个无关变量上更加同质。实验中每一区组接受全部实验处理，每种实验处理在不同的区组中重复的次数相同。由于同一区组接受所有实验处理，使实验处理之间有相关，故又称做相关组设计或被试内设计。

随机区组设计把区组效应从组内平方和中分离出来，这时总平方和被分解为组间平方和、区组平方和与误差平方和三部分。

$$SS_T = SS_B + SS_R + SS_e$$

其中，SS_R 为区组平方和，SS_e 为误差平方和。总平方和及各部分平方和的计算公式如下：

$$SS_T = \sum\sum X^2 - \frac{(\sum\sum X)^2}{nk}$$

$$SS_B = \sum\frac{(\sum X)^2}{n} - \frac{(\sum\sum X)^2}{nk}$$

$$SS_R = \sum \frac{(\sum R)^2}{k} - \frac{(\sum \sum R)^2}{nk} \qquad (8\text{-}10)$$

$$SS_e = SS_T - SS_B - SS_R$$

其中，$\sum R$ 为区组或行的总和，$\sum R^2$ 为区组或行的平方和，n 为区组数或样本数，k 为实验处理数。

其相应的自由度为：

总自由度　　$df_T = nk-1 = df_B + df_R + df_e$；

组间自由度　$df_B = k-1$；

区组自由度　$df_R = n-1$；

误差自由度　$df_e = (k-1)(n-1) = df_T - df_B - df_R$。

随机区组设计把处理效应和区组效应都是放在相同的随机误差的背景上进行比较。因而，检验处理效应和区组效应的分母项是相同的。

例 8-4　为研究缪勒—莱尔错觉实验中夹角对错觉量的影响，取 8 名被试，每人先后进行四种角度下的判断，结果如表 8-5。问不同夹角对错觉量是否有显著影响。

表 8-5　缪勒—莱尔错觉实验

区组 （样本）	夹角 15°	30°	45°	60°	$\sum R$	$\sum R^2$
A	10.5	10.3	9.7	8.8	39.3	387.87
B	10.2	9.8	9.7	8.8	38.5	371.61
C	10.6	10.5	9.7	9.0	39.8	397.70
D	9.5	9.5	8.9	8.3	36.2	328.60
E	9.5	9.4	8.8	8.4	36.1	326.61
F	9.8	9.7	9.5	9.0	38.0	361.38
G	11.2	11.2	10.1	9.4	41.9	441.25
H	9.5	9.2	9.0	8.0	35.7	319.89
$\sum X$	80.8	79.6	75.4	69.7	305.5	
$\sum X^2$	818.88	795.16	712.18	608.69	2 934.91	

解　(1) 建立假设

H_0：所有 4 个处理的总体平均数相等，即不存在处理效应，$\mu_1 = \mu_2 = \mu_3 = \mu_4$；所有 R 个区组的总体平均数相等，即不存在区组效应；

H_1：至少有 2 个处理的总体平均数不等，即处理效应不为 0；至少有 2 个区组的总体平均数不等,即区组效应不为 0。

(2) 计算离差平方和

在随机区机设计中,把区组间平方和从组内平方和中分离了出来,则剩余部分仅为误差平方和。这样总变异(总平方和)SS_T 被分解为三部分:行间(区组)平方和 SS_R、列间(处理)平方和 SS_B 以及随机误差平方和 SS_e。

总平方和:

$$SS_T = \sum\sum X^2 - \frac{(\sum\sum X)^2}{nk} = 2\,934.91 - \frac{305.5^2}{32} = 18.339\,7$$

组间平方和:

$$SS_B = \sum\frac{(\sum X)^2}{n} - \frac{(\sum\sum X)^2}{nk}$$

$$= \frac{80.8^2 + 79.6^2 + 75.4^2 + 69.7^2}{8} - \frac{305.5^2}{32} = 9.435\,9$$

区组平方和:

$$SS_R = \sum\frac{(\sum R)^2}{k} - \frac{(\sum\sum R)^2}{nk}$$

$$= \frac{39.3^2 + 38.5^2 + 39.8^2 + 36.2^2 + 36.1^2 + 38^2 + 41.9^2 + 35.7^2}{4} - \frac{305.5^2}{32}$$

$$= 8.062\,2$$

$SS_e = SS_T - SS_B - SS_R = 18.339\,7 - 9.435\,9 - 8.062\,2 = 0.841\,6$

(3) 求自由度

$df_T = N - 1 = 32 - 1 = 31$

$df_B = 4 - 1 = 3$

$df_R = 8 - 1 = 7$

$df_e = 31 - 3 - 7 = 21$

(4) 计算均方

$MS_B = 9.4359/3 = 3.145\,3$

$MS_R = 8.0622/7 = 1.151\,7$

$MS_e = 0.8416/21 = 0.040\,1$

(5) 计算 F 值

检验处理效应:

$$F = \frac{MS_B}{MS_e} = \frac{3.145\,3}{0.040\,1} = 78.486\,8$$

查附表 4-2，$F_{0.01}(3,21)=4.87$，$p<0.01$。
因此拒绝 H_0，不同角度对错觉量的影响是非常显著的。
再对区组效应进行检验：

$$F = \frac{MS_R}{MS_e} = \frac{1.1517}{0.0401} = 28.7400$$

查附表 4-2，$F_{0.01}(7,21)=3.64$，$p<0.01$。
因此拒绝 H_0，区组效应非常显著。

（6）列出方差分析表

随机区组设计方差分析表见表 8-6。

表 8-6　随机区组设计方差分析表摘要

变异来源	平方和（SS）	自由度（df）	均方（MS）	F	p
组间（B）	9.435 9	3	3.145 3	78.486 8	<0.01
区组（R）	8.062 2	7	1.151 7	28.740 0	<0.01
误差（e）	0.841 6	21	0.040 1		
总（T）	18.339 7	31			

随机区组设计的优点是使研究者从总变异中分离出了一个无关变量的效应，减小了实验误差。但随机区组设计的前提假设是，实验中的自变量与无关变量之间没有交互作用。如果有交互作用存在，这种实验设计便不适合。

三、拉丁方设计

拉丁方设计同随机区组设计一样，也是利用实验设计来控制无关变量。所不同的是它能区分出两个无关变量，使实验的精度更为提高。拉丁方设计原来主要用于农业研究，如不同土壤对农作物生长的影响。20 世纪 60 年代以来也常用于心理学研究，其目的在于控制顺序效应或分离出两个无关变量的效应。拉丁方设计要求自变量的水平和两个无关变量的水平应大于等于 2 且相等。其中一个无关变量的水平分配给拉丁方的行，另一个无关变量的水平分配给拉丁方的列；并且同样必须满足处理水平与无关变量水平之间没有交互作用的前提假设。

拉丁方这一名称源于古代的一种数学游戏，它要求按每一个拉丁字母只能在同行同列上出现一次的原则，将若干拉丁字母安排于一正方形上。那么 2×2 的方区就有 2 种安排方式，其中有 1 个标准方（即第一行和第一列均为顺序排列的拉丁方）；3×3 的方区有 12 种安排方式，其中 1 个标准方；4×4 的方区则可能有 576 种安排方式，其中有 4 个标准方。在拉丁方设计中我们通常是从可能的安排中选取一种。

在拉丁方设计中，任一分数与总体平均数的离差是由实验中的自变量和两个无关变量及误差项四部分组成。由于各组成部分的方差和是相互独立、正交的，故对被试做连续试验中可能产生的趋势效果便能加以消除，从而获得较为有效的误差估计值。

如果在拉丁方设计中每一单元方格内仅有一名被试，则总变异可分解为**处理间变异、行间变异、列间变异和残差变异**，即：

$$SS_T = SS_B + SS_R + SS_C + SS_e$$

其中，SS_R 为行间平方和，SS_C 为列间平方和。总平方和及各部分平方和的计算公式如下：

$$SS_T = \sum\sum X^2 - \frac{(\sum\sum X)^2}{k^2}$$

$$SS_B = \sum \frac{(\sum X)^2}{k} - \frac{(\sum\sum X)^2}{k^2}$$

$$SS_R = \sum \frac{(\sum R)^2}{k} - \frac{(\sum\sum X)^2}{k^2} \quad （8-11）$$

$$SS_C = \sum \frac{(\sum C)^2}{k} - \frac{(\sum\sum X)^2}{k^2} \quad （8-12）$$

$$SS_e = SS_T - SS_B - SS_R - SS_C$$

其中，$\sum R$ 为行的总和，$\sum R^2$ 为行的平方和；$\sum C$ 为列的总和，$\sum C^2$ 为列的平方和，k 为行和列的数目（在拉丁方设计中，行数=列数）。

其相应的自由度为：

总自由度　　$df_T = k^2 - 1 = df_B + df_R + df_C + df_e$；

组间自由度　$df_B = k - 1$；

行自由度　　$df_R = k - 1$；

列自由度　　$df_C = k - 1$；

误差自由度　$df_e = (k-1)(k-2) = df_T - df_B - df_R - df_C$。

但当同一方格单元内有两名以上被试时，则会增加一个单元内误差变异，它与完全随机设计中的单元内误差变异性质相同。

现以一拼写校正实验为例说明拉丁方设计的方差分析过程。

例 8-5　在一拼写校正实验中，研究者要检验拼写测验的类型对于改正上次默写错误的字数是否有显著影响。实验中自变量（X）为拼写测验类型，有 4 类：X_1 多选一测验、X_2 二次听写测验、X_3 错拼字母测验和 X_4 骨干字母测验。两个无关变量分别为组别（C）和测验次序（R）。试以 0.01 显著性水平检验测验类型是否对改正默写错误的字数有显著影响。

图 8-1 是一个 4×4 的拉丁方设计。

	C_1	C_2	C_3	C_4
R_1	X_1	X_2	X_3	X_4
R_2	X_4	X_1	X_2	X_3
R_3	X_3	X_4	X_1	X_2
R_4	X_2	X_3	X_4	X_1

图 8-1 4×4 拉丁方

测验数据如表 8-7。在行上各组别的学生能力假定已经等组化了，同时测验的次序在列上也已经随机化了。那么，这一实验的主要目的便是检验测验类型对改正字数所产生的影响是否有显著差异。

表 8-7 通过不同类型测验测出从上次默错总字数中改正了的字数

测验次序	组别 1	2	3	4	$\sum R$	$\sum R^2$
1	81	41	44	53	219	12 987
2	38	97	42	49	226	15 018
3	31	43	67	36	177	8 595
4	57	33	43	81	214	12 748
$\sum C$	207	214	196	219	836	
	X_1	X_2	X_3	X_4		
$\sum X$	326	176	157	177	836	
$\sum X^2$	27 020	7 990	6 387	7 951		49 348

解 （1）建立假设

H_0：所有 4 个处理的总体平均数相等，即不存在处理效应或 X 因素效应为 0；

无关变量（横行）的总体平均数相等，或无关变量 R 的效应为 0；

无关变量（纵列）的总体平均数相等，或无关变量 C 的效应为 0。

H_1：处理效应不为 0；无关变量 R 的效应不为 0；无关变量 C 的效应不为 0。

（2）计算离差平方和

第八章 方差分析

$$SS_T = \sum\sum X^2 - \frac{(\sum\sum X)^2}{k^2} = 49\,348 - \frac{836^2}{16} = 5\,667$$

$$SS_B = \sum\frac{(\sum X)^2}{k} - \frac{(\sum\sum X)^2}{k^2} = \frac{326^2 + 176^2 + 157^2 + 177^2}{4} - \frac{836^2}{16} = 4\,626.5$$

$$SS_R = \sum\frac{(\sum R)^2}{k} - \frac{(\sum\sum X)^2}{k^2} = \frac{219^2 + 226^2 + 177^2 + 214^2}{4} - \frac{836^2}{16} = 359.5$$

$$SS_C = \sum\frac{(\sum C)^2}{k} - \frac{(\sum\sum X)^2}{k^2} = \frac{207^2 + 214^2 + 196^2 + 219^2}{4} - \frac{836^2}{16} = 74.5$$

$$SS_e = SS_T - SS_B - SS_R - SS_C = 5\,667 - 4\,626.5 - 359.5 - 74.5 = 606.5$$

（3）求自由度

$df_T = 16-1 = 15$

$df_R = 4-1 = 3$

$df_C = 4-1 = 3$

$df_B = 4-1 = 3$

$df_e = 15-3-3-3 = 6$

（4）计算均方

$MS_B = 4626.5/3 = 1542.2$

$MS_R = 359.5/3 = 119.8$

$MS_C = 74.5/3 = 24.8$

$MS_e = 606.5/6 = 101.1$

（5）计算 F 值

检验处理间效应：

$$F = \frac{MS_B}{MS_e} = \frac{1542.2}{101.1} = 15.25$$

查 F 值表（附表 4-2），$F_{0.01}(3,6)=9.78$，$F > F_{0.01}(3,6)$，$p < 0.01$。故拒绝虚无假设，处理效应显著。

检验行间效应：

$$F = \frac{MS_R}{MS_e} = \frac{119.8}{101.1} = 1.18$$

$F < F_{0.01}(3,6)$，$p > 0.01$。故不能拒绝虚无假设，行的效应不显著，即测验次序对结果没有影响。

检验列间效应：

$$F = \frac{MS_C}{MS_e} = \frac{24.8}{101.1} = 0.25$$

$F < F_{0.01}(3,6)$，$p > 0.01$。故不能拒绝虚无假设，列的效应不显著，即组别对测验结果没有影响。

（6）列出方差分析表（表 8-8）

表 8-8 拉丁方设计方差分析摘要

变异来源	平方和（SS）	自由度（df）	均方（MS）	F
行间（R）	74.5	3	24.8	1.18
列间（C）	359.5	3	119.8	0.25
处理间（B）	4 626.5	3	1 542.2	15.25**
误差（e）	606.5	6	101.1	
总（T）	5 667.0	15		

**表示 $p < 0.01$。

拉丁方设计的优点是可以分离出两个无关变量的影响，从而使实验误差减小。但它的关于自变量与无关变量之间不存在交互作用的假设在很多情况下也难以保证。另外，它要求每处无关变量的水平数与自变量的水平数必须相等，使它不具有灵活性。

四、单因素重复测量设计

在完全随机设计、随机区组设计和拉丁方设计中，有一个共同之处是实验中每个被试只接受一种实验处理，被试的个体差异所带来的变异混杂在误差变异中。重复测量设计在控制个体差异引起的无关变异方面更为有效。在重复测量设计中，每个被试接受所有的处理水平或重复进行某一水平的测量，这样就使被试各方面的特点在所有的处理中保持了恒定，从而可以较好地控制由被试的个体差异带来的变异。这种设计也称为被试内设计。

使用重复测量设计的前提是所实施的处理对被试没有长期的效应，否则不宜使用，如学习、记忆的研究等一般不采用这种设计。另外，由于重复测量设计要求被试连续接受各个水平的处理，因而练习、疲劳等效应在所难免，需要考虑平衡顺序效应的问题。

重复测量设计的方差分解，特别是误差项的方差分解较为复杂。在重复测量的方差分析中，数据的误差结构分为两个层次：一层误差来自不同时间点的测量；另一层误差来自不同的被试。每一层误差可能与若干个解释变量有关，从而构成了相对复杂的误差结构。一般用来自不同被试的误差检验处理效应(组间效应),用来自不同时间点的误差检验不同时间的组内效应以及组间效应与组内效应之间的交互作用。由于单因素重复测量设计不考虑交互作用,即假定不同被试与各个测量之间没有关系,因而,单因素重复测量设计总方差可分解为被试间变异和被试内变异两部分,其中,被试内变异是与重复因素有关的变量,被试内变异又可进一步分解为处理变异和误差变异(被试内变异-处理变异)。故总变异可分解为:

$$SS_T = SS_B + SS_W = SS_B + SS_A + SS_e$$

其中,SS_A 为实验处理的平方和,$SS_e = SS_W - SS_A$。总平方和及各部分平方和的计算公式如下:

$$SS_T = \sum\sum X^2 - \frac{(\sum\sum X)^2}{nk}$$

$$SS_B = \sum \frac{(\sum A)^2}{k} - \frac{(\sum\sum X)^2}{nk} \qquad (8-13)$$

$$SS_W = \sum\sum X^2 - \sum \frac{(\sum A)^2}{k} \qquad (8-14)$$

$$SS_A = \sum \frac{(\sum X)^2}{n} - \frac{(\sum\sum X)^2}{nk} \qquad (8-15)$$

$$SS_e = SS_W - SS_A \qquad (8-16)$$

其中,$\sum X$ 为处理组之和,$\sum A$ 为被试在各项测量上之和,n 为被试数,k 为处理水平数。

相应的自由度为:

总自由度　　$df_T = N-1$;

组间自由度　$df_B = n-1$;

组内自由度　$df_W = n(k-1)$;

处理自由度　$df_A = k-1$;

误差自由度　$df_e = (n-1)(k-2)$。

重复测量的方差分析除了要满足数据资料分布的正态性和方差齐性的假设之外,还要满足重复测量各时间点组成的协方差阵具有球形性质特征。若球形性质得不到满足,则方差分析的 F 值是有偏的,据此计算出的 F 值会造成过多地拒绝本来是真的 H_0,即会增加 α 型错误。在一些常用的统计软件中,如 SPSS,可以通过选项对数据资料进行球形检验。若检验结果 $p > 0.05$ 或 0.01,则满足球形假设；若 $p<0.05$ 或 0.01，则球形假设被拒绝。在 SPSS 中会提供两种解决方法：一是提供多元方法分析（MANOVA）检验结果；二是调整与不同时间点有关的 F 值的自由度。如用 Greenhouse-Geisser 检验法和 Huynh-Feldt 检验法等进行调整。即此时可参考多元方差分析的结果或 Greenhouse-Geisser 检验法的结果。具体可参阅相关教材。

例 8-6 8 名被试先后参加对红、黄、绿、蓝四色光的反应时的实验。表 8-9 是每一被试对四种光的反应时实验结果。问他们对四种光的反应时是否有明显不同？

表 8-9 实验结果

被试	红	黄	绿	蓝	$\sum A$	$\sum A^2$
A	3	3	4	5	15	59
B	6	5	6	6	23	133
C	3	2	3	3	11	31
D	3	4	4	7	18	90
E	2	1	3	4	10	30
F	2	3	3	4	12	38
G	1	1	2	2	6	10
H	3	2	3	4	12	38
$\sum X$	23	21	28	35	107	
$\sum X^2$	81	69	108	171		429

解 （1）建立假设

H_0：各均值相等，$\mu_1 = \mu_2 = \mu_3 = \mu_4$；

H_1：至少有一对均值不等。

（2）计算离差平方和

$$SS_T = \sum\sum X^2 - \frac{(\sum\sum X)^2}{nk} = 429 - \frac{107^2}{32} = 71.219$$

$$SS_B = \sum\frac{(\sum A)^2}{k} - \frac{(\sum\sum X)^2}{nk} = \frac{15^2 + 23^2 + \cdots + 12^2}{4} - \frac{107^2}{32} = 47.969$$

$$SS_W = \sum\sum X^2 - \sum\frac{(\sum A)^2}{k} = (3^2 + 6^2 + \cdots + 4^2) - \frac{15^2 + 23^2 + \cdots + 12^2}{4} = 23.250$$

$$SS_A = \sum \frac{(\sum X)^2}{n} - \frac{(\sum\sum X)^2}{nk} = \frac{23^2 + 21^2 + 28^2 + 35^2}{8} - \frac{107^2}{32} = 14.594$$

$$SS_e = SS_W - SS_A = 23.250 - 14.594 = 8.656$$

（3）求自由度

$df_T = N - 1 = 32 - 1 = 31$

$df_B = n - 1 = 8 - 1 = 7$

$df_W = n(k-1) = 8(4-1) = 24$

$df_A = k - 1 = 4 - 1 = 3$

$df_e = (n-1)(k-1) = (8-1)(4-1) = 21$

（4）计算均方

$$MS_A = \frac{SS_A}{df_A} = \frac{14.594}{3} = 4.865$$

$$MS_e = \frac{SS_e}{df_e} = \frac{8.656}{21} = 0.412$$

（5）计算 F 值

$$F = \frac{MS_A}{MS_e} = \frac{4.865}{0.412} = 11.81$$

查附表 4-2，$F_{0.01}(3,21) = 4.87$，$F = 11.81 > F_{0.01}(3,21)$，所以应拒绝虚无假设，可以认为被试对四种光的反应时有非常显著的差异（$p < 0.01$）。

（6）列出方差分析表（表 8-10）

表 8-10　对四种光的反应时方差分析表

变异来源	平方和（SS）	自由度（df）	均方（MS）	F
被试间（B）	47.969	7		
被试内（W）	23.250	24		
处理（A）	14.594	3	4.865	11.81**
误差（e）	8.656	21	0.412	
总（T）	71.219	31		

**表示 $p < 0.01$。

如果在单因素重复测量设计中，每种条件下的被试不止一人，则方差的分解会有所不同。此时，总变异可分解为处理变异、组间变异和组内变异。对于实验处理效应来说，可把不同实验条件下被试的差异，即组间变异作为随机误差项；而对于组间效应来说则把组内变异作为随机误差项。方差分析的模型为：

$$SS_T = SS_A + SS_B + SS_W$$

总方差和各部分方差的计算:

$$SS_T = \sum\sum X^2 - \frac{(\sum\sum X)^2}{nk}$$

$$SS_A = \sum \frac{(\sum A)^2}{nk} - \frac{(\sum\sum X)^2}{nk}$$

$$SS_B = \sum \frac{(\sum S)^2}{k} - \sum \frac{(\sum A)^2}{nk}$$

$$SS_W = SS_T - SS_A - SS_B$$

其中,$\sum A$ 为处理组之和,$\sum S$ 为被试在各项测量上之和,n 为每种条件下的被试数,k 为处理水平数。

相应的自由度为:

总自由度　$df_T = N-1$;

处理自由度　$df_A = k-1$;

组间自由度　$df_B = k(n-1)$;

组内自由度　$df_W = nk(k-1)$。

例 8-7　研究者为了比较被试对三个视觉刺激的反应时,采用重复测量设计方案进行实验。研究者选择 12 名被试随机地把 4 个被试分配到每一实验处理中。然后记录每一被试在三种条件下的反应时,实验结果如表 8-11。试以 0.01 显著性水平检验三种刺激条件下被试的反应时是否差异显著差异,以及被试间方差与被试内方差是否有显著差异。

表 8-11　三种视觉刺激反应时实验结果

被试	视觉刺激	测量1	测量2	测量3	$\sum S$	$\sum A$
1	刺激1	0.9	1.2	0.7	2.8	
2		1.5	1.1	0.8	3.4	
3		0.5	0.8	0.5	1.8	
4		0.8	1.3	0.9	3.0	11
5	刺激2	2.4	2.8	2.1	7.3	
6		1.9	2.4	2.2	6.5	
7		2.9	3.3	2.7	8.9	
8		2.4	2.8	2.9	8.1	30.8

第八章 方差分析

续表

被试	视觉刺激	测量1	测量2	测量3	$\sum S$	$\sum A$
9	刺激3	1.5	1.2	1.9	4.6	
10		2.1	1.9	2.2	6.2	
11		1.1	1.5	1.0	3.6	
12		1.6	1.8	1.3	4.7	19.1
$\sum X$		19.6	22.1	19.2		60.9

解　(1) 建立假设（本研究有两个假设）

假设1

H_0: $\mu_1 = \mu_2 = \mu_3$，即所有 k 个处理的平均数相同；

H_1: $\mu_1 \neq \mu_2$，$\mu_1 \neq \mu_3$ 或 $\mu_2 \neq \mu_3$，即至少有2个处理平均数有差别。

假设2

H_0: $\sigma_B^2 = \sigma_W^2$，即被试间方差与被试内方差无差异；

H_1: $\sigma_B^2 \neq \sigma_W^2$，即被试间方差与被试内方差不等。

(2) 计算离差平方和

$$SS_T = \sum\sum X^2 - \frac{(\sum\sum X)^2}{nk} = 124.05 - \frac{60.9^2}{36} = 21.03$$

$$SS_A = \sum\frac{(\sum A)^2}{nk} - \frac{(\sum\sum X)^2}{nk} = \frac{11.0^2 + 30.8^2 + 19.1^2}{3 \times 4} - \frac{60.9^2}{36} = 16.52$$

$$SS_B = \sum\frac{(\sum S)^2}{k} - \sum\frac{(\sum A)^2}{nk}$$

$$= \frac{2.8^2 + 3.4^2 + \cdots + 3.7^2}{3} - \frac{11.0^2 + 30.8^2 + 19.1^2}{3 \times 4} = 2.68$$

$$SS_W = SS_T - SS_A - SS_B = 21.03 - 16.52 - 2.68 = 1.83$$

(3) 求自由度

$df_T = 36 - 1 = 35$

$df_A = 3 - 1 = 2$

$df_B = 3 \times 3 = 9$

$df_W = 3 \times 4 \times 2 = 24$

(4) 计算均方

$$MS_A = \frac{SS_A}{df_A} = \frac{16.52}{2} = 8.26$$

$$MS_B = \frac{SS_B}{df_B} = \frac{2.68}{9} = 0.30$$

$$MS_W = \frac{SS_W}{df_W} = \frac{1.83}{24} = 0.076$$

（5）计算 F 值（分别计算两个 F 统计量）

①在重复测量中，实验处理均值相等的假设的检验统计量：

$$F = \frac{MS_A}{MS_B} = \frac{8.26}{0.30} = 27.53$$

查附表 4-2，$F_{0.01}(2,9)=8.02$，$F=27.53 > F_{0.01}(2,9)$，故拒绝 H_0。即推论三种条件下反应时存在非常显著的差异。作此推论犯错误的概率 $p < 0.01$。

②被试间与被试内方差相等的假设的检验统计量：

$$F = \frac{MS_B}{MS_W} = \frac{0.30}{0.076} = 3.95$$

查附表 4-2，$F_{0.01}(9,24)=3.25$，$F=3.95 > F_{0.01}(9,24)$，故拒绝 H_0。即被试间方差与被试内方差存在非常显著差异，也就是说被试间反应时的差异是非常显著的。作此推论犯错误的概率 $p < 0.01$。

（6）列出方差分析表（表 8-12）

表 8-12　三种视觉刺激反应时方差分析表

变异来源	平方和（SS）	自由度（df）	均方（MS）	F
处理（A）	16.52	2	8.26	27.53**
被试间（B）	2.68	9	0.30	3.95**
被试内（W）	1.83	24	0.076	
总（T）	21.03	35		

**表示 $p < 0.01$。

重复测量设计利用被试自己作控制，把被试的个别差异所带来的无关变异减少到最大程度，同时由于对被试作重复测量，使实验中被试的需要量减少，较为经济。但是采用这一设计必须保证先实施给被试的自变量水平或自变量水平的结合对后实施的自变量或自变量水平的结合没有长期影响，否则不能采用这种设计。

五、多因素方差分析

实验中含有两个或两个以上的自变量，被试接受两个或多个自变量水平结合的处理，便是多因素实验设计。在多因素设计中不仅可以检验出各个自变量对因变量的影响（主效应），而且还可以计算自变量水平之间的交互作用，这是单因素设计所做不到的。在心理学或社会科学研究中常有这样的情况，当同时考察两个因素的影响时，发现一个因素的影响只表现在另一个因素的某个水平上，而不是在另一个因素的所有水平上表现出来。或者一个因素的影响在另一个因素的不同水平上的影响是相反的。如传统教学法与研讨教学法相比，后者对能力高的学生的学习成绩的提高有帮助，但对能力低的学生的学习成绩不但没有帮助反而使其学习成绩下降。这种复杂的效应在单因素设计中是无法察觉的。在多因素设计中，自变量水平的交互作用往往比自变量的主效应提供更多的信息。

在多因素方差分析中，总平方和的分解比单因素方差分析多出了一项交互作用的平方和。例如在两因素完全随机设计中：

$$SS_T = SS_a + SS_b + SS_{a \times b} + SS_e$$

在两因素随机区组设计中：

$$SS_T = SS_R + SS_a + SS_b + SS_{a \times b} + SS_e$$

其中，SS_a 表示 A 因素的组间平方和；SS_b 表示 B 因素的组间平方和；$SS_{a \times b}$ 表示交互作用的平方和。

两因素完全随机设计总平方和以及各部分平方和的计算：

$$SS_T = \sum\sum X^2 - \frac{(\sum\sum X)^2}{N}$$

$$SS_B = \sum \frac{(\sum X)^2}{n} - \frac{(\sum\sum X)^2}{N}$$

$$SS_a = \sum \frac{(\sum A)^2}{nj} - \frac{(\sum\sum X)^2}{N} \qquad (8\text{-}17)$$

$$SS_b = \sum \frac{(\sum B)^2}{nk} - \frac{(\sum\sum X)^2}{N} \qquad (8\text{-}18)$$

$$SS_{a \times b} = \sum \frac{(\sum X)^2}{n} - \sum \frac{(\sum A)^2}{nk} - \sum \frac{(\sum B)^2}{nj} + \frac{(\sum\sum X)^2}{N} \qquad (8\text{-}19)$$

$$SS_W = \sum\sum X^2 - \sum\frac{(\sum X)^2}{n}$$

其中，$SS_B=SS_a+SS_b+SS_{a\times b}$，$SS_T$ 为总平方和，SS_B 为组间平方和，SS_W 为组内平方和（此处作为误差项），SS_a 为因素 A 平方和，SS_b 为因素 B 平方和，$SS_{a\times b}$ 为因素 A、B 交互作用平方和，N 为总样本量，k 为因素 A 的水平数，j 为因素 B 的水平数。

相应的自由度：

总自由度　　$df_T=N-1$

组间自由度　$df_B= k(j-1)$

A 因素自由度　$df_a=k-1$

B 因素自由度　$df_b=j-1$

$A\times B$ 自由度　$df_{a\times b}=(k-1)(j-1)$

组内自由度　$df_W=kj(n-1)$

下面以一个 2×3 实验设计为例进行方差分析。

例 8-8　研究者要了解不同的教学气氛和不同的教学方法对学生学习成绩的影响。教学气氛分为"严肃"和"轻松"两个水平；教学方法分为"演讲法"、"自学法"和"启发法"三种。随机抽取 30 名学生分派到由上述两个因素组成的 6 种实验情境中去，结果如表 8-13。问学生在不同的教学气氛下学习成绩是否有显著不同？不同的教学方法之间教学效果有无明显差异？教学气氛与教学方法之间是否存在交互作用？

表 8-13　两种气氛下的教学方法比较

	A_1			A_2			
	演讲 B_1	自学 B_2	启发 B_3	演讲 B_1	自学 B_2	启发 B_3	
	4	1	3	3	7	11	
	9	3	9	8	3	8	
	8	4	6	5	4	10	
	9	5	5	6	2	12	
	6	3	9	3	5	9	
$\sum X$	36	16	32	25	21	50	180
$\sum A_i$		84			96		
$\sum B_i$				61	37	82	

解　这是一个两因素完全随机设计方差分析的问题。自变量有两个，一为

第八章 方差分析

教学气氛（A 因素），分两个水平 A_1 和 A_2；二为教学方法（B 因素），分为三个水平，B_1、B_2 和 B_3。每种实验情境有 5 人，$n=5$。

（1）建立三个假设

H_0：不存在 A 因素效应，或 A 因素在所有水平上总体均值相等；

H_1：A 因素总体均值相等。

H_0：不存在 B 因素效应，或 B 因素在所有水平上总体均值相等；

H_1：B 因素总体均值相等。

H_0：不存在 A 因素与 B 因素之间的交互作用，A 因素的总体均值与 B 因素的总体均值无关。

H_1：A 因素与 B 因素之间的交互作用显著。

（2）计算离差平方和

$$SS_T = \sum\sum X^2 - \frac{(\sum\sum X)^2}{N} = 4^2 + 9^2 + \cdots + 9^2 - \frac{180^2}{30} = 246.0$$

$$SS_B = \sum\frac{(\sum X)^2}{n} - \frac{(\sum\sum X)^2}{N} = \frac{36^2 + 16^2 + \cdots + 50^2}{5} - \frac{180^2}{30} = 148.4$$

$$SS_a = \sum\frac{(\sum A)^2}{nj} - \frac{(\sum\sum X)^2}{N} = \frac{84^2 + 96^2}{5\times 3} - \frac{180^2}{30} = 4.8$$

$$SS_b = \sum\frac{(\sum B)^2}{nk} - \frac{(\sum\sum X)^2}{N} = \frac{61^2 + 37^2 + 82^2}{5\times 2} - \frac{180^2}{30} = 101.4$$

$$SS_{a\times b} = \sum\frac{(\sum X)^2}{n} - \sum\frac{(\sum A)^2}{nk} - \sum\frac{(\sum B)^2}{nj} + \frac{(\sum\sum X)^2}{N}$$

$$= \frac{36^2 + 16^2 + \cdots + 50^2}{5} - \frac{84^2 + 96^2}{5\times 3} - \frac{61^2 + 37^2 + 82^2}{5\times 2} + \frac{180^2}{30} = 42.2$$

$$SS_W = \sum\sum X^2 - \sum\frac{(\sum X)^2}{n} = (4^2 + 9^2 + \cdots + 9^2) - \frac{36^2 + 16^2 + \cdots + 50^2}{5} = 97.6$$

（3）求自由度

$df_T = 30 - 1 = 29$

$df_B = 2\times 3 - 1 = 5$

$df_a = 2 - 1 = 1$

$df_b = 3 - 1 = 2$

$df_{a\times b} = (2-1)(3-1) = 2$

$df_W = 2\times 3(5-1) = 24$

（4）计算均方

$$MS_a = \frac{SS_a}{df_a} = \frac{4.8}{1} = 4.80$$

$$MS_b = \frac{SS_b}{df_b} = \frac{101.4}{2} = 50.70$$

$$MS_{a \times b} = \frac{SS_{a \times b}}{df_{a \times b}} = \frac{42.2}{2} = 21.10$$

$$MS_W = \frac{SS_W}{df_W} = \frac{97.6}{24} = 4.07$$

（5）计算 F 值

对于 A 因素：$F = \frac{MS_a}{MS_W} = \frac{4.80}{4.07} = 1.18$

对于 B 因素：$F = \frac{MS_b}{MS_W} = \frac{50.70}{4.07} = 12.46$

对于 $A \times B$：$F = \frac{MS_{a \times b}}{MS_W} = \frac{21.10}{4.07} = 5.18$

查附表 4-2，$F_{0.05}(1,24)=4.26$，$F_{0.01}(1,24)=7.82$，$F_{0.05}(2,24)=3.40$，$F_{0.01}(2,24)=5.61$。

故对于因素 A 的效应，由于 $F=1.18<F_{0.05}(1,24)=4.26$，应接受 H_0，即因素 A 的效应不显著（$p>0.05$）；对于因素 B，由于 $F=12.46>F_{0.01}(2,24)=5.61$，应拒绝 H_0，即因素 B 的效应非常显著（$p<0.01$）；对于因素 A、B 的交互作用效应，由于 $F_{0.05}(2,24)=3.40<F=5.18<F_{0.01}(2,24)=5.61$，即若在 0.05 的显著性水平上则应拒绝 H_0，但若在 0.01 的显著性水平上则不能拒绝 H_0。

（6）列出方差分析表（表 8-14）

表 8-14　两因素方差分析摘要表

变异来源	平方和（SS）	自由度（df）	均方（MS）	F
A 因素（a）	4.8	1	4.80	1.18
B 因素（b）	101.4	2	50.70	12.46**
$A \times B$（a×b）	42.2	2	21.10	5.18*
组内（W）	97.6	24	4.07	
总（T）	246.0	29		

*表示 $p<0.05$，**表示 $p<0.01$。

方差分析结果可见，第一个虚无假设应予以接受，A 因素的主效应不显著；

第二个虚无假设应予以拒绝，B因素的主效应非常显著。第三个虚无假设在0.05显著性水平上应予以拒绝，即教学气氛是否影响学生的学习效果，要视所采用的教学方法是哪一种而定。拒绝这一虚无假设，所犯的Ⅰ型错误的概率不大于0.05。

如果方差分析的结果交互作用不显著，则对每个因素主效应的检验是重要的；若交互作用显著，则对每个因素的主效应检验就意义不大了。如例8-8，B因素的作用显著，但是这个显著的作用是与A因素有关系的，也就是说虽然A因素的主效应不显著，但它对B因素的影响或者说对交互作用的贡献是不容忽视的。交互作用显著表明两个因素对实验结果具有共同的重要性。

为了进一步讨论B_1和B_2在A因素的哪一个水平上差异显著，或者A_1和A_2在B因素的哪一个水平上差异显著，就必须对简单主效应作进一步考验。

在B_1水平的A因素平方和：$SS_{a(b_1)} = \frac{36^2 + 25^2}{5} - \frac{61^2}{10} = 12.1$

在B_2水平的A因素平方和：$SS_{a(b_2)} = \frac{16^2 + 21^2}{5} - \frac{37^2}{10} = 2.5$

在B_3水平的A因素平方和：$SS_{a(b_3)} = \frac{32^2 + 50^2}{5} - \frac{82^2}{10} = 32.4$

验算：$SS_{a(b_1)} + SS_{a(b_2)} + SS_{a(b_3)} = SS_a + SS_{a \times b} = 4.8 + 42.2 = 47.0$

在A_1水平的B因素平方和：$SS_{b(a_1)} = \frac{36^2 + 16_2 + 32^2}{5} - \frac{84^2}{15} = 44.8$

在A_2水平的B因素平方和：$SS_{b(a_2)} = \frac{25^2 + 21^2 + 50^2}{5} - \frac{96^2}{15} = 98.8$

验算：$SS_{a(a_1)} + SS_{a(a_2)} = SS_b + SS_{a \times b} = 101.4 + 42.2 = 143.6$

列出简单主效应方差分析摘要如表8-15。

表8-15　简单主效应方差分析摘要表

变异来源	平方和（SS）	自由度（df）	均方（MS）	F
A因素				
在B_1水平	12.1	1	12.1	2.97
在B_2水平	2.5	1	2.5	0.61
在B_3水平	32.4	1	32.4	7.96**
B因素				
在A_1水平	44.8	2	22.4	5.50*
在A_2水平	98.8	2	49.4	12.14**
组内	97.6	24	4.07	

*表示$p<0.05$，**表示$p<0.01$。

可见，虽然 A 因素的主效应不显著，但从表 8-15 中可发现，在 B_3 水平上，即在启发法教学时，严肃的教学气氛与轻松的教学气氛对学习的影响有显著差异存在。而 B 因素在 A_1 和 A_2 两个水平上都显著，表明不管用哪一种教学方法，不同的教学气氛均有显著差异。

以上几种方差分析都是单因变量的方差分析的方法，如果研究中因变量的数目不止一个，例如要研究数学、物理的考试成绩是否与教学方法、学生性别以及方法与性别的交互作用有关时，便需要采用多元方差分析的方法。多元方差分析的基本原理与单因变量的方差分析相似。只要我们掌握这几种基本的方差分析的方法（包括统计软件的使用方法），就能够举一反三，解决各种复杂的实际问题。

六、平均数的多重比较

当 F 检验的结果接受虚无假设时，表明实验处理效应为零，k 个处理的总体平均数没有显著差异，检验就此结束。但是如果 F 检验的结果拒绝虚无假设，表明至少有两个处理的总体平均数之间有显著差异。至于到底是哪两个或哪几个处理之间的总体平均数有差异，却并没有回答。若想进一步知道究竟是哪些平均数之间有差异，则需要对 k 个处理的平均数进行多重比较。前面提到，在这种情况下不能采用 t 检验对 k 组平均数进行反复比较，否则会使差异较大的一对平均数所得的 t 值超过原定的临界值的概率增大，因而使犯 I 型错误的概率增大。所以在这种情况下应采用平均数多重比较的方法进行检验。

多重比较的方法有多种，也不仅限于在 F 检验之后进行，只要是对多个平均数进行两两比较，都可以使用多重比较的方法。常用的多重比较的方法有 Newman-Keul 法（q 检验法）、Tukey 法（Tukey's honestly significant difference）和 LSD 法等。

（1）N-K 法

Newman-Keul 法（亦称 Student Newman-Keuls 法）首先将要比较的平均数从小到大作等级排序，如例 8-4 单因素重复测量设计中的数据：4 组平均数分别为 10.100、9.950、9.425 和 8.712，则 4 组平均数 $\overline{X}_D < \overline{X}_C < \overline{X}_B < \overline{X}_A$，其等级序列 R 为 1、2、3、4。

再求出两两配对比较的平均数的比较等级 r。

将待比较的两个平均数中较大的一个等级 R 定义为 R_i，较小的一个定义为 R_j，则：

第八章 方差分析

$$r_{ij} = R_i - R_j + 1$$

每对的比较等级分别为：

$r(2,1)=2-1+1=2$；$r(3,2)=3-2+1=2$；$r(4,3)=4-3+1=2$

$r(3,1)=3-1+1=3$；$r(4,2)=4-2+1=3$

$r(4,1)=4-1+1=4$

样本平均数的标准误为：

$$SE = \sqrt{\frac{MS_e}{n}} \tag{8-20}$$

式中，MS_e 为方差分析中的误差均方（完全随机设计时用 MS_w），n 为样本容量相等时的小组容量。若各组容量不等，则用下式计算：

$$SE = \sqrt{\frac{MS_e}{2}\left(\frac{1}{n_i} + \frac{1}{n_j}\right)} \tag{8-21}$$

其中，n_i、n_j 分别为两个样本的容量，则

$$SE = \sqrt{\frac{MS_e}{n}} = \sqrt{\frac{0.0401}{8}} = 0.0708$$

求出检验统计量 $q(i,j)$：

$$q(i,j) = \frac{\overline{X}_i - \overline{X}_j}{SE} \tag{8-22}$$

$q(2,1)=(9.425-8.7125) / 0.0708=10.0636$

$q(3,2)=(9.950-9.425) / 0.0708=7.4153$

$q(4,3)=(10.100-9.950) / 0.0708=2.1186$

$q(3,1)=(9.950-8.7125) / 0.0708=17.4788$

$q(4,2)=(10.100-9.425) / 0.0708=9.5339$

$q(4,1)=(10.100-8.7125) / 0.0708=19.5975$

查 q 分布临界值表（附表 6）求临界值。根据比较等级 r 和方差分析中的 df_e 查附表 6，求出相应的临界值 $q_\alpha(r, df_e)$。

$q_{0.05}(2,24) = 2.92$　　　$q_{0.01}(2,24) = 3.96$

$q_{0.05}(3,24) = 3.53$　　　$q_{0.01}(3,24) = 4.54$

$q_{0.05}(4,24) = 3.90$　　　$q_{0.01}(4,24) = 4.91$

列出平均数多重比较结果表（表 8-16）。

表 8-16 平均数多重比较结果

	$\bar{X}_A$	$\bar{X}_B$	$\bar{X}_C$
$\bar{X}_B$	2.118 6		
$\bar{X}_C$	9.533 9**	7.415 3**	
$\bar{X}_D$	19.597 5**	17.478 8**	10.063 6**

**表示 $p<0.01$。

结果表明，除 $\bar{X}_A$ 与 $\bar{X}_B$ 之差没有显著差异外，其他几对平均数之间均存在显著差异。

（2）Tukey 法

Tukey 法与 N-K 法的计算原理基本相似。所不同的是，它不像 N-K 法那样依平均数的大小次序使用不同的临界 q 值，而是不管平均数的大小次序，都使用同一个临界值，即以相差等级最大的临界 q 值来检验。可见 Tukey 法较之 N-K 法更为严格，故有时用 N-K 法检验得到两个平均数有显著差异存在，而用 Tukey 法却得出差异不显著的结论。

Tukey 法差异检验的公式：

$$q = \frac{\bar{X}_{\max} - \bar{X}_{\min}}{SE} \tag{8-23}$$

其中，$\bar{X}_{\max}$ 为 k 个平均数中最大的一个平均数，$\bar{X}_{\min}$ 为 k 个平均数中最小的一个平均数，$SE = \sqrt{\dfrac{MS_W}{n}}$。

查附表 6 得 q 临界值，把 q 临界值与标准误相乘，即得到 HSD 值，即：

$$HSD = q_\alpha(k, df_e) \cdot SE \tag{8-24}$$

这就是说，如果两个平均数之差的值大于 HSD，则在 α 水平上达到显著水平。仍以例 8-4 的数据为例，$q_{0.05}(4,21)=3.96$，$q_{0.01}(4,21)=5.02$，则

$$HSD = q_{0.05}(4,21) \cdot SE = 3.96 \times 0.070\ 8 = 0.28$$
$$HSD = q_{0.01}(4,21) \cdot SE = 5.02 \times 0.070\ 8 = 0.36$$

然后把 $k(k-1)/2$ 对平均数列表（表 8-17），求出每对平均数的差值，凡大于 HSD 值者，则该对平均数的差值便达到显著水平。

第八章 方差分析

表 8-17 平均数的比较

	$\overline{X}_A=10.100$	$\overline{X}_B=9.950$	$\overline{X}_C=9.425$
$\overline{X}_B=9.950$	0.150		
$\overline{X}_C=9.425$	0.675**	0.525**	
$\overline{X}_D=8.712$	1.388**	1.238**	0.713**

**表示 $p<0.01$。

结果表明，除 $\overline{X}_A$ 与 $\overline{X}_B$ 之差没有达到显著差异之外，其他几对平均数之间均存在显著差异。

（3）LSD 法

LSD 法即最小显著性差异（Least-Significant Difference）法。LSD 法是以 t 检验为基础对样本均值进行检验的，但是在如何估计总体方差时进行了修正。在各种多重比较方法中 LSD 法是最为敏感的一种。

LSD 法的检验统计量为：

$$t = \frac{\overline{X}_i - \overline{X}_j}{\sqrt{MS_e(\frac{1}{n_i}+\frac{1}{n_j})}} \tag{8-25}$$

其中，$\overline{X}_i$ 为第 i 个样本的平均数，$\overline{X}_j$ 为第 j 个样本的平均数，n_i，n_j 分别为第 i 和 j 个样本的容量，MS_e 为误差的均方。

若以 α 为显著性水平，则我们可以通过比较 $\overline{X}_i - \overline{X}_j$ 与 LSD 值作出统计决断。如果 $|\overline{X}_i - \overline{X}_j|>$LSD，则拒绝 H_0，否则不能拒绝 H_0。

$$LSD = t_{\alpha/2}\sqrt{MS_e(\frac{1}{n_i}+\frac{1}{n_j})} \tag{8-26}$$

仍以例 8-4 中的数据为例，$t_{0.05/2}(7)=2.365$，$MS_e=0.0401$，$n_i=n_j=8$，则：

$$LSD = t_{\alpha/2}\sqrt{MS_e(\frac{1}{n_i}+\frac{1}{n_j})} = 2.365\times\sqrt{0.0401\times\frac{1}{4}} = 0.2368$$

四组平均数分别为：$\overline{X}_A=10.100$，$\overline{X}_B=9.950$，$\overline{X}_C=9.425$，$\overline{X}_D=8.712$，则两两比较的结果与表 8-17 相同。

平均数的多重比较的方法很多，哪种方法最为理想在统计学上并无定论。下面列出 SPSS 统计软件中提供的各种多重比较的方法。其中，当各组方差齐时可用的两两比较法共 14 种；当各组方差不齐时可用的比较方法四种。

(1) LSD（Least-Significant Difference）法：实际上就是 t 检验的变形，只是在变异和自由度的计算上利用了整个样本信息，而不仅仅是所比较的两组的信息。因此它敏感度最高，在比较时存在放大 α 水准的问题，即 Ⅰ 型错误（拒绝 H_0 时所犯的错误）的概率有可能增大相反，Ⅱ 型错误（接受 H_0 时所犯的错误）非常小。这意味着如果 LSD 法没有检验出差别，那么其他方法一般也不会检测出差别。

(2) N-K 法：即 Student Newman-Keuls 法，是运用最广泛的一种两两比较方法，它采用 Student-Range 分布进行所有各组均值间的配对比较。该方法保证在 H_0 真正成立时总的 α 水准等于实际设定值，即控制了 Ⅰ 型错误。

(3) Bonferroni 法：由 LSD 法修正而来，通过设置每个检验的 α 水准来控制总的 α 水准，该方法的敏感度介于 LSD 法和 Scheffe 法之间。

(4) Sidak 法：从 t 检验修正而来，和 Bonferroni 法非常相似，但比 Bonferroni 法保守。

(5) Tukey：即 Tukey's Honestly Significant Difference 法（Tukey's HSD），同样采用 Student-Range 统计量进行所有组间均值的两两比较。但与 N-K 法不同的是，已控制的是所有比较中最大的 Ⅰ 型错误概率值不超过 α 水准。

(6) Scheffe 法：当各组人数不相等，或者想进行复杂的比较时，用此法较为稳妥。它检验的是各个均数的线性组合，而不是只检验某一对均数间的差异，并控制整体 α 水准等于 0.05。但正因如此，它相对比较保守，有时候方差分析 F 值有显著性，用该法两两比较却找不出差异来。

(7) Dunnett 法：将所有的处理组均数分别与指定的对照组均数进行比较，并控制所有比较中最大的 Ⅰ 型错误概率值不超过 α 水准。请注意该方法并不适用于完全两两比较的情况。选定此方法后会激活下面的 Control Category 框，用于设定对照组及单双侧检验。

(8) R-E-G-W F（Ryan-Einot-Gabriel-Welsch F）法：用 F 检验进行多重比较检验。

(9) R-E-G-W q（Ryan-Einot-Gabriel-Welsch range test）法：正态分布范围进行多重配对比较。

(10) Tukey's-b 法：用 Student-Range 分布进行组间均值的配对比较，其精确值为 N-K 法和 Tukey 法两种检验相应值的平均值。

(11) Duncan（Duncan's multiple range test）法：指定一系列的 Range 值，逐步进行计算比较得出结论。

(12) Hochberg's GT2 法：用正态最大系数进行多重比较。

（13）Gabriel 法：用正态标准系数进行配对比较，在单元数较大时，这种方法较自由。

（14）Waller-Duncan 法：使用贝叶斯逼近。用 t 统计量进行多重比较检验。

各种方法选择的标准：如果存在明确的对照组，要进行的是验证性研究，即计划好的某两个或几个组间与对照组进行比较，一般采用 Bonferroni 法或 LSD 法；若要进行探索性研究，需要进行的是多个均数间两两比较，而且各组人数相等，一般建议采用 Tukey 法；其他情况可考虑采用 Scheffe 法等其他方法。

方差不齐时的四种比较方法是：Tamhane's T2 法，Dunnertt's T3 法，Games-Howell 法和 Dunnett's C 法。一般推荐使用 Games-Howell 法。当方差不齐时可考虑对数据进行转换，或者采用非参数检验方法。

第四节 协方差分析

协方差分析是方差分析的扩展，实际上它是直线回归方法与方差分析方法的综合使用。它的目的是对那些在实验之前或实验之中无法控制的某些因素，事后通过统计的方法来进行调整，消除由这一协变量所产生的混淆效应。前面所提到的几种实验设计的方法，如采用完全随机的方法、重复测量的方法等，或者把某些不易控制的因素纳入实验之中，使之成为一个自变量，从而把单因素的设计变成了两因素的设计，等等。这些都是采用"实验控制"的方法来减少实验误差；而协方差分析则是通过"统计控制"的方法来达到这一目的的。例如，在很多情况下研究者不可能按完全随机的方法分配被试，如实验学校早已按能力分班了，不能再打破原来的班级界限，而能力这一因素研究者已确切地知道会影响实验的结果。这时研究者已无法用实验控制的方法来加以排除。要去除这类变量的干扰，便须采用统计控制的方法，即协方差分析（Analysis of Covariance，ANCOVA）的方法。

一、协方差分析的原理

协方差分析需要用到相关与回归的一些概念和原理，建议参阅第九章相关内容。

现在我们假设有位研究者要研究演讲法、自学法和启发法三种教学法对小学生学习数学的影响。该研究者选择三个班级，每个班级使用一种教学方法。

实验一年之后，得到如表 8-18 所示的数学成就测验成绩。能否根据这一成绩作出三种教学方法是否存在显著差异的判断？

表 8-18 数学成就测验成绩

n	演讲法	自学法	启发法	总和
1	4	1	3	
2	9	3	9	
3	8	4	6	
4	9	5	5	
5	6	3	9	
$\sum X$	36	16	32	84
$\sum X^2$	278	60	232	570

我们先按简单方差分析的方法进行检验。如前所述，总平方和及组间、组内平方和如下：

$$SS_T = \sum\sum X^2 - \frac{(\sum\sum X)^2}{N} = 570 - \frac{84^2}{15} = 99.6$$

$$SS_W = \sum\sum X^2 - \sum\frac{(\sum X)^2}{n} = 570 - \frac{36^2 + 16^2 + 32^2}{5} = 54.8$$

$$SS_B = SS_T - SS_W = 99.6 - 54.8 = 44.8$$

表 8-19 方差分析表

变异来源	SS	df	MS	F
组间（教学方法）	44.8	2	22.4	4.91*
组内（误差）	54.8	12	4.57	

*$F_{0.05}(2,12)=3.88$。

根据简单方差分析的结果（表 8-19），显示三种教学法之下学生的数学成绩存在显著的差异，$F=4.91$，$p<0.05$。这是否意味着三种教学方法的教学效果确实存在着差异呢？仅从这一结果我们还不能断定。因为从上面的描述中我们可以看出，研究者显然没有使用随机分派的方法来分出各方面条件相等的三组被试，而是使用三个原有的班级来进行实验的。假如这个学校的分班正好是根据"学习能力测验"得分的高低而分班的，而且演讲法那一班能力测验分数最高，启发法那一班其次，自学法那一班最低，那么数学成绩的高低可能就并非是三种教学方法效果的不同所致了，而很可能是这三个班级的学生原来的能力

第八章 方差分析

水平本来就存在差异所造成的。这里，假定"能力"是一个会影响学生数学成绩的变量，但却不是研究者想要研究的变量。由于除了教学方法之外，能力也会影响学生的数学成绩，研究者在检验教学方法的效果有无不同之前，必须先把"能力"所造成的混淆效果加以排除，否则三组学生数学成绩不同到底是教学法不同所致，还是能力水平不同所致，就难以分清，所得出的结论也可能导致错误。在这种情况下，我们就可以采用协方差分析来排除这类的混淆效果，以便考验各组平均数之间是否存在差异。

在此例中，学生的数学成就测验成绩是一个变量，假如用 Y 来表示。它是实验处理变量即自变量教学方法的因变量。每位学生的能力测验分数，用 X 表示，叫做"协变量"（covariate）。它是实验处理变量以外，被认为足以影响因变量、但又不是研究者所感到兴趣的变量。一般来说，协变量应在进行实验处理之前就要先加以测量，以避免受到实验处理的影响。对于上述的例子来说，如果进行教学之前不做能力测验，而在教学一段时间之后才做能力测验，则很可能教学处理影响到能力测验成绩，而能力又影响到数学成就测验成绩。此外，协变量（X）与实验处理（自变量）之间的相关要尽量低，而与因变量 Y 之间的相关却要尽量高，否则便不必用协方差分析来排除它的影响了。

协方差分析的基本原理是先利用直线回归分析将协变量的影响排除之后，再利用方差分析去考验各组平均数之间是否仍然有显著差异存在。所以，在协方差分析中，要用到直线回归的概念。还是此例，每一位学生均有 Y 和 X 两种分数，因此，要涉及回归系数和回归线的问题。例如，利用全体 15 对分数，便可以求出一条全体被试共用的总回归线和总回归系数（b_t）。利用各组 5 对分数，也可求得适用于各组内被试的组内回归线和组内回归系数。因有 3 组学生，故总共有 3 条这样的回归线。如果这 3 条组内回归线的斜率（$b_{\mu j}$）之间没有显著差异，便可以合起来用另外一条具有代表性的回归线来代表它们，这条具有代表性的回归线，就是组内回归线，其斜率就是组内回归系数（b_w）。理论上组内回归系数与总体回归系数应合而为一。这时为了保证所有处理效果有一个共同的比较基础，就需要对 Y 进行调整，即从 Y 分数中消除其趋势的影响。

调整后的方差：

$$\sum (Y - \hat{Y})^2 = \sum (Y - \bar{Y})^2 - \sum (\hat{Y} - \bar{Y})^2$$

$$=(\sum Y^2 - \frac{(\sum Y)^2}{N}) - \frac{(\sum XY - \frac{\sum X \sum Y}{N})^2}{\sum X^2 - \frac{(\sum X)^2}{N}}$$

或：
$$SS_{YX} = SS_Y - \frac{(CP_{XY})^2}{SS_X}$$

其中，$\hat{Y}$ 为 Y 的估计值，CP_{XY} 为协变量，为 XY 变量离差的乘积之和。

这就是协方差分析时所要计算的调整后的方差。为此，我们需先求出 SS_X、SS_Y 和 CP_{XY}。调整后的方差同样也有总方差、组间方差和组内方差之分，我们分别用 SS'_T、SS'_B 和 SS'_W 来表示。对调整后的方差进行检验，来看在 X 变量（协变量）的影响力被排除之后，k 个实验处理组的 Y 变量（因变量）之间是否有显著差异存在。

协方差分析除了方差齐性的基本假定之外，还有一个重要的基本假定，即"组内回归系数同质性"的假定。这个假定是说，各组里根据 X 预测 Y 时的斜率（b_{wj}）没有显著差异，也就是说，k 条组内回归线要互相平行，这样才可以将 k 个斜率合并而成为一个共同适用的组内回归系数（b_w）。如果这一假定不能成立，则不宜进行协方差分析，较宜各组分开个别讨论。

二、协方差分析计算过程

下面以一个单因素协方差分析为例来看来协方差分析的计算过程。

例 8-9 某研究者要研究演讲法、自学法和启发法三种教学方法对小学生数学学习成绩的影响。研究者从学校中抽取三个班作为实验班，再以班级为单位随机分派，接受一种教学方法进行实验。由于学习能力足以影响实验的结果，故实验前对每位学生进行了学习能力测验。表 8-20 是每位学生的学习能力测验分数（X）和实验一年后的数学测验成绩（Y）。试检验三种教学方法之间有无显著差异？

表 8-20　三种教学方法效果的实验数据

n	演讲法 X	演讲法 Y	自学法 X	自学法 Y	启发法 X	启发法 Y	总和
1	3	4	2	1	3	3	
2	7	9	2	2	6	9	
3	9	8	5	4	5	6	

第八章 方差分析

续表

n	演讲法 X	演讲法 Y	自学法 X	自学法 Y	启发法 X	启发法 Y	总和	总和
4	8	9	4	5	5	5		
5	7	6	1	3	8	9		
和	34	36	14	16	27	32	75	84
平方和	252	278	50	60	159	232	461	570
$\sum XY$	261		51		190		502	

解 （1）建立检验假设

H_0: $\mu_1 = \mu_2 = \mu_3$，即方法效应不显著，三种教学方法下的总体数学成绩没有差异；

H_1: $\mu_1 \neq \mu_2$，$\mu_1 \neq \mu_3$ 或 $\mu_2 \neq \mu_3$，即三组均值至少有一对不等。

（2）求 X 的 SS_T、SS_W 和 SS_B

$$SS_{T(X)} = \sum\sum X^2 - \frac{(\sum\sum X)^2}{N} = 461 - \frac{75^2}{15} = 86.00$$

$$SS_{W(X)} = \sum\sum X^2 - \sum\frac{(\sum X)^2}{n} = 461 - \frac{34^2 + 14^2 + 27^2}{5} = 44.80$$

$$SS_{B(X)} = SS_{T(X)} - SS_{W(X)} = 86.00 - 44.80 = 41.20$$

（3）求 Y 的 SS_T、SS_W 和 SS_B

$$SS_{T(Y)} = \sum\sum Y^2 - \frac{(\sum\sum Y)^2}{N} = 570 - \frac{84^2}{15} = 99.60$$

$$SS_{W(Y)} = \sum\sum Y^2 - \sum\frac{(\sum Y)^2}{n} = 570 - \frac{36^2 + 16^2 + 32^2}{5} = 54.80$$

$$SS_{B(Y)} = SS_{T(Y)} - SS_{W(Y)} = 99.60 - 54.80 = 44.80$$

（4）求 XY 的乘积方差 CP_T、CP_W 和 CP_B

$$CP_T = \sum\sum XY - \frac{\sum X \sum Y}{N} = 502 - \frac{75 \times 84}{15} = 82.00$$

$$CP_W = \sum\sum XY - \sum\frac{\sum X \sum Y}{n} = 502 - \frac{34 \times 36 + 14 \times 16 + 27 \times 32}{5} = 39.60$$

$$CP_B = CP_T - CP_W = 82.00 - 39.60 = 42.40$$

（5）求 $SS'_{T(Y)}$，$SS'_{W(Y)}$ 和 $SS'_{B(Y)}$

$$SS'_{T(Y)} = SS_{T(Y)} - \frac{(CP_T)^2}{SS_{T(X)}} = 99.6 - \frac{82^2}{86} = 21.41$$

$$SS'_{W(Y)} = SS_{W(Y)} - \frac{(CP_W)^2}{SS_{W(X)}} = 54.8 - \frac{39.6^2}{44.8} = 19.80$$

$$SS'_{B(Y)} = SS'_{T(Y)} - SS'_{W(Y)} = 21.41 - 19.80 = 1.61$$

计算说明如下：

①先对 X 变量单独进行简单方差分析，计算出 SS_T、SS_W 和 SS_B，结果如表 8-21 所示。

表 8-21 X 变量方差分析摘要

变异来源	SS	df	MS	F
组间（学习能力）	41.2	2	20.6	5.52*
组内（误差）	44.8	12	3.73	

*表示 $p < 0.05$。

②再对 Y 变量单独进行简单方差分析，方法同前。方差分析参见表 8-19。

③计算协方差：

$$CP_T = \sum XY - \frac{\sum X \sum Y}{N}$$

$$CP_W = \sum\sum XY - \sum \frac{\sum X \sum Y}{n}$$

$$CP_B = CP_T - CP_W = \sum \frac{\sum X \sum Y}{n} - \frac{\sum X \sum Y}{N}$$

同 $SS_T = SS_B + SS_W$ 一样，协方差变异也分为三部分：$CP_T = CP_B + CP_W$。

④计算调整后的方差 $SS'_{T(Y)}$，$SS'_{W(Y)}$ 和 $SS'_{B(Y)}$。这些量数表示自数学成绩中排除能力因素所造成的效果之后所剩余的部分。

⑤列出协方差分析摘要表（表 8-22）。注意其自由度的算法。由于在利用回归线调整过程中，又多失去了一个自由度，所以调整后的 $SS'_{T(Y)}$ 的自由度为 $N-2$，而不是 $N-1$。$SS'_{B(Y)}$ 的自由度为 $k-1$，$SS'_{W(Y)}$ 的自由度为 $N-k-1$。

第八章　方差分析

表 8-22　协方差分析摘要表

变异来源	SS	df	MS	F
组间（教学方法）	1.61	2	0.81	0.45
组内（误差）	19.80	11	1.80	
总	21.41	13		

可见，如果把学习能力因素排除之后，三种教学方法之间没有显著差异。

假如协方差分析结果，三种教学方法之间仍有显著差异存在，则还需要进行事后考验以决定调整后的三个平均数之间的差异显著性。求调整后的平均数的公式为：

$$\bar{Y}_j' = \bar{Y}_j - b_W(\bar{X}_j - \bar{X}.)$$

这里，b_W 是组内回归线的回归系数，假定三条组内回归线的回归系数同质，那么，它便是这三个回归系数的代表值。

$$b_W = \frac{CP_W}{SS_{W(X)}}$$

在本例中：

$$b_W = \frac{CP_W}{SS_{W(X)}} = \frac{39.6}{44.8} = 0.88$$

从表 8-20 中可知：

演讲法　$\bar{X}_1 = \frac{34}{5} = 6.8$，$\bar{Y}_1 = \frac{36}{5} = 7.2$；

自学法　$\bar{X}_2 = \frac{14}{5} = 2.8$，$\bar{Y}_2 = \frac{16}{5} = 3.2$；

启发法　$\bar{X}_3 = \frac{27}{5} = 5.4$，$\bar{Y}_3 = \frac{32}{5} = 6.4$；

全体　　$\bar{X}. = \frac{75}{15} = 5.0$，$\bar{Y}. = \frac{84}{15} = 5.6$。

求各组调整后的平均数：

演讲法　$\bar{Y}_1' = 7.2 - 0.88 \times (6.8 - 5.0) = 5.62$；

自学法　$\bar{Y}_2' = 3.2 - 0.88 \times (2.8 - 5.0) = 5.14$；

启发法　$\bar{Y}_3' = 6.4 - 0.88 \times (5.4 - 5.0) = 6.05$。

调整前的三组平均数分别为：7.2、3.2 和 6.4，而调整后的平均数则变为：5.62、5.14 和 6.05。这实际上是将三组学生的学习能力均调整为相同（5.0）时三种教学方法下所取得的学习成绩。假如调整后的平均数仍存在显著差异，则进一步进行事后比较(Post Hoc Tests),以确定到底哪些平均数之间有显著差异。方法仍可采用前述的N-K法,计算公式如下:

$$q = \frac{\bar{Y}_j{}' - \bar{Y}_{j'}{}'}{\sqrt{\dfrac{MS_e}{n}}}$$

其中,$MS_e = MS_{W(Y)}{}'\left[1 + \dfrac{SS_{B(X)}/(k-1)}{SS_{W(X)}}\right]$。

以本例的计算结果代入上式:

$$MS_e = 1.80 \times \left[1 + \frac{41.20/(3-1)}{44.80}\right] = 2.63$$

代入公式比较调整后的平均数:

$$q = \frac{5.62 - 5.14}{\sqrt{\dfrac{2.63}{5}}} = 0.66$$

$$q = \frac{6.05 - 5.62}{\sqrt{\dfrac{2.63}{5}}} = 0.59$$

$$q = \frac{6.05 - 5.14}{\sqrt{\dfrac{2.63}{5}}} = 1.25$$

查附表6即q分布临界值表$q_{0.05}(k, N-k-1) = q_{0.05}(3, 11) = 3.82$。可见,排除了学习能力因素之后,各种教学法之间无显著差异。在实际计算中,如果调整后的平均数没有显著差异,当然就没有必要进行事后比较了。

思考与练习题

一、名词概念

方差分析　主效应　简单效应　交互作用　协方差分析　多重比较

二、单项选择题

1. 方差分析的结果显示,$F(3, 11) = 1.96$,这表明各组均值的差异是(　　)。
　　A. 非常显著　　　　　　B. 显著
　　C. 不显著　　　　　　　D. 不能确定是否显著
2. 一位研究者报告简单方差分析的结果:$F(2, 27) = 18.47$, $p < 0.01$。由此

可知此项研究的被试数为（　　）。
　　A. 29　　　　　　　　　　B. 54
　　C. 30　　　　　　　　　　D. 无法知道
3. 方差分析中的 F 统计量是决策的根据，一般说来（　　）。
　　A. F 值越大，越有利于拒绝原假设接受备选假设
　　B. F 值越大，越有利于接受原假设拒绝备选假设
　　C. F 值越小，越有利于拒绝原假设接受备选假设
　　D. F 值越小，越不利于接受原假设拒绝备选假设
4. 设因素 A 共有 k 个水平，每个水平下抽 n 个单位的样本数据，则（　　）。
　　A. SS_T、SS_A 和 SS_e 的自由度分别是：$(nk-k)$、$(k-1)$、$(nk-k)$
　　B. SS_T、SS_A 和 SS_e 的自由度分别是：$(nr-1)$、$(n-k)$、$(nk-1)$
　　C. SS_T、SS_A 和 SS_e 的自由度分别是：$(nk-1)$、$(k-1)$、$(nk-k)$
　　D. SS_T、SS_A 和 SS_e 的自由度分别是：$(nk-1)$、$(nk-k)$、$(k-1)$
5. 完全随机设计资料的方差分析中，必然有（　　）。
　　A. $SS_B > SS_W$　　　　　　B. $SS_T = SS_B + SS_W$
　　C. $MS_B < MS_W$　　　　　　D. $MS_T = MS_B + MS_W$
6. 当仅有两样本均值比较时，方差分析结果与 t 检验结果（　　）。
　　A. 完全等价且 $F = \sqrt{t}$　　　B. 方差分析结果更准确
　　C. t 检验结果更准确　　　　D. 完全等价且 $t = \sqrt{F}$
7. 对 k 个组样本进行哈特莱方差齐性检验，得 $F_{max}X > F_{max}(0.05)$，$p < 0.05$，在 $\alpha = 0.05$ 的显著性水平下，可认为（　　）。
　　A. $\sigma_1^2, \sigma_2^2, \cdots, \sigma_k^2$ 全不相等　　B. $\sigma_1^2, \sigma_2^2, \cdots, \sigma_k^2$ 不全相等
　　C. $S_1, S_2, \cdots, S_k$ 不全相等　　D. $\bar{X}_1, \bar{X}_2, \cdots, \bar{X}_k$ 不全相等
8. 完全随机设计方差分析中的组间均方表示（　　）。
　　A. 抽样误差大小
　　B. 某处理因素的效应作用大小
　　C. 某处理因素的效应和随机误差两者综合影响
　　D. 表示随机因素的效应大小
9. 一项研究的结论是"男性被试在测验甲上得分高，女性被试在测验乙上得分高"，这一结论的统计依据是（　　）。
　　A. 性别和测验类型主效应均显著　　B. 性别和测验类型交互作用显著
　　C. 性别和测验类型交互作用不显著　D. 性别和测验类型主效应不显著

三、简答题

1. 简述方差分析的原理。
2. 方差分析的前提条件是什么？
3. 完全随机化方差分析与随机区组方差分析在方差分解上的不同。
4. 数据转换应注意的问题是什么？

四、应用题

1. 随机抽取 40 名被试分为 4 组，每组 10 人。各组分别随机安排一种辅导方案，结果如下表。问 4 种辅导方案的效果有无显著差异。

N	方案 1	方案 2	方案 3	方案 4	总和
1	79	64	73	69	
2	83	67	71	74	
3	72	73	72	79	
4	71	72	69	76	
5	72	60	73	84	
6	85	75	84	88	
7	79	74	62	82	
8	82	72	65	63	
9	78	81	60	74	
10	80	69	77	72	
$\sum X$	781	707	706	761	$\sum\sum X = 2\,955$
$\dfrac{(\sum X)^2}{n}$	60 996.1	49 984.9	49 843.6	57 912.1	$\sum \dfrac{(\sum X)^2}{n} = 218\,736.7$
$\sum X^2$	61 213.00	50 305	50 298	58 407	$\sum\sum X^2 = 220\,223$

2. 为研究练习效果，取 5 名被试，每人对同一测验进行 4 次测量，试问练习效果是否显著？

被试	第 1 次	第 2 次	第 3 次	第 4 次	$\sum A$	$\sum A^2$
A	121	134	170	187	612	96 466
B	125	134	175	189	623	99 927
C	144	165	177	190	676	115 390
D	145	159	180	190	674	114 806

续表

被试	第1次	第2次	第3次	第4次	$\sum A$	$\sum A^2$
E	122	145	171	189	627	100 871
$\sum X$	657	737	873	945	3 212	
$\sum X^2$	86 911	109 443	152 495	178 611		527 460

3. 某校比较三种教学方法的优劣，从学校中抽取三个班作为实验班，分别进行教学方法 A、B、C 的试验。由于三个班的学生水平有差异，而学生的学习能力又足以影响实验的结果，故实验前对每位学生进行了能力测验。下表是学生的能力测验分数（X）和实验一年后的教学效果测验成绩（Y）。问三种教学方法之间有无显著差异？

能力	方法 A	能力	方法 B	能力	方法 C
95	28	74	18	61	18
87	25	79	20	63	17
79	18	72	18	65	20
84	22	65	19	68	19
74	24	68	17	60	17
90	26	82	26	69	18
92	21	84	21	67	21
85	24	72	24	72	20
87	23	61	19	78	19
92	26	62	17	80	24

第九章 相关分析与回归分析

前面讨论的集中量数和差异量数都是利用一种变量描述一组数据的集中趋势或离散程度，而相关与回归的统计方法将要利用两列变量对数据及其关系进行描述。

心理学研究中经常会遇到两种或多种现象之间的关系问题，相关问题即是反映不同现象间是否有关系及关系程度，回归则是根据一种变量的变化推测另一种变化。

相关与回归可以指两种现象之间，也可以发生在多种现象之间。它们的关系可能是直线性的或是曲线性的。这里仅就直线相关与线性回归进行讨论。

第一节 相关分析

一、相关的概念

两个事件或两个现象之间若不相互独立，则总会存在着某种相互关联的关系。同一组被试或同一组人群的若干个变量的测量值之间也往往存在着较强的联系。在日常生活中，我们常见到这种相互关联的现象，如身材比较高大的人，通常体重也比较重；智力水平高的人大多数学习成绩也比较好，等等。心理学的研究常常需要描述某一变量的测量值和另一变量测量值之间的关系。相关就是变量之间相互关系的一种指标。

大多数事物或现象之间往往存在一定程度的相关，而相关程度的高低，常常是心理学研究中所关注的问题。统计学中对于相关问题的研究，称为相关分析。相关的性质和强弱，一般用相关系数 r 来表示。

相关反映的是两种现象之间的共变关系。需要弄清的是，相关关系不同于因果关系。相关的两个现象之间可能存在因果关系，但也可能并不存在因果关系。例如，学生的语文成绩和算术成绩可能有很高的相关，但不能由此推论说这位学生的算术成绩好是由于语文成绩好的缘故，或相反。也许语文成绩和算术成绩这两个变量都是另一个变量的作用结果。譬如，这可能都是第三个变量学生学习的努力程度高，使各科成绩较好。而各科学习成绩之间可能并不存在因果关系。所以，我们只能对事物或现象之间是否有关系以及关系的程度如何进行分析，而不能直接作出因果推论。

二、相关的种类

事物之间的相关可以有各种不同的形式。如果我们从不同的角度来划分，可把事物间的相关关系分为不同的类型。

（1）根据变量相关程度来划分

根据变量相关程度的不同，相关关系可分为完全相关、不完全相关和零相关。

完全相关实际上就是两个变量间的函数关系，一种变量的值的变化完全可由另一变量的值的变化所确定。如自由落体降落的距离与时间之间的关系。函数关系是相关关系的一个特例。

如果两个变量之间互不影响，一种变量的值的变化与另一种变量的值的变化之间相互独立，如身高与学习成绩之间的关系，我们称其为不相关或零相关。

如果两个变量之间的关系介于完全相关和零相关之间，我们则称其为不完全相关。相关研究所关注的实际上就是不完全相关的现象。不管是在自然现象还是社会现象中，许多事物之间都存在一定程度的相关，如身高与体重之间，能力水平与学业成绩之间等都属于不完全相关。

（2）根据变量值变动的方向来划分

根据变量值变动的方向，相关关系可分为正相关和负相关。

正相关是指一个变量的值增加或减少时，另一个变量的值也随之增加或减少，两个变量变化方向相同。例如，能力水平与学业成绩之间，一般来说能力水平高学业成绩也相应地好。

负相关是指两个变量的值变化方向相反，即随着一个变量的值的增加，另一个变量的值则减少；或随着一个变量的值的减少，另一个变量的值则增加。例如，反应时间与错误率之间的相关就是负相关关系，一般来说，反应时越短，则错误率越高，或反应时越长，错误率越低。

（3）根据变量关系的形态来划分

根据变量关系的形态，相关关系可分为直线相关和曲线相关。

两个变量中随着一个变量的值的变动,另一个变量的值相应地发生大致均等的变动,从散点图上可观察到两变量取值的各点近似地表现为一条直线,这种相关关系就称为直线相关或线性相关。

如果两个变量中一个变量变动时,另一个变量也相应地发生变动,但这种变动不是沿着一个方向发生均等的变动,从散点图上可观察到两变量取值的各点近似地表现为一条曲线,这种相关关系被称为曲线相关或非线性相关。

(4)根据变量的多少来划分

根据变量的多少,相关关系可分为单相关、复相关和偏相关。

如果所研究的只是两个变量之间的相关关系,可称为单相关。例如,学习次数与遗忘量之间的关系,由于只涉及两个变量,这种相关关系就称为单相关。

如果所研究的是一个变量与两个或两个以上的其他变量的相关关系,或者说一个变量与一组变量的相关关系,就称为复相关或部分相关。例如,生活满意度与经济收入、人际关系、工作状况等方面的关系,属于复相关。

如果所研究的是当一个或多个变量的效应维持恒定时,其他两个变量之间的相关,就称为偏相关。例如,语文成绩可能对各科成绩都有影响,当控制了语文成绩的影响之后,再看数学和外语成绩之间的相关,这种相关就称为偏相关。

几种相关的散点图参见图9-1。

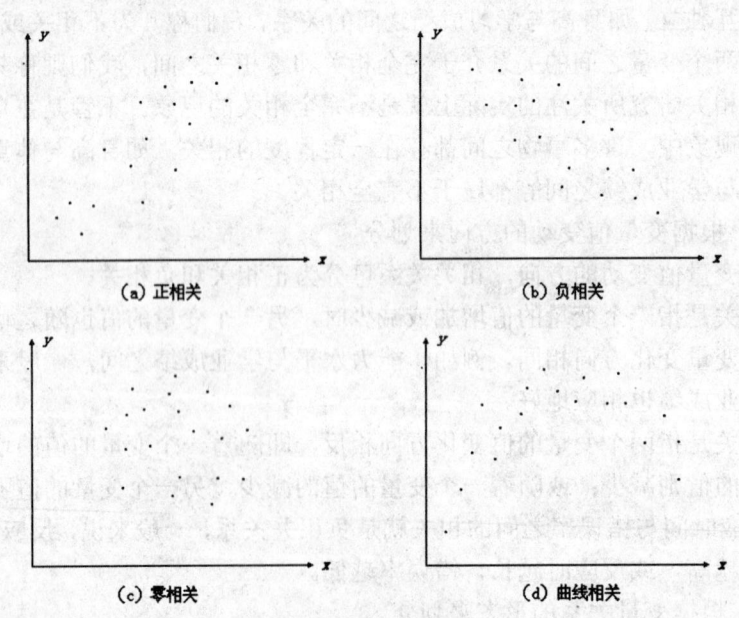

图 9-1 几种相关的散点图

三、相关系数

两个变量之间的相关关系用相关系数来表示，一般用英文字母 r 表示样本相关系数；用希腊字母 ρ 表示总体相关系数。

相关系数是两个变量之间线性相关程度和相关方向的指标。相关系数 r 的取值在+1.00 至-1.00 之间，+1.00 表示完全正相关，-1.00 表示完全负相关。0 表示零相关。心理学和社会科学研究中很难找到完全相关的事例。统计上所关心的是一定程度的相关。

变量间相关程度的数字表现形式 r 是一个比率，不具单位，其值一般最少保留两位小数。

相关系数的正负号只表示相关的方向，绝对值表示相关的程度，故+1.00 和-1.00 都是完全相关，只不过方向相反。不能说前者比后者相关程度高。

另外，r 不是等距单位的度量，故不能说相关系数 0.50 是 0.25 的两倍，只能说相关系数为 0.50 的二列变量的关系程度比后者更密切；也不能说从 0.60 到 0.70 与从 0.20 到 0.30 增加的关系程度一样大。

在计算 r 时，要求：

（1）二列变量均各自来自正态分布的总体，并且是成对的；

（2）样本的容量（N）不应太小，成对数目一般不少于 30。

显然，N 太小，相关系数失去意义；N 越大，偶然因素的影响越小。所以，只有样本容量足够大，计算出的相关系数才可靠，否则易出现荒谬的结论。

因而在实际应用中相关分析的样本量往往采用大样本。本章的例题为了计算的方便有可能采用小样本。

第二节 相关系数的计算

这里的"相关"指的是积差相关，又称积矩相关，是直线相关的最基本的计算方法。它由 20 世纪初英国统计学家皮尔逊提出，故亦称皮尔逊相关。

一、基本公式

总体积差相关的计算方法是以总体协方差除以 X 总体标准差和 Y 总体标准差的乘积：

$$\rho_{xy} = \frac{\sigma_{xy}^2}{\sigma_x \sigma_y} \tag{9-1}$$

其中，ρ_{xy} 为总体相关系数，σ_{xy}^2 为总体协方差，σ_x 为 X 总体标准差，σ_y 为 Y 总体标准差。

样本相关系数则可以表示为：

$$r_{xy} = \frac{S_{xy}^2}{S_x S_y} = \frac{\sum xy}{NS_x S_y} \tag{9-2}$$

其中，S_{xy}^2 为两个变量的协方差，S_x 指 X 变量的样本标准差，S_y 指 Y 变量的样本标准差；$x = X - \bar{X}$，$y = Y - \bar{Y}$，N 为成对变量的数目。亦可把式（9-2）写成：

$$r_{xy} = \frac{\frac{1}{N}\sum(X-\bar{X})(Y-\bar{Y})}{\sqrt{\frac{1}{N}\sum(X-\bar{X})^2}\sqrt{\frac{1}{N}\sum(Y-\bar{Y})^2}} = \frac{\sum xy}{\sqrt{\sum x^2 \sum y^2}} \tag{9-3}$$

式中，$\sum(X-\bar{X})(Y-\bar{Y})/N$ 或 $\sum xy/N$ 称为协方差或共差，即成对变量离均差之积的平均数。

二列变量离均差之积 xy，反映了二列变量之间的一致性，xy 为 X、Y 变量的一致性测量。即当 x 大、y 大时，xy 也大；x 小、y 小时，xy 也小。因而 xy 能够反映 X、Y 二列变量是否具有一致性。

虽然 $\sum xy$ 能够反映 X、Y 变量的一致性，但不能直接用 $\sum xy$ 来表示。因为 X、Y 所代表的事物是多样的，使用的测量单位也各不相同。即使是同一事物，也可能使用不同的单位，如长度，可以用"米"，也可以用"厘米"。若直接用 $\sum xy$ 来表示 X、Y 间的一致性，用"米"时很小，用"厘米"时则很大，这样就无法进行比较。为了避免这一问题，就将各自的离均差 x、y 用各变量的 S_x、S_y 除一下，将 x、y 用一个比率来表示。这样就将 x、y 换算成没有实际单位的标准分数了，即 $Z = X/S$。故公式（9-2）又可写成：

$$r_{xy} = \frac{1}{N}\sum Z_x Z_y \tag{9-4}$$

由此可见，积差相关实际上就是成对变量 Z 分数之积的平均数。

相关系数也可直接通过原始分数进行计算，计算公式为：

第九章 相关分析与回归分析

$$r_{xy}=\frac{\sum XY-\dfrac{\sum X\sum Y}{N}}{\sqrt{\sum X^2-\dfrac{(\sum X)^2}{N}}\sqrt{\sum Y^2-\dfrac{(\sum Y)^2}{N}}}=\frac{N\sum XY-\sum X\sum Y}{\sqrt{N\sum X^2-(\sum X)^2}\sqrt{N\sum Y^2-(\sum Y)^2}} \quad (9\text{-}5)$$

这样我们就可以根据已知的数据采用相应的公式计算相关系数了。

例 9-1 试求下列 X、Y 测验成绩的积差相关系数。

表 9-1 测验 X、Y 成绩的相关系数计算

N	测验 X	测验 Y	XY	X^2	Y^2
1	11	8	88	121	64
2	10	6	60	100	36
3	6	2	12	36	4
4	5	1	5	25	1
5	12	5	60	144	25
6	4	1	4	16	1
7	4	4	16	16	16
8	8	6	48	64	36
9	8	5	40	64	25
10	2	2	4	4	4
$\sum$	70	40	337	590	212

解 由于表 9-1 列出了 $\sum XY$、$\sum X^2$ 和 $\sum Y^2$，可代入公式（9-5）进行计算：

$$r_{xy}=\frac{10\times 337-70\times 40}{\sqrt{10\times 590-70^2}\sqrt{10\times 212-40^2}}=0.790\,4$$

即测验 X 与测验 Y 的相关系数为 0.790 4。

例 9-2 试根据表 9-2 的数据计算 10 名学生在两项测验上的相关。

表 9-2 两项测验的相关系数计算

N	测验 X	测验 Y	x	y	xy	x^2	y^2
1	80	89	2	5	10	4	25
2	74	81	−4	−3	12	16	9
3	66	75	−12	−9	108	144	81
4	90	95	12	11	132	144	121
5	82	88	4	4	16	16	16
6	68	72	−10	−12	120	100	144

续表

N	测验 X	测验 Y	x	y	xy	x^2	y^2
7	85	89	7	5	35	49	25
8	75	81	-3	-3	9	9	9
9	83	90	5	6	30	25	36
10	77	80	-1	-4	4	1	16
$\sum$					476	508	482

解 根据表中数据可代入公式（9-3）进行计算：

$$r_{xy} = \frac{\sum xy}{\sqrt{\sum x^2 \sum y^2}} = \frac{476}{\sqrt{508}\sqrt{482}} = 0.9619$$

故两项测验间的相关为 0.961 9。

二、相关系数的显著性检验

相关系数的显著性检验要检验的虚无假设是两总体相关为零。当两个总体之间存在相关时，即 $\rho \neq 0$ 时，从两个总体中抽取的样本 r 的分布为偏态；但当两个总体 $\rho = 0$ 时，其分布是一个左右对称的近似正态分布。实际观测所得的相关系数 r 到底是由于变量间确实存在相关，还是由于偶然因素造成的，我们可以假定样本所来自的总体相关为零，即根据样本计算所得的 r 是来自零相关的总体，相应的统计假设为：

H_0: $\rho = 0$，即总体相关系数为零；

H_1: $\rho \neq 0$，总体相关系数不为零。

根据样本分布计算样本统计量，如果样本统计量的结果使我们拒绝 H_0，即意味着样本不太可能来自零相关的总体，即相关显著；反之，则相关不显著。

相关系数的显著性检验可用 t 检验的方法：

$$t = \frac{r-0}{\sqrt{\frac{1-r^2}{n-2}}} \quad (df=n-2) \tag{9-6}$$

如果计算所得的 t 落入拒绝域，即 $t > t_{\alpha/2}$，则拒绝 H_0，表示总体相关系数不为零；如果 t 落入接受域，即 $t < t_{\alpha/2}$，则不能拒绝 H_0，表示总体相关系零。实际测得的 r 是由偶然因素造成的。

例 9-3 试对例 9-1 计算结果进行相关系数的显著性检验。

解 建立假设：

H_0：$\rho=0$，即总体相关系数为零；

H_1：$\rho\neq0$，总体相关系数不为零。

计算样本统计量：

$$t=\frac{r-0}{\sqrt{\frac{1-r^2}{n-2}}}=\frac{0.7904}{\sqrt{\frac{1-0.7904^2}{10-2}}}=3.6494$$

查 t 分布表（附表 2），$t_{0.05/2}(8)=2.306$，$t_{0.01/2}(8)=3.355$。$t=3.6494>t_{0.01/2}=3.355$，故拒绝 H_0，两项测验间相关非常显著，$p<0.01$。

相关系数的显著性检验也可以直接通过查附表 7 "积差相关系数（r）显著性临界值"做出决断。例如对例 9-1，可以查当 $df=n-2=10-2=8$，显著性水平为 0.05 时，临界值 $r_{0.05}=0.632$，显著性水平为 0.01 时，临界值 $r_{0.01}=0.765$。现求得的相关系数值为 $r=0.7904>r_{0.01}=0.765$，两变量相关非常显著，$p<0.01$。

需要注意的是，相关显著和高相关并不完全是一回事。相关显著是指样本不大可能来自零相关的总体。拒绝 H_0 只意味着样本有可能来自相关的总体。$p<0.01$ 并不一定就等于高相关，只是此时拒绝 H_0，即承认样本间相关显著，而实际上样本却是来自相关为零的总体的可能性不到 1%。

从相关系数的计算公式可见，相关系数与样本量有关。相关是否显著一方面与相关系数值的大小有关，另一方面也与样本量有关。同样一个相关系数值，当样本量较小时，可能相关不显著，但当样本量很大时，却有可能相关非常显著。例如，对于相关系数 $r=0.268$ 来说，当 $N=40$ 时，$p>0.05$，两变量相关不显著；但当 $N=100$ 时，$p<0.01$，两变量相关非常显著。

根据经验判断相关程度的高低：若 $0<|r|<0.3$ 时，为微弱相关；$0.3\leqslant|r|<0.5$ 时，为低度相关；$0.5\leqslant|r|<0.8$ 时，为中度相关；$0.8\leqslant|r|<1$ 时，为高度相关。

第三节　等级相关

积差相关在计算时要求两变量为连续变量，且均为正态分布，N 至少不小于 30，但是在实际研究中，许多资料的获取不一定能够满足上述条件，如数据少于 30，分布形态不明确或根本不是正态分布，数据也无法用测量工具测量（如思想品德、身体状况等），难以用分数衡量，只能用等级表示。对这类问题不适宜采用积差相关来处理，而应采用等级相关的方法。

一、斯皮尔曼等级相关

斯皮尔曼等级相关是较为常用的一种等级相关，它适用于只有两列变量，而且是属于等级变量性质，具有线性关系的资料。如果是属于等距或等比性质的变量，若按其取值大小，赋以等级顺序，亦可计算其等级相关。因而，有些虽属等距或等比变量性质但其分布不是正态的资料，不能用积差相关的方法求相关，但能计算其等级相关。可见等级相关适用的范围比积差相关大，但其精度稍差，如同一组积差相关的资料若改用等级相关来计算，精度会稍差。

当二列变量以等级次序表示，其总体次数分布不一定是正态分布，或根本不是正态分布，表示这二列变量之间关系的相关量称为等级相关。

$$r_R = 1 - \frac{6\sum D^2}{N(N^2-1)} \tag{9-7}$$

式中，D 为二列变量中每对数据的等级之差；N 为等级的数目（二列变量的数据成对数）。

斯皮尔曼等级相关的计算步骤：

（1）确定等级，将二列变量分别按顺序定出等级；

（2）计算每对数据的等级之差 D 及其平方 D^2 和 $\sum D^2$；

（3）将数据代入公式（9-7）。

例 9-4 试根据表 9-3 中的数据计算自学能力等级与统考成绩间的等级相关。

表 9-3 自学能力等级与统考成绩的等级相关系数的计算

能力等级	统考成绩 分数	统考成绩 等级	D	D^2
1	86	2	−1	1
2	87	1	1	1
3	80	3	0	0
4	72	5	−1	1
5	74	4	1	1
$\sum$				4

解 首先确定变量等级，将统考成绩分数转换为等级，然后计算每对数据的等级之差 D 和 D^2，并分别列于表 9-3 中。

代入公式：

第九章 相关分析与回归分析

$$r_R = 1 - \frac{6\sum D^2}{N(N^2-1)} = 1 - \frac{6\times 4}{5(25-1)} = 0.80$$

故能力等级与统考成绩之间的等级相关为 0.80。

例 9-4 的数据中没有相同的等级，此时计算比较简便，只要将数据代入公式（9-7）即可。若变量中出现了相同等级，则不能直接运用公式（9-7）进行计算，此时需要对公式（9-7）进行修正。这是因为当出现相同等级时，使计算等级相关的基本假定：$\sum R_x = \sum R_y$ 受到了破坏，使 $\sum R_x^2 \neq \sum R_y^2$，$\sum R^2$ 随着相同等级的数目增多而减少，其减少的差数为：

$$C = \frac{n(n^2-1)}{12} \tag{9-8}$$

其中，n 为相同等级的数目。

校正后的斯皮尔曼等级相关计算公式：

$$r_{RC} = \frac{\sum x^2 + \sum y^2 - \sum D^2}{2\sqrt{\sum x^2 \sum y^2}}$$

$$\sum x^2 = \frac{N^3-N}{12} - \sum \frac{n_x^3 - n_x}{12}$$

$$\sum y^2 = \frac{N^3-N}{12} - \sum \frac{n_y^3 - n_y}{12} \tag{9-9}$$

式中，N 为成对变量的数目，n_x 为 X 变量相同等级数，n_y 为 Y 变量相同等级数。

例 9-5 计算表 9-4 中测验 1 和测验 2 之间的等级相关。

表 9-4 测验 1 和测验 2 的等级相关

被试	测验 1	测验 2	X	Y	D	D^2
1	优	良	1.5	5	−3.5	12.25
2	良	优−	6	2.5	3.5	12.25
3	优	良+	1.5	4	−2.5	6.25
4	良−	良−	8	6	2.0	4
5	良	中	6	8	−2.0	4
6	优−	优	3	1	2.0	4
7	中	中−	9	9	0	0
8	良	中+	6	7	−1.0	1
9	良+	优−	4	2.5	1.5	2.25
$\sum$						46

解 首先将测验结果转换为等级分数。

表 9-4 中，$N=9$，测验 1 中有两个相同等级，即 2 个"优"，3 个"良"。得"优"者 2 人分别占 1、2 两个等级，则他们的平均为 $(1+2)/2=1.5$ 等；得"良"者 3 人分别占第 5、6、7 三个等级，则平均等级为 $(5+6+7)/3=6$ 等；测验 2 中"优-"共有 2 人，他们分别占第 2、3 等级，则平均等级为 $(2+3)/2=2.5$ 等。

$$\sum x^2 = \frac{9^3-9}{12} - (\frac{2^3-2}{12} + \frac{3^3-3}{12}) = 57.5$$

$$\sum y^2 = \frac{9^3-9}{12} - \frac{2^3-2}{12} = 59.5$$

代入公式（9-9）：

$$r_{RC} = \frac{\sum x^2 + \sum y^2 - \sum D^2}{2\sqrt{\sum x^2 \sum y^2}} = \frac{57.5+59.5-46}{2\times\sqrt{57.5\times 59.5}} = 0.61$$

即测验 1 和测验 2 之间的等级相关为 0.61。

查"斯皮尔曼等级相关系数显著性临界值"表（附表 8），当 $N=9$，显著性水平为 0.05 时，$r_{0.05}=0.600$，而求得的 $r_{RC}>r_{0.05}$，达到显著水平，即测验 1 和测验 2 之间相关显著。

二、肯德尔 W 系数

肯德尔 W 系数亦称肯德尔和谐系数，是表示多列等级变量相关程度的一种方法。这种资料的获得一般采用等级评定的方法，即让 k 个被试（或评价者）对 N 个事物或 N 件作品进行等级评定，每个评价者都能对 N 个事物或 N 件作品的好坏、优劣、喜好、大小、高低等排出一个等级顺序。因此，最小的等级序数为 1，最大为 N，这样，k 个评价者便可得到 k 列从 1 至 N 的等级变量资料，这是一种情况。另一种情况是一个评价者先后 k 次评价 N 个事物或 N 件作品，也是采用等级评定的方法，这样也可得到 k 列从 1 至 N 的等级变量资料。

肯德尔 W 系数计算公式：

$$W = \frac{S}{\frac{1}{12}k^2(N^3-N)} \tag{9-10}$$

$$S = \sum(R_i - \frac{\sum R_i}{N})^2 = \sum R_i^2 - \frac{(\sum R_i)^2}{N}$$

其中，N 为被评价事物的个数即等级数；k 为评价者的数目或等级变量的列数；R_i 为每一个被评价事物的 k 个等级之和。

第九章 相关分析与回归分析

W 值介于 0 与 1 之间，均为正值。若表示相关方向，则可从实际资料中进行分析。

例 9-6 有 6 位教师各自评阅相同的 5 篇作文，表 9-5 列出了每位教师给每篇作文评分的等级，试求评分者信度（即几位教师对这几篇作文的评分标准是否具有一致性）。

表 9-5　6 位教师对 5 篇作文的等级评定结果

作文 $N=5$	\multicolumn{6}{c}{评分者 $k=6$}	R_i	R_i^2
	1	2	3	4	5	6		
1	3	3	3	3	3	3	18	324
2	5	5	4	5	5	5	29	841
3	2	2	1	1	2	2	10	100
4	4	4	5	4	4	4	25	625
5	1	1	2	2	1	1	8	64
$\sum$							90	1 954

解 根据 6 位教师对 5 篇作文的评定结果列出每篇作文的等级评定之和及其平方，并列于表 9-5 中。

然后将有关数据代入公式（9-10）：

$$W = \frac{S}{\frac{1}{12}k^2(N^3-N)} = \frac{1954 - \frac{90^2}{5}}{\frac{1}{12} \times 6^2 \times (5^3-5)} = 0.93$$

故 6 位教师之间的评分者信度为 0.93。

同斯皮尔曼等级相关一样，当出现相同等级时，肯德尔 W 系数也需要校正，其公式为：

$$W = \frac{S}{\frac{1}{12}k^2(N^3-N) - k\sum C} \tag{9-11}$$

式中，$\sum C = \sum \frac{n^3-n}{12}$，$n$ 为相同等级的数目。

例 9-7 某校在"生评教"活动中推举 5 位学生对 6 位教师的教学质量进行评价，求"生评教"评价结果的一致性程度。

表 9-6　生评教结果数据

被评教师 $N=6$	\multicolumn{5}{c}{学生代表 $k=5$}	R_i	R_i^2
	1	2	3	4	5		
1	4	5	3.5	5	4	21.5	462.25
2	1	1	1.5	2	1	6.5	42.25
3	2.5	2	1.5	2	2	10	100
4	6	5	5	4	5	25	625
5	2.5	3	3.5	2	3	14	196
6	5	5	6	6	6	28	784
∑						105	2 209.5

解　从表 9-6 中可见，第一位评价者对 6 位被评教师的评价为：2 号教师被评为一等；3 号和 5 号不分上下，由于他们应该是占第二和第三等，将其平均，各占 2.5 等；1 号教师被评为其次，故为四等；6 号教师被评为五等；4 号教师被评为六等。第二位评价者对前 3 名教师分出了等级，对后 3 名分不出高低，均为五等。第三位评价者对前两名分不出上下（1.5 等），中间两名亦分不出上下（3.5 等），仅分出最后两名为第 5 等和第 6 等。第四位评价者对前三名的评价都是一样的，故前三名均为 2 等后三名分别是 4、5、6 等。第五位评价者对 6 位教师均排出了顺序。

$$\sum C = (2^3-2)/12 + (3^3-3)/12 + (2^3-2)/12 + (2^3-2)/12 + (3^3-3)/12 = 5.5$$

$$W = \frac{S}{\frac{1}{12}k^2(N^3-N) - k\sum C} = \frac{\sum R_i^2 - \frac{(\sum R_i)^2}{N}}{\frac{1}{12}k^2(N^3-N) - k\sum C}$$

$$= \frac{2\,209.5 - \frac{105^2}{6}}{\frac{1}{12} \times 5^2 \times (6^3-6) - 5 \times 5.5} = \frac{372}{410} = 0.91$$

即 5 位学生代表的评价一致性程度为 0.91。

肯德尔 W 系数的显著性检验可根据样本的大小选择查表或进行 χ^2 检验。当 $3 \leq N \leq 7$ 时，可直接查"肯德尔 W 系数显著性临界值"表（附表 9）来检验 W 是否达到显著水平，例 9-7 中，$k=5$，$N=6$，实际计算得到的 $S=372$，查表得 $S_{0.05}=182.4$，$S=372 > S_{0.05}=182.4$，故拒绝 H_0，$W=0.91$ 达到显著水平。若当 $N>7$ 时，将所得的 W 代入下式：

$$\chi^2 = k(N-1)W \tag{9-12}$$

求出 χ^2 值后，查 χ^2 分布数值表（附表 3），查 $df=N-1$ 时，将计算出的 χ^2 值与查表所得的临界值进行比较，若 $\chi^2 > \chi_\alpha^2$，则拒绝 H_0，即 W 达到显著水平。

第四节　点二列相关

点二列相关适用于两列变量中一列变量来自正态总体的等距或等比的测量数据，而另一类为二分名义变量，即按事物的性质划分为两类的变量，如性别划分为男、女；答案划分为对、错；文化程度划分为文盲、非文盲等。

点二列相关在教育与心理测量中常被用于评价正误题、是非题等测题的区分度。

点二列相关的计算公式：

$$r_{\text{pb}} = \frac{\overline{X}_p - \overline{X}_q}{S_t} \sqrt{p \cdot q} \tag{9-13}$$

式中：
r_{pb} 为点二列相关系数；
p 为二分变量中取某一值的变量比例；
q 为二分变量中取另一值的变量比例；
$\overline{X}_p$ 为与二分变量 p 对应的那部分连续变量的平均数；
$\overline{X}_q$ 为与另一二分变量 q 对应的那部分连续变量的平均数；
S_t 为全部连续变量的标准差。

例 9-8　某一测验满分为 100 分，其中第 3 题为是非题，答对得 1 分，答错得 0 分。表 9-7 为 20 名学生的测验得分和第 3 题的得分情况。问第 3 题与总分的相关程度如何？

表 9-7　点二列相关的计算实例

学生	总分	第 3 题得分	计　算
1	90	1	$N=20$
2	85	1	$\overline{X}_t = 78$（20 名学生的总平均成绩）
3	70	0	$S_t = 9.1378$
4	60	0	$p=$ 答对学生的比率 $=12/20=0.6$
5	75	0	

续表

学生	总分	第 3 题得分	计算
6	80	1	q=答错学生的比率=8/20=0.4
7	95	1	$\overline{X}_p$=83.75（答对学生的平均成绩）
8	80	1	$\overline{X}_q$=69.38（答错学生的平均成绩）
9	75	1	
10	85	1	
11	75	0	
12	65	0	
13	70	0	
14	85	1	
15	80	1	
16	75	1	
17	80	1	
18	70	0	
19	95	1	
20	70	0	

解 将总分的平均成绩、标准差、答对与答错比率等计算出来之后列于表中，然后代入公式（9-13）：

$$r_{pb} = \frac{\overline{X}_p - \overline{X}_q}{S_t}\sqrt{p \cdot q} = \frac{83.75 - 69.38}{9.1378} \times \sqrt{0.6 \times 0.4} = 0.77$$

即第 3 题与总分的相关为 0.77，可见该题与总分具有较高的一致性。

例 9-9 表 9-8 为某一测验中 15 名学生的测验总分，试问该项测验是否与性别有关（男性记为 1，女性记为 0）。

表 9-8 学生的性别与测验得分之间的相关

学生	测验得分	性别	计算
1	9	1	p=6/15=0.4
2	3	0	q=9/15=0.6
3	4	0	S_t=2.363
4	8	1	$\overline{X}_p$=7.500
5	6	1	$\overline{X}_q$=3.111
6	3	0	
7	9	1	
8	3	0	

第九章 相关分析与回归分析

续表

学生	测验得分	性别	计算
9	2	0	
10	3	0	
11	4	0	
12	7	1	
13	6	1	
14	4	0	
15	2	0	

解 分别计算出测验得分的总标准差和男生、女生比率，列于表 9-8 中。然后计算：

$$r_{pb} = \frac{\overline{X}_p - \overline{X}_q}{S_t}\sqrt{p \cdot q} = \frac{7.500 - 3.111}{2.363} \times \sqrt{0.4 \times 0.6} = 0.91$$

即该项测验与性别之间的相关为 0.91。从计算结果可见，这一测验与性别有关。男生得分高，女生得分低，即在测验的得分与男女性别上具有较高的一致性。

点二列相关的数据亦可按积差相关法进行计算，计算结果完全相同。可以说点二列相关的统计方法是积差相关的特殊应用。

因此，点二列相关系数的显著性检验可以采用与检验积差相关系数的显著性相同的方法。将计算出的相关系数代入公式（9-6）：

$$t = \frac{r_{pb} - \rho}{\sqrt{\dfrac{1-r_{pb}^2}{N-2}}} = \frac{0.910 - 0}{\sqrt{\dfrac{1-0.91^2}{15-2}}} = 7.914$$

查 t 值表，$t_{0.01} = 3.012$，$t = 7.914 > t_{0.01} = 3.012$，拒绝虚无假设，相关非常显著。或者通过查"积差相关系数（r）显著性临界值"表（附表 7），当 $\alpha = 0.01, df = N-2 = 13$ 时，得出临界相关系数值 $r_{0.01} = 0.641$，而计算出的相关系数 $r = 0.91$。$r = 0.91 > r_{0.01} = 0.641$，同样拒绝虚无假设，相关非常显著。

第五节 ϕ 相关

ϕ（phi）相关适用于两列变量都是二分名义变量的情况。如性别分为男、女,婚姻状态分为已婚、未婚等,均为二分变量。在某些情况下,ϕ相关也可用于连续变量的情境(如果由于某种原因需要把连续变量视为二分变量的话)。例如,智力水平事实上是连续变量,但我们可能把它分"智力正常"和"智力缺陷"两类;考试成绩也是连续变量,但也可分为"及格"和"不及格"两类。因为求ϕ相关的两个变量均分为两类,所以它与2×2的χ^2统计法有密切的关系。

ϕ相关的计算公式:

$$r_\phi = \frac{p_{xy} - p_x p_y}{\sqrt{p_x q_x}\sqrt{p_y q_y}} \tag{9-14}$$

式中:

r_ϕ为ϕ相关系数;

p_{xy}表示两个二分变量都取值为1的比率;

p_x表示全体被试中X变量取值为1的比率;

q_x表示X变量取值为0的比率,$q_x=1-p_x$;

p_y表示全体被试中Y变量取值为1的比率;

q_y表示Y变量取值为0的比率,$q_y=1-p_y$。

例 9-10 某研究者根据对20名被试的研究资料,想了解学生在校行为是否与经常上网玩游戏有关。设学生的在校行为为X变量,分为正常行为和问题行为两类,分别用1和0表示;是否经常上网玩游戏为Y变量,分为不常上网玩游戏和经常上网玩游戏两类,也分别用1和0表示。问学生的在校行为是否与经常上网玩游戏有关。

表9-9 学生的在校行为与上网玩游戏之间的关系

学生	1	2	3	4	5	6	7	8	9	10	11	12	13	14	15	16	17	18	19	20
在校行为(X)	1	0	1	1	0	1	1	0	1	1	1	1	0	1	0	1	0	0	1	1	1
经常上网(Y)	1	0	1	1	0	0	1	1	1	1	1	0	0	1	0	1	1	0	1	0	1

解 根据表9-9计算出两个二分变量分别取值为1和0的比率:

$p_{xy}=10/20=0.50$

$p_x=13/20=0.65$, $q_x=1-p_x=1-0.65=0.35$

$p_y=12/20=0.60$, $q_y=1-p_y=1-0.60=0.40$

然后代入公式(9-14):

$$r_\phi = \frac{p_{xy} - p_x p_y}{\sqrt{p_x q_x}\sqrt{p_y q_y}} = \frac{0.50 - 0.65\times 0.60}{\sqrt{0.65\times 0.35}\sqrt{0.60\times 0.40}} = 0.47$$

也可以把这一资料化为 2×2 的四格表的形式（表 9-10），用下式同样求得 ϕ 值：

$$r_\phi = \frac{bc - ad}{\sqrt{(a+b)(c+d)(a+c)(b+d)}}$$

表 9-10　是否经常上网玩游戏与在校行为四格表

	经常（0）	不经常（1）	$\sum$
正常（1）	3（a）	10（b）	13
问题（0）	5（c）	2（d）	7
$\sum$	8	12	

$$r_\phi = \frac{bc - ad}{\sqrt{(a+b)(c+d)(a+c)(b+d)}} = \frac{50 - 6}{\sqrt{13 \times 7 \times 8 \times 12}} = 0.47$$

即学生的在校行为与是否经常上网玩游戏之间的相关为 0.47。

对 ϕ 相关系数的显著性检验可以利用它与 χ^2 之间的关系来进行：

$$x^2 = N r_\phi^2 \tag{9-15}$$

把 r_ϕ 值代入公式(9-15)，求得 χ^2 值，上例的 χ^2 值为：$\chi^2 = 20 \times 0.47^2 = 4.418$，然后查 χ^2 值表，列联表的自由度为 $df=(r-1)(c-1)$，其中 r 和 c 分别为行数和列数。故四格表的自由度 $df=1$，查表可知，$\chi^2_{0.05}(1) = 3.841$，而计算得到的 $\chi^2 = 4.418 > \chi^2_{0.05}(1) = 3.841$，达到显著水平，所以 $\phi = 0.47$ 也就同样达到显著水平。即学生的在校行为与其是否经常上网玩游戏之间的相关已达到显著性水平。

第六节　偏相关和多重相关

一、偏相关

事物之间往往存在着错综复杂的关系。有时为了进行理清事物间的关系，需要对某些事物加以控制以查清其他事物之间的关系。例如当研究中涉及两个以上变量时，有时为了精确地观测某两个变量之间的关系，就需要对其他变量加以控制，以便突出所关注的变量间的关系。例如，研究儿童的发展问题时，研究者考虑到父母双方对儿童的心理发展都会产生影响，如果研究者所要研究的是母亲对孩子的影响，那么，就应该对父亲的影响加以控制；反之，则应对母亲的影响加以控制。如果研究者研究的是教师对于小学生的影响，那么就应该对父母的影响加以控制。在许多研究中都有可能遇到类似的情形。当我们研究两个变量之间的关系时，努力控制其他变量对研究变量的影响，使控制变量保持恒定不变，这样得到的结果才是研究变量之间关系的确切说明。但是在实际研究过程中，对某些变量的控制是非常困难的，例如在心理学研究中，一个人的情绪、态度等因素往往会影响实验结果，而对这些因素加以控制使之保持恒定，则往往很困难。尤其是在非实验室研究中，变量的控制更加困难。

　　实际上，很多非实验室研究并不对变量加以控制，研究者将有关变量一一测量，然后在统计分析时再将主要的研究变量分离出来，使它们之间的关系突出，详细地加以分析。某些统计方法与实验控制技术的作用十分相似，它们把非研究变量分离出来使之保持恒定，然后对研究变量之间的关系加以分析。偏相关和多重相关分析方法就是这样一种统计分析法。

　　假定我们测量了三个变量，这三个变量的测量指标分别是语文成绩、数学成绩和外语成绩。计算这三组测量值之间的直线相关系数，得到数学成绩和外语成绩的相关 r_{12}=0.58，数学成绩和语文成绩的相关 r_{13}=0.70，外语成绩和语文成绩的相关 r_{23}=0.80。根据实际经验，有理由怀疑数学成绩和外语成绩的高相关是否能够真正说明这两科学习成绩之间存在内在联系。也有可能是因为语文学习成绩对各科学习成绩都有影响，所以外语和数学成绩的相关系数才比较大，而实际上学好外语对学好数学并无影响，或者学好数学对学好外语并无影响。为了搞清各科学习之间的内在联系，理想的实验设计是研究数学学习和外语学习时，控制语文学习的影响，不使它发生作用。但是，实际上这很难做到。于是，我们只好在统计分析时作出"控制"，排除语文学习对其他两科学习的影响。

　　偏相关（partial correlation）也称净相关，是指使一个变量或几个变量的效应维持恒定时，其他两个变量之间的相关。例如，$r_{12.3}$ 是表示当变量 3 的效应维持恒定时，变量 1 和变量 2 的相关。相关系数 $r_{12.3}$ 下脚标圆点前的两个数字表示对其进行相关研究的两个变量，圆点后的数字表示控制变量，即使之效应保持恒定的变量。

　　计算偏相关之前，需将研究变量和控制变量之间的两两简单相关系数计算出来，然后代入下面的公式，求出偏相关系数：

$$r_{12.3} = \frac{r_{12} - r_{13}r_{23}}{\sqrt{(1-r_{13}^2)(1-r_{23}^2)}} \tag{9-16}$$

式中，r_{12} 为变量 1 与变量 2 之间的相关系数；r_{13} 为变量 1 与变量 3 之间的相关系数；r_{23} 为变量 2 与变量 3 之间的相关系数。

例 9-11 某校根据某年级数学、外语和语文考试成绩分别计算出了数学与外语成绩的相关系数 $r_{12}=0.58$，数学与语文成绩的相关系数 $r_{13}=0.70$，外语与语文成绩的相关系数 $r_{23}=0.80$。问当控制了语文成绩的影响之后，数学与外语成绩之间的相关为多少？

解 设数学成绩为变量 1，外语成绩为变量 2，语文成绩为变量 3。此题即为控制变量 3 的影响，求变量 1 和变量 2 的相关。

可直接利用公式（9-16）。将简单相关系数代入得：

$$r_{12.3} = \frac{r_{12} - r_{13}r_{23}}{\sqrt{(1-r_{13}^2)(1-r_{23}^2)}} = \frac{0.58 - 0.70 \times 0.80}{\sqrt{(1-0.70^2)(1-0.80^2)}} = 0.047$$

即数学与外语成绩的偏相关系数为 0.047。从偏相关系数 $r_{12.3}=0.047$ 可以看出，控制了语文对数学和外语的影响，数学和外语成绩的相关变得很低。

当需要控制的变量不只一个，而是有两个、三个或更多个时，可以用下面的公式计算部分相关：

$$r_{12.34} = \frac{r_{12.3} - r_{14.3}r_{24.3}}{\sqrt{(1-r_{14.3}^2)(1-r_{24.3}^2)}} \quad (9\text{-}17)$$

$$r_{12.345} = \frac{r_{12.34} - r_{15.34}r_{25.34}}{\sqrt{(1-r_{15.34}^2)(1-r_{25.34}^2)}} \quad (9\text{-}18)$$

公式（9-17）是控制变量 3 和变量 4，求变量 1 和变量 2 的相关系数的公式。

公式（9-18）是控制变量 3、变量 4 和变量 5，求变量 1 和变量 2 的相关系数的公式。

偏相关系数的标准误由下式计算：

$$SE_{r_{12.34\cdots m}} = \frac{1 - r_{12.34\cdots m}^2}{\sqrt{N-m}} \quad (9\text{-}19)$$

式中，N 为样本容量，m 为偏相关计算中所包含的变量数。

偏相关系数的显著性检验可用下式：

$$t = \frac{r_{12.3}}{\sqrt{\dfrac{1-r_{12.3}^2}{N-3}}} \quad (df=N-3) \quad (9\text{-}20)$$

计算偏相关时需要注意的问题：

(1) 计算偏相关的基本前提假定是：所有变量之间的关系都是线性关系。除非所有变量都满足了计算直线相关系数的条件，否则不能计算偏相关。

(2) 偏相关计算结果往往不易正确解释。所以，如果能有其他方式进行实验控制，则尽量不要用偏相关的方法进行变量控制。在计算偏相关时，要用到很多个简单相关系数，如果这些简单相关系数是包含一定误差因素的，则计算偏相关时就把误差累积起来。对偏相关系数的实际意义作解释时，要考虑到误差的影响。

(3) 进行研究和分析之前，应预先对变量的互相影响作用有个基本的估计，找出变量互相作用的因果链，在这个基础上再决定控制哪些变量的效应。控制某些自变量的效应，可能使估计的精确度提高。但如果控制的是因变量，会导致错误的估计。例如，变量 1 和变量 2 相互独立，但这两个变量都对变量 3 有影响，如果控制变量 3 求变量 1 和变量 2 的偏相关，可能得到一个很大的负相关系数。

二、部分相关

部分相关（part correlation）也称复相关，是一个变量与一组变量之间相互关系的测度。

假设有三个变量，它们之间的简单相关系数分别为：$r_{12}=0.50$，$r_{13}=0.40$，$r_{23}=0.30$。现在如果我们将变量 2 和变量 3 视为一组变量，那么，变量 1 与这组变量之间的相关程度有多高呢？这就是一个求部分相关的问题。

部分相关的计算在实际研究工作中非常有意义，人的心理和行为往往受几个方面因素的影响，而每一方面影响因素之中，又包含若干个变量。例如人对生活的满意度可能包括对家庭的满意、对工作的满意和对社会政治生活的满意等。对工作的满意度可能又包括对领导的满意、对待遇的满意、对工作内容的满意和对同事关系的满意，等等。测量往往只能对非常具体的变量进行，当需要把若干变量的作用综合在一起时，就必须有综合的方法。一类变量之间的几个相关关系一般是互相重叠的，当需要进行综合时，不能用简单相加的方法，部分相关就是一种综合的方法，它可以用于研究两类变量之间的相互关系。

部分相关的计算公式为：

$$R_{1.23}^2 = \frac{r_{12}^2 + r_{13}^2 - 2r_{12}r_{13}r_{23}}{1-r_{23}^2} \qquad (9\text{-}21)$$

式中，R 为部分相关系数，$R_{1.23}$ 表示变量 1 与作为一组变量的变量 2 和变量 3 的相关。按公式（9-21）计算出来的是 R 的平方，将计算结果开方，即可求得部分相关系数。

例 9-12 假设变量 1 是某大学一年级的综合学习成绩，变量 2 是这些学生的高中平均成绩，变量 3 是他们的高考成绩。已知：$r_{23}=0.30$，$r_{12}=0.50$，$r_{13}=0.40$。试问大学一年级学生的学习成绩与两个预测变量之间的相关系数为多少。

解 将高中成绩和高考成绩视为一组预测变量，它们与大学一年级学习成绩的相关即为 $R_{1.23}$，代入公式（9-21）：

$$R_{1.23}^2 = \frac{r_{12}^2 + r_{13}^2 - 2r_{12}r_{13}r_{23}}{1 - r_{23}^2} = \frac{0.50^2 + 0.40^2 - 2 \times 0.50 \times 0.40 \times 0.30}{1 - 0.30^2} = 0.318\,7$$

$R_{1.23}=0.56$

故大学一年级的学习成绩与这组变量之间的相关系数为 0.56。

部分相关系数 R 的意义和一般直线相关系数 r 的意义相同，只不过简单相关系数表示的是两个变量的相关程度，部分相关系数表示的是一个变量和一组变量的相关程度。

计算部分相关系数所要注意的问题与计算偏相关系数相同。

如果要求变量 1 和其他三个变量（变量 2、变量 3、变量 4）的部分相关系数，可以采用公式（9-22）或公式（9-23）：

$$R_{1.234}^2 = r_{12}^2 + r_{13.2}^2(1 - r_{12}^2) + r_{14.23}^2(1 - r_{1.23}^2) \qquad (9\text{-}22)$$

$$R_{1.234}^2 = R_{1.23}^2 + r_{14.23}^2(1 - R_{1.23}^2) \qquad (9\text{-}23)$$

由公式（9-23）可以推广到更多变量的情况。例如求变量 1 和一组变量的部分相关，这一组变量包括 g 个变量（变量 2，3，…，9），于是公式（9-23）的推广式为：

$$R_{1.23456789}^2 = R_{1.2345678}^2 + (r_{19.2345678}^2)(1 - R_{1.2345678}^2) \qquad (9\text{-}24)$$

影响心理和行为的变量很多，这些变量之间往往又是互相关联的，这就形成了一种十分复杂的因果交织的局面。我们在研究工作中，如果仅从诸多有关变量中抽出两个变量进行分析研究，很难得出非常有意义的结果。如果能对变量的相互影响作用预先作出某种推测，灵活运用多元相关分析技术，控制某些变量的效应，综合某些变量的作用，常常可以得到更有价值的研究结果。

第七节 一元线性回归分析

一、回归的概念与种类

相关分析研究的是变量之间是否相关以及相关的程度和方向，一般不区别自变量或因变量，不规定变量之间的因果关系。而回归分析则是在相关分析的基础上，用数学模型近似地表达变量之间的变化关系，找出一个能够反映变量间变化关系的函数关系式，确定变量间的因果关系，并据此进行推算和估计。通过回归分析，可以将相关变量之间不确定、不规则的数量关系一般化和规范化。从而可以根据自变量的某一个给定值推断出因变量的估计值。

相关分析与回归分析是既有联系又有区别的两种分析方法。它们不仅具有共同的研究对象，而且在具体应用时，常常必须相互补充。变量之间存在相关是回归分析的基础，变量之间相关愈高，则通过回归分析从一个变量预测另一变量的正确性愈高；变量之间相关愈低，则预测的正确性愈低；当变量之间相关为零时，则完全无法预测。但是相关分析只能表示变量间的双向的相互关系，不能指出变量间的因果关系；而回归分析则是单向的，通过规定因变量和自变量来确定变量之间的因果关系，建立回归模型，根据一个变量的变化情况来对另一个变量的变化进行推测。

回归分析的应用十分广泛。根据不同的情况，回归分析可分为不同的种类。按照回归分析所涉及的自变量的多少，可分为一元回归分析和多元回归分析。如果在回归分析中，只包括一个自变量和一个因变量，且二者的关系可用一条直线近似表示，这种回归分析就称为一元线性回归分析；如果回归分析中包括两个或两个以上的自变量，且因变量和自变量之间是线性关系，这种回归分析就称为多元线性回归分析。按照自变量和因变量之间的关系类型，可分为线性回归分析和非线性回归分析。如果变量间具有直线相关关系并以直线方程进行回归分析，则称为线性回归；如果变量间具有曲线相关关系并以曲线方程进行回归分析，则称为非线性回归分析。

二、一元线性回归

如果两个变量分别用变量 X 和变量 Y 来表示，对变量 (X, Y) 作 n 次独立的观测，得到一组独立的样本数据 (X_1, Y_1)，(X_2, Y_2)，…，(X_n, Y_n)。它们

第九章 相关分析与回归分析

在坐标图上所构成的散点分布有明确的直线趋势，我们就可以用最小二乘法拟合一条最能代表散点图上分布趋势的直线，这条直线就称为最优拟合线，也称回归直线。如果变量 X 和变量 Y 完全相关，则散点图上所有的点均落在这条线上，即变量间为函数关系。如果变量 X 和变量 Y 是不完全相关，则有些点可能落在回归直线上，有些点可能落在直线附近。最优拟合线使各散点到该直线的纵向距离的平方和为最小，如图9-2所示。

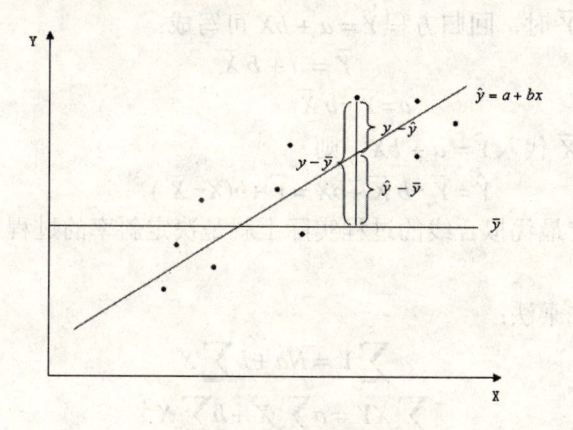

图 9-2 相关散点图

这条直线我们可以用一个方程来表示。我们知道直线方程的通式为：

$$Y = a + bX$$

这就是回归方程式，其中，b 为直线的斜率，也叫回归系数，表示当 X 每变动一个单位时，Y 的平均变动值。a 为截距，是直线与纵轴（Y轴）相交之处，即当 $X=0$ 时，Y 的期望值。

若各散点完全落在最优拟合线上，即为完全相关。此时由 X 值就可以准确地求得相应的 Y 值。但是实际上各点并非完全落在直线上，而是分布在直线的附近，由回归方程求得的 Y 值并不一定等于实际的 Y 值，它只是 Y 的估计值，用符号 $\hat{Y}$ 表示。故回归方程可写作：

$$\hat{Y} = a + bX \tag{9-25}$$

即 $\hat{Y}$ 是预测的，而不是实得的。只有当 X 和 Y 完全相关时，即 $r=1.00$，$\hat{Y}=Y$。

这一直线方程称为 Y 对 X 的回归直线方程，即通过自变量 X 来估计因变量 Y。

斜率 b 的大小可说明回归线斜度的大小。b 越大，即斜率越大，则回归线与 X 轴夹角越大，亦表明 Y 随 X 变化的幅度越大。a 是回归线与纵轴相交之处，说明直线的位置高低。

只含有一个自变量的回归问题是回归分析中的最简单形式,称为一元线性回归。

回归方程中的两个未知参数 a 和 b,需通过样本数据进行估计。根据最小二乘法,使因变量的观察值与估计值之间的离差平方和达到最小来推求参数 a 和 b。

由于样本的平均数 $\overline{X}$、$\overline{Y}$ 必在回归线上一点,即回归线一定通过样本的 $\overline{X}$、$\overline{Y}$ 点,故当 $\hat{Y}=\overline{Y}$ 时,回归方程 $\hat{Y}=a+bX$ 可写成:

$$\overline{Y}=a+b\overline{X}$$

则

$$a=\overline{Y}-b\overline{X}$$

将 $a=\overline{Y}-b\overline{X}$ 代入 $\hat{Y}=a+bX$,则

$$\hat{Y}=\overline{Y}-b\overline{X}+bX=\overline{Y}+b(X-\overline{X})$$

可见,决定最优拟合线的过程实际上就是决定斜率的过程。这一方程中只有 b 是未知数。

根据最小二乘法:

$$\sum Y = Na + b\sum X$$
$$\sum XY = a\sum X + b\sum X^2$$

解得参数 a、b 分别为:

$$b=\frac{\sum XY-\dfrac{\sum X \sum Y}{N}}{\sum X^2-\dfrac{(\sum X)^2}{N}}=\frac{N\sum XY-\sum X\sum Y}{N\sum X^2-(\sum X)^2} \quad (9\text{-}26)$$

$$a=\overline{Y}-b\overline{X}=\frac{\sum Y}{N}-b\frac{\sum X}{N} \quad (9\text{-}27)$$

斜率 b 也可通过离差求出:

$$b=\frac{\sum xy}{\sum x^2} \quad (9\text{-}28)$$

式中,x 为变量 X 的离差,$x=X-\overline{X}$;y 为变量 Y 的离差,$y=Y-\overline{Y}$。

若已知变量 X 与变量 Y 的相关系数和标准差,可根据:

$$r=\frac{\sum xy}{NS_xS_y}$$

所以

$$\sum xy = rNS_xS_y$$

第九章　相关分析与回归分析

又
$$S_x^2 = \frac{\sum x^2}{N}$$

所以
$$\sum x^2 = NS_x^2$$

代入公式（9-28）：
$$b = r\frac{S_y}{S_x} \tag{9-29}$$

例 9-13　在一项记忆扫描实验中，实验者让被试识记一些数字。每一数字的长度（即识记集的大小）均不超过短时记忆的容量。识记之后，主试呈现探针刺激。告知被试，若识记集中有探针刺激，按"Y"键反应，否则按"N"键反应。主试记录被试的反应时。下面一组数据便是被试对不同识记集大小的刺激按"Y"键反应的反应时。

被试（n）	1	2	3	4	5	6	7	8
反应时（Y）	390	480	470	470	560	510	550	590
识记集（X）	1	2	3	3	4	4	5	6

试根据实验数据求出回归方程。

解　将数据列于表 9-11。

表 9-11　实验结果数据

N	X	Y	XY	X^2
1	1	390	390	1
2	2	480	960	4
3	3	470	1 410	9
4	3	470	1 410	9
5	4	560	2 240	16
6	4	510	2 040	16
7	5	550	2 750	25
8	6	590	3 540	36
$\sum$	28	4 020	14 740	116

将相关数据代入公式（9-26）和公式（9-27）：

$$b = \frac{N\sum XY - \sum X \sum Y}{N\sum X^2 - (\sum X)^2} = \frac{8 \times 14\,740 - 28 \times 4\,020}{8 \times 116 - 116^2} = 37.222$$

$$a = \frac{\sum Y}{N} - b\frac{\sum X}{N} = \frac{4\,020}{8} - 37.222 \times \frac{28}{8} = 372.222$$

故回归方程为：
$$\hat{Y} = 372.222 + 37.222X$$
即 X 变量改变一个单位，Y 变量随之变动 37.222 个单位。

三、标准化回归系数

通过一个自变量来预测因变量，称为简单回归。如果自变量在一个以上时，要考察一组自变量对因变量的影响，这便是多元回归的问题了。多元线性回归是一元线性回归的推广，其原理是相同的。在多元回归问题中，每个因素对因变量的影响不一定完全相同。各个因素的回归系数 $b_1, b_2, \cdots, b_n$ 大小不一。但是它们之间往往无法直接比较。因为它们的绝对值分别与它们所取的单位有关。在各个自变量的测量单位不一致时，它们不存在可比性。为了比较各个自变量对因变量的主次影响，可将原始分数的回归系数 b 转化为标准化回归系数 β。标准化回归系数 β 是假定将自变量 X_i 化为 Z_x 分数，因变量 Y_i 也化为 Z_y 分数，所得的回归系数。此时因为由 X_i 化为 $Z_x=(X-\bar{X})/S_x$ 和由 Y_i 化为 $Z_y=(Y-\bar{Y})/S_y$ 时，自变量 X_i 所除的 S_x 和因变量 Y_i 所除的 S_y，其大小或单位都不一样，所以此时的回归系数也发生了变化。它表示当其他变量不变时，自变量变化一个标准差单位，因变量的标准差的平均变化。由于标准差消除了原来自变量不同的测量单位，所以各因素的标准化回归系数之间就可以相互比较了。它们绝对值的大小就代表了它们对因变量作用的大小。我们用一元线性回归方程为例来说明标准化回归方程的转化：

$$\hat{Y} = a + bX$$

由于 $a = \bar{Y} - b\bar{X}$，

$$\hat{Y} = (\bar{Y} - b\bar{X}) + bX$$
$$\hat{Y} = \bar{Y} + b(X - \bar{X}) = \bar{Y} + bx$$

移项得：
$$\hat{Y} - \bar{Y} = bx$$
$$\hat{y} = bx$$

两边同除以 S_y，把 Y 化为标准分数 Z：
$$\frac{\hat{y}}{S_y} = b \frac{x}{S_y}$$

分子分母同乘以 S_x：
$$\hat{Z}_y = b \frac{x}{S_y} \cdot \frac{S_x}{S_x}$$

$$\hat{Z}_y = b(\frac{x}{S_x}) \cdot \frac{S_x}{S_y}$$

$$\hat{Z}_y = b\frac{S_x}{S_y} \cdot Z_x$$

定义 $b\frac{S_x}{S_y} = \beta$，则

$$\hat{Z}_y = \beta Z_x$$

这便是标准分数化回归公式。其中 β 为标准化回归系数，标准化回归系数是一个相对量数，不具单位。标准化回归系数与原始分数回归系数 b 的关系如下式所示：

$$\beta = b\frac{S_x}{S_y} \tag{9-30}$$

在一元线性回归中，标准化回归系数 β 就等于自变量 X 和因变量 Y 的相关系数 r。

四、回归方程的有效性检验

理论上讲，从任何一组数据都能求出一个回归方程。但所求出的回归方程有无实际价值，则要通过有效性检验。对于一组数据来说，从 X 预测 Y，则平均数 $\bar{Y}$ 可以看做是对 X 最好的预测。对于一组 X 就有一组对应的 Y 值。但实际上 Y 并不都等于 $\bar{Y}$。因而每一个预测就会有一个误差（$Y-\bar{Y}$）。对一个 X 的预测有一个这样的误差，对 N 个 X 的预测就有 N 个这样的误差。把这些误差用离差平方和来表示，则预测的总变异就为 $\sum(Y-\bar{Y})^2$，用 SS_T 来表示，则：

$$SS_T = \sum(Y-\bar{Y})^2 = \sum Y^2 - \frac{(\sum Y)^2}{N}$$

回归方程总的变异可以分解为可解释的变异和不可解释的变异两部分。每一个预测值 $\hat{Y}$ 与预测 $\bar{Y}$ 会有一个距离，这一差值 $\hat{y} = (\hat{Y}-\bar{Y})$，平方起来便是 $\hat{y}^2 = (\hat{Y}-\bar{Y})^2$。把 N 个这样的值相加，即 $\sum \hat{y}^2 = \sum(\hat{Y}-\bar{Y})^2$，这便是回归离差平方和。这一部分是可被回归方程所解释的变异，用 SS_R 来表示。

$$\begin{aligned}SS_R &= \sum \hat{y}^2 = \sum(\hat{Y}-\bar{Y})^2 \\ &= \sum[(bX+a)-\bar{Y}]^2\end{aligned}$$

$$= \sum \left[bX + (\bar{Y} - b\bar{X}) - \bar{Y}\right]^2$$
$$= \sum (bX - b\bar{X})^2$$
$$= b^2 \sum (X - \bar{X})^2$$
$$= \left[\frac{\sum (X - \bar{X})(Y - \bar{Y})}{\sum (X - \bar{X})^2}\right]^2 \sum (X - \bar{X})^2$$
$$= \frac{\sum \left[(X - \bar{X})(Y - \bar{Y})\right]^2}{\sum (X - \bar{X})^2}$$
$$= \frac{(\sum xy)^2}{\sum x^2}$$

其中，x、y 分别为变量 X 和 Y 的离差。若用原始分数来表示，则：

$$SS_R = \frac{(N\sum XY - \sum X \sum Y)^2}{N\sum X^2 - (\sum X)^2}$$

实际上我们在预测 Y 时，并不是以 $\bar{Y}$ 来预测的，而是根据预测公式 $\hat{Y} = a + bX$ 来预测。这时，预测的误差只有 $(Y-\hat{Y})$。同理，N 个预测就有 N 个这样的误差。同样用离差平方和来表示，其总和便为 $\sum(Y-\hat{Y})^2$。因为已知 $\sum(Y-\hat{Y})^2$ 为最小值，$\hat{Y}$ 是最佳预测值，所以，整体来说，此时的预测误差会最小。我们便把 $\sum(Y-\hat{Y})^2$ 称为残差平方和或误差平方和。这一部分的变异是回归方程不能解释的变异，用 SS_e 来表示。

$$SS_e = \sum (Y - \hat{Y})^2 = \sum (Y - \hat{Y} - \bar{Y} + \bar{Y})^2$$
$$= \sum \left[(Y - \bar{Y}) - (\hat{Y} - \bar{Y})\right]^2 = \sum (y - \hat{y})^2$$
$$= \sum (y - bx)^2 = \sum (y^2 - 2bxy + b^2 x^2)$$
$$= \sum y^2 - 2b\sum xy + b^2 \sum x^2$$
$$= \sum y^2 - 2(\frac{\sum xy}{\sum x^2})\sum xy + (\frac{\sum xy}{\sum x^2})^2 \sum x^2$$
$$= \sum y^2 - 2\frac{(\sum xy)^2}{\sum x^2} + \frac{(\sum xy)^2}{\sum x^2}$$

第九章 相关分析与回归分析

$$= \sum y^2 - \frac{(\sum xy)^2}{\sum x^2}$$

若用原始分数来表示，则误差平方和为：

$$SS_e = (\sum Y^2 - \frac{(\sum Y)^2}{N}) - \frac{(N\sum XY - \sum X \sum Y)^2}{N\sum X^2 - (\sum X)^2}$$

$$= SS_T - SS_R$$

可见，回归方程总变异可分解为可解释变异和不可解释变异两部分，即：

$$SS_T = SS_R + SS_e$$

以例 9-13 为例，回归分析中方差及各项值的具体计算列于表 9-12。

表 9-12 回归分析中的方差及各项值的计算

N	X	Y	X^2	Y^2	XY	$\hat{Y}$（a+bX）	残差 $(Y-\hat{Y})$	$(Y-\hat{Y})^2$
1	1	390	1	152 100	390	409.444	-19.444	378.069
2	2	480	4	230 400	960	446.666	33.334	1 111.155
3	3	470	9	220 900	1 410	483.888	-13.888	192.877
4	3	470	9	220 900	1 410	483.888	-13.888	192.877
5	4	560	16	313 600	2 240	521.110	38.890	1 512.432
6	4	510	16	260 100	2 040	521.110	-11.110	123.432
7	5	550	25	302 500	2 750	558.332	-8.332	69.422
8	6	590	36	348 100	3 540	595.554	-5.554	30.847
$\sum$	28	4 020	116	2 048 600	14 740	4 019.992	0	3 611.111

X 和 Y 变量的平均数为：$\bar{X}=3.5$，$\bar{Y}=502.5$

$$\sum X^2 - \frac{(\sum X)^2}{N} = 116 - \frac{28^2}{8} = 18$$

$$\sum Y^2 - \frac{(\sum Y)^2}{N} = 2\,048\,600 - \frac{4\,020^2}{8} = 28\,550$$

$$\sum XY - \frac{\sum X \sum Y}{N} = 14\,740 - \frac{28 \times 4\,020}{8} = 670$$

将各项代入公式得：

$$SS_T = 28\,550$$

$$SS_R = \frac{670^2}{18} = 24\,938.888$$

$$SS_e = 28\,550 - \frac{670^2}{18} = 3\,611.111$$

$$b = \frac{670}{18} = 37.222$$

$$a = 502.5 - 37.222 \times 3.5 = 372.222$$

因而，得出回归方程：

$$\hat{Y} = 372.222 + 37.222X$$

回归方程有效性检验的虚无假设是所求回归方程无效，假设的实质是由自变量决定的回归方差并不显著大于残差方差。一元线性回归方程方差分析的总自由度为 $df_T=N-1$，回归自由度为 $df_R=1$，残差自由度为 $df_e=N-2$。

$$MS_R = \frac{SS_R}{df_R}$$

$$MS_e = \frac{SS_e}{df_e}$$

$$F = \frac{MS_R}{MS_e}$$

通过 F 检验，看 MS_R 是否显著大于 MS_e，如果 MS_R 与 MS_e 相差不大，说明回归方程所能解释的部分与不能解释的部分几乎相等，则回归方程并无实际意义，即回归方程不显著。若 MS_R 显著大于 MS_e，则表明总变异中回归的贡献显著，或称回归方程显著。

根据一定的显著性水平 α，查 F 分布表，可得检验临界值 F，如果计算所得的 F 值不大于临界值，则无充分理由拒绝虚无假设，说明所求方程无效；如果所求 F 值大于临界值，则要拒绝虚无假设，说明所求回归方程有效，可以实际使用。

例 9-14 检验例 9-13 中自变量与因变量是否存在显著的线性关系，即所建立的回归方程是否有效。

解 建立假设：

H_0：所建立的回归方程无效；

H_1：所建立的回归方程有效。

计算各离差平方和：

总离差平方和　　$SS_T=28\,550$

回归平方和　　$SS_R=24\,938.889$

残差平方和　　$SS_e = SS_T-SS_R=28\,550-24\,938.889=3\,611.111$

第九章 相关分析与回归分析

计算回归均方：

$$MS_R = \frac{SS_R}{df_R} = \frac{24\,938.889}{1} = 24\,938.889$$

计算残差均方：

$$MS_e = \frac{SS_e}{df_e} = \frac{3\,611.111}{6} = 601.852$$

检验统计量：

$$F = \frac{MS_R}{MS_e} = \frac{24\,938.889}{601.852} = 41.437$$

查 F 值表（附表4-2），$F_{0.01}(1,6)=13.74$

$F=41.437 > F_{0.01}(1,6)=13.74$

即所建立的回归方程是有效的，或者说自变量 X 与因变量 Y 之间有显著的线性关系。将上述结果填入方差分析表（表9-13）中。

表9-13 方差分析表

变异来源	平方和（SS）	自由度（df）	均方（MS）	F	p
回归（R）	24 938.889	1	24 938.889	41.437	<0.01
残差（e）	3 611.111	6	601.852		
总（T）	28 550.000	7			

五、回归系数的显著性检验

对回归方程的有效性检验也可以通过对回归系数的检验来实现。如果对回归系数 b 检验后表明回归系数显著，则说明所建立的回归方程显著；若回归系数不显著，则说明回归方程亦不显著。

设总体回归系数为 β，则检验的假设为：

H_0：$\beta=0$；

H_1：$\beta \neq 0$。

检验回归系数与0是否有显著差异一般采用 t 检验：

$$t = \frac{b-\beta}{S_b} \tag{9-31}$$

其中，S_b 为回归系数的标准误，其计算公式为：

$$S_b = \sqrt{\frac{\hat{\sigma}^2}{\sum(X-\bar{X})^2}} = \sqrt{\frac{S_{y.x}^2}{\sum(X-\bar{X})^2}} \tag{9-32}$$

式中，$S_{y.x}$ 为误差的标准差。由总离差平方和的分解证明可以看到，SS_e 是除了自变量 X 影响之后的剩余方差和，MS_e 就是剩余方差。故 $\sqrt{MS_e}$ 就为回归估计误差的标准差，记为 $S_{y.x}$。

$$S_{y.x}=\sqrt{MS_e}=\sqrt{\frac{SS_e}{N-2}}=\sqrt{\frac{\sum(Y-\hat{Y})^2}{N-2}} \qquad (9\text{-}33)$$

在大样本情况下不考虑自由度时也可用下式进行计算：

$$S_{y.x}=S_y\sqrt{1-r^2} \qquad (9\text{-}34)$$

式中，S_y 为变量 Y 的样本标准差，r 为变量 X 与变量 Y 的相关系数。

例如，对例 9-13 回归方程：$\hat{Y}=37.222X+372.222$ 的回归系数的显著性进行如下检验。

建立假设：

H_0：$\beta=0$，没有线性关系；

H_1：$\beta\neq 0$，有线性关系。

已知 $S_{y.x}^2=MS_e=601.852$，得经计算

$$\sum(X-\overline{X})^2=\sum X^2-\frac{(\sum X)^2}{N}=18$$

$$S_b=\sqrt{\frac{601.852}{18}}=5.782$$

$$t=\frac{b-0}{S_b}=\frac{37.222}{5.782}=6.438$$

查 t 值表（附表 2），$t_{0.05/2}(6)=2.447$，$t_{0.01/2}(6)=3.707$。$t>t_{0.01/2}$。应拒绝 H_0，说明回归系数非常显著。在一元回归中，因为仅有一个自变量，回归系数的显著检验与回归方程的有效性检验是等价的。

六、决定系数

经回归方程的有效性检验或回归系数的显著性检验之后，我们可以知道这个回归方程是否有效，即它是否具有预测价值。即使检验的结果表明它是有效的，我们也并不知道它的有效性到底有多高。在回归分析中衡量回归方程有效性高低的指标叫做决定系数，记为 R^2。

前面我们已经知道，总的离差平方和可以分解成两个独立的部分：回归离差平方和与残差平方和，即 $SS_T=SS_R+SS_e$。如果残差平方和为零（即没有误差），

则总离差平方和就等于回归离差平方和。总离差平方和完全由回归离差平方和所贡献,此时回归效果达到最好。回归离差平方和与总离差平方和之比为1。若回归离差平方和为零,则说明总离差平方和完全由残差平方和所贡献,此时回归效果为零。回归离差平方和与总离差平方和之比为零。可见,回归离差平方和与总离差平方和之比可以作为衡量回归效果的一个指标,其值在0和1之间。用公式表示:

$$R^2 = \frac{\sum(\hat{Y}-\bar{Y})^2}{\sum(Y-\bar{Y})^2} = \sum(\hat{Y}-\bar{Y})^2 \times \frac{1}{\sum(Y-\bar{Y})^2}$$

$$= \frac{(\sum XY - \frac{\sum X \sum Y}{N})^2}{\sum X^2 - \frac{(\sum X)^2}{N}} \times \frac{1}{\sum Y^2 - \frac{(\sum Y)^2}{N}}$$

$$= \frac{(\sum XY - \frac{\sum X \sum Y}{N})^2}{(\sum X^2 - \frac{(\sum X)^2}{N})(\sum Y^2 - \frac{(\sum Y)^2}{N})} = r^2$$

可见,回归离差平方和与总离差平方和之比恰好是相关系数的平方。它说明了回归离差平方和在总离差平方和中所占的比率。一般将 R^2 乘以 100% 表示回归方程解释 Y 变化的百分比,即在因变量 Y 的总变异中,由自变量 X 所解释的变异的百分比为多少。如例 9-13 中通过计算得出 $R^2=0.874$,说明因变量 Y 的变异中有 87.4% 是由自变量 X 的变异引起的,或者说有 87.4% 可以由 X 的变异推测出来。从中可以看出,两变量间的相关系数越高,由 X 预测 Y 的正确程度便越高,即决定系数越高。决定系数 R^2 的开方 R 即为复相关系数,即因变量 Y 的实测值与估计值之间的相关系数。在多元回归模型中它表示因变量 Y 与 k 个自变量线性组合之间的相关。

对决定系数 R^2 的显著性检验称为拟合优度检验,具体方法参见第八节。在一元线性回归模型中,回归方程的显著性检验、回归系数的显著性检验和拟合优度检验三者是等效的。

七、一元回归方程的应用

通过样本求出回归方程之后就可以用它进行估计或预测了。在回归分析中通常有两类估计问题:一是预测总体回归方程估计值 $\hat{Y}$ 在一确定的 X 值时的条件均值及其置信区间;二是对单个因变量的实测值及其置信区间进行预测。两者都是对 $\hat{Y}$ 的点估计,对于预测的点估计方法也完全相同,但是这两种预测的区间估计则有所不同。因为在回归理论中,前者是关于所有具备同一条件的案例的平均值预测,而后者只是关于某一个具备这一条件的案例的预测。根据随机抽样的原理,由于多项正负误差之间相互抵消,平均值预测总是比单个值预测更为精确,即平均值预测的置信区间要比单个值预测的置信区间更窄。下面通过例子来看两种区间估计。

(1) 因变量均值估计及其置信区间

对于一个确定的自变量 X 值,因变量 Y 仍然是一个随机变量。对因变量的均值估计实际上就是要估计确定 X 条件下的总体回归值 $\hat{Y}$。但是用以预测的回归方程仅仅是根据一个样本数据所求得的,其 a 和 b 分别是总体回归方程 α 和 β 的估计值。如果从总体中抽取的样本不同,则所求的回归方程也不相同。但这些样本回归线都以总体回归线为中心。因此可以用样本因变量的估计值作为确定 X 条件下总体因变量的点估计量。可以证明,其估计的标准误 $S_{\hat{Y}}$ 为:

$$S_{\hat{Y}} = S_{y.x} \sqrt{\frac{1}{N} + \frac{(X-\overline{X})^2}{\sum (X_i - \overline{X})^2}}$$

$S_{\hat{Y}}$ 的计算实际上包括两部分,$S_{y.x}\sqrt{\dfrac{1}{N}}$ 是以样本平均数估计总体均数的标准误差;而 $S_{y.x}\sqrt{\dfrac{1}{\sum(X_i-\overline{X})^2}}$ 是以样本回归线斜率 b 估计总体回归斜率 β 的标准误差。对于给定的置信水平 $1-\alpha$,因变量均值的置信区间为:

$$[\hat{Y} - t_{\alpha/2} \times S_{\hat{Y}}, \quad \hat{Y} + t_{\alpha/2} \times S_{\hat{Y}}]$$

其中 $t_{\alpha/2}$ 临界值由 t 分布表查得,其自由度 $df=n-2$。

例9-15 根据例9-13中求出的回归方程预测对于一个识记集为5的刺激变量相应的反应时为多少?并对其0.95的置信区间进行估计。

解 从样本回归方程计算出当 $X=5$ 时对应的反应时估计值:

$$\hat{Y} = 37.222 \times 5 + 372.222 = 558.332$$

该值既是当识记集为5的条件下被试一次反应的反应时的点估计,也是所有识记集为5的条件下被试反应时平均值的点估计值。反应时均值估计标准误 $S_{\hat{Y}}$ 为:

$$S_{\hat{Y}} = S_{y.x}\sqrt{\frac{1}{N} + \frac{(X-\overline{X})^2}{\sum(X_i-\overline{X})^2}} = \sqrt{601.852} \times \sqrt{\frac{1}{8} + \frac{(5-3.5)^2}{18}} = 12.266$$

查 t 值表（附表2），$t_{0.05/2}(6) = 2.447$，则当 $X=5$ 时，反应时落入 0.95 的置信区间为：

$$[558.332-2.447 \times 12.266, 558.332+2.447 \times 12.266]$$

即 [528.317, 588.347]。

这就是说，从理论上讲对于识记集为 5 的刺激项目的反应时有 95% 的可能在 528.317 至 588.347 之间。

（2）单个因变量实测值估计及其置信区间

上面用回归方程预测当 $X=5$ 时，Y 的估计值为 558.332。但实际上 $X=5$ 时，Y 不一定刚好等于 558.332，但有 95% 的概率在 528.317 至 588.347 之间。不过这个估计是针对样本回归方程 $\hat{Y} = 37.222X + 372.222$ 而言的，即这个范围只考虑了 Y 值在回归方程上下的波动，但并没有考虑回归方程本身的变动。因为回归方程也会因样本的不同而发生变动。如果再抽取一组样本，那么所求得的回归方程就有可能与该回归方程不同。因此，前面所求得的反应时的估计值并不能真正代表与 $X=5$ 所对应的反应时的代表值。它只是在 $\hat{Y} = 37.222 \times 5 + 372.222 = 558.332$ 情况下计算出的代表值。故对单个因变量的预测，误差将会来自两个方面：一是 Y 值在回归方程上的变异；二是对总体回归方程估计的误差变异。所以，对单个因变量的点估计仍然同上，但对其预测的估计标准误差 S_{y_i} 则为：

$$S_{y_i} = S_{y.x}\sqrt{1 + \frac{1}{N} + \frac{(X-\overline{X})^2}{\sum(X_i-\overline{X})^2}}$$

可见对单个因变量值预测的估计标准误差中增加了一个单位的回归标准误 $S_{y.x}$。因此，对单个因变量作区间估计时，置信区间的宽度有明显增加。此时的置信区间为：

$$[\hat{Y} - t_{\alpha/2} \times S_{y_i}, \hat{Y} + t_{\alpha/2} \times S_{y_i}]$$

若对上例单个因变量值进行区间估计，则：

$$S_{y_i} = S_{y.x}\sqrt{1 + \frac{1}{N} + \frac{(X-\overline{X})^2}{\sum(X_i-\overline{X})^2}} = \sqrt{601.852} \times \sqrt{1 + \frac{1}{8} + \frac{(5-3.5)^2}{18}} = 27.428$$

单个因变量值的估计区间为：

$$[558.332-2.447 \times 27.428, 558.332+2.447 \times 27.428]$$

即 [491.215, 625.448]。

利用回归方程作预测，自变量离它的均值越近，预测越精确；自变量离它的均值越远，误差越大。对于根据 X 的观测区域之外的值，作出的预测是比较粗糙的，其误差可能会很大。

第八节　多元线性回归分析

多元线性回归分析是用于两个或两个以上自变量与一个因变量之间的线性关系的分析，它反映了一个因变量受多个自变量影响的变动规律及如何根据多个自变量的变动情况来对因变量的变动进行预测。由于在现实社会生活中各类现象或问题错综复杂，很多现象或问题往往受多种因素的影响，用多个自变量的最优组合来共同预测或估计因变量就比只用一个自变量进行预测或估计更为有效。因此，多元线性回归分析的应用更为广泛。多元线性回归在基本原理和计算过程上与一元线性回归是相同的，但随着多元回归分析中自变量的增多，多元回归分析的计算量将会成倍增加。因此，多元线性回归分析通常需要借助于计算机。我们可以利用计算机软件（如 Excel 软件、SPSS 软件和 SAS 软件等）来进行多元线性回归分析。

一、多元线性回归分析模型

多元线性回归方程是用于表达一个因变量与多个自变量之间相互关系的一种数学模型。假设变量 Y 值的变动受变量 X_1，X_2，$\cdots$，X_k 等多个变量的影响，并且它们之间存在线性依存关系，则多元线性回归方程可表达为：

$$\hat{Y} = a + b_1 X_1 + b_2 X_2 + \cdots + b_k X_k \tag{9-35}$$

式中，$\hat{Y}$ 为各自变量取某定值条件下应变量均数的估计值，X_1，X_2，$\cdots$，X_k 为自变量，k 为自变量个数，a，b_1，b_2，$\cdots$，b_k 为回归方程待定参数，a 为回归方程常数项，也称为截距，其意义同一元线性回归。b_1，b_2，$\cdots$，b_k 分别为 Y 对 $X_1, X_2, \cdots, X_k$ 的回归系数，称为偏回归系数（partial regression coefficient）。b_j 表示在除 X_j 以外的自变量固定条件下，X_j 每改变一个单位后 Y 的平均改变量。

与一元线性回归分析相同，求参数 a，b_1，b_2，$\cdots$，b_k 的方法仍用最小二乘法，即求出能使估计值 $\hat{Y}$ 和实际观察值 Y 的残差平方和 $\sum e^2 = \sum (Y - \hat{Y})^2$ 为最小值的一组回归系数 b_1，b_2，$\cdots$，b_k。

以只包含两个自变量的二元线性回归为例，二元线性回归的方程为：

$$\hat{Y} = a+b_1X_1+b_2X_2$$

a、b_1、b_2 三个参数的求解方程为：

$$\sum Y = Na + b_1\sum X_1 + b_2\sum X_2$$
$$\sum X_1Y = a\sum X_1 + b_1\sum X_1^2 + b_2\sum X_1X_2$$
$$\sum X_2Y = a\sum X_2 + b_1\sum X_1X_2 + b_2\sum X_2^2$$

解方程组，可得 a、b_1、b_2 三个参数值，则二元线性回归方程即可建立。如果记：$x_1=(X_1-\overline{X}_1)$，$x_2=(X_2-\overline{X}_2)$，$y=(Y-\overline{Y})$，则根据最小二乘法可得：

$$b_1 = \frac{\sum yx_1\sum x_2^2 - \sum yx_2\sum x_1x_2}{\sum x_1^2\sum x_2^2 - (\sum x_1x_2)^2} \quad (9\text{-}36)$$

$$b_2 = \frac{\sum yx_2\sum x_1^2 - \sum yx_1\sum x_1x_2}{\sum x_1^2\sum x_2^2 - (\sum x_1x_2)^2} \quad (9\text{-}37)$$

$$a = \overline{Y} - b_1\overline{X}_1 - b_2\overline{X}_2 \quad (9\text{-}38)$$

在多元线性回归分析中，由于各个自变量的单位可能不同，因而每个自变量前的系数的大小并不能说明该因素的重要程度。例如，同样的重量，如果以千克为单位就比用克为单位所得的回归系数要小，但是自变量对因变量的影响程度并没有改变。所以需要将各个自变量化为统一的单位。与一元线性回归分析相同，先将所有变量（包括因变量）都先转化为标准分，再进行线性回归，此时得到的回归系数就能反映对应自变量的重要程度。这时的回归方程称为标准回归方程，回归系数称为标准化回归系数，表示如下：

$$\hat{Z}_y = \beta_1 Z_{x1} + \beta_2 Z_{x2} + \cdots + \beta_k Z_{xk} \quad (9\text{-}39)$$

由于所有变量都转化为标准分，所以就不再有常数项 a，因为各自变量都取平均水平时，因变量也应该取平均水平，而平均水平正好对应标准分 0，当等式两端的变量都取 0 时，常数项也就为 0 了。

二、多元线性回归分析中的假设检验

1. 回归方程的显著性检验

与一元线性回归分析相同，多元线性回归分析中的回归方程的显著性检验也是建立在三个离差平方和的基础上，即：总离差平方和 $SS_T = \sum(Y-\overline{Y})^2$，回归平方和 $SS_R = \sum(\hat{Y}-\overline{Y})^2$，残差平方和 $SS_e = \sum(Y-\hat{Y})^2$。总离差平方和反映了被解释变量总体上变动程度；回归平方和反映了变量对被解释变量变动的解释程度；残差平方和反映了自变量对被解释变量变动尚未解释的程度。总离差平方和为回归平方和与残差平方和之和。

对于一个二元线性回归方程，其离差平方和的分解可表示为：

$$\sum y^2 = b_1 \sum yx_1 + b_2 \sum yx_2 + \sum e_T^2 \qquad (9\text{-}40)$$

对多元回归方程作假设检验，判断自变量 X_1，X_2，…，X_k 是否与 Y 真有线性依存关系，也就是检验 H_0：$\beta_1 = \beta_1 = \cdots = \beta_k = 0$，备择假设 H_1：各 β 值不全等于 0 或全不等于 0。

检验时常用统计量 F：

$$F = \frac{SS_R / k}{SS_e / n - k - 1} = \frac{MS_R}{MS_e}$$

其中，k 为自变量的个数，n 为样本量。

例 9-16 表 9-14 是某医院根据患者外科手术的住院天数、患者年龄与住院费用的统计资料，试据此建立回归方程并对回归方程的显著性进行检验。

表 9-14　患者住院天数、年龄与住院费用资料

住院天数（X_1）	年龄（X_2）	住院费用（万元）（Y）
2	62	1.32
3	36	1.41
4	30	1.52
6	56	2.13
7	72	3.24
5	41	1.86
4	46	1.62
3	37	1.45
3	51	1.13
2	30	0.82
8	40	1.81
13	63	4.13

解 首先建立回归方程，设住院天数为 X_1，年龄为 X_2，住院费用为 Y。
$\bar{X}_1 = 5$，$\bar{X}_2 = 47$，$\bar{Y} = 1.87$；
$\sum x_1^2 = 110$，$\sum x_2^2 = 2\,088$，$\sum x_1 x_2 = 224$，$\sum yx_1 = 29.54$，$\sum yx_2 = 95.33$。
代入公式（9-36）、（9-37）和（9-38）得：

$$b_1=\frac{\sum yx_1\sum x_2^2-\sum yx_2\sum x_1x_2}{\sum x_1^2\sum x_2^2-(\sum x_1x_2)^2}=\frac{29.54\times 2\,088-95.33\times 224}{110\times 2\,088-224^2}=0.224\,7$$

$$b_2=\frac{\sum yx_2\sum x_1^2-\sum yx_1\sum x_1x_2}{\sum x_1^2\sum x_2^2-(\sum x_1x_2)^2}=\frac{95.33\times 110-29.54\times 224}{110\times 2\,088-224^2}=0.021\,6$$

$$a=\bar{Y}-b_1\bar{X}_1-b_2\bar{X}_2=1.87-0.224\,7\times 5-0.021\,6\times 47=-0.268\,7$$

回归方程为：

$$\hat{Y}=-0.268\,7+0.224\,7X_1+0.021\,6X_2$$

对回归方程的显著性检验的假设为：

H_0：$\beta_1=\beta_2=0$；

H_1：β_1、β_2不全等于0或全不等于0。

总离差平方和：

$$SS_T=\sum(Y-\bar{Y})^2=\sum Y^2-\frac{(\sum Y)^2}{N}=51.54-22.44^2/12=9.58$$

回归平方和：

$$SS_R=\sum\hat{y}^2=\sum(\hat{Y}-\bar{Y})^2$$
$$=b_1\sum yx_1+b_2\sum yx_2=0.224\,7\times 29.54+0.021\,6\times 95.33=8.69$$

残差平方和：

$$SS_e=SS_T-SS_R=9.58-8.69=0.89$$

$$F=\frac{SS_R/k}{SS_e/n-k-1}=\frac{8.69/2}{0.89/9}=43.93$$

查 F 值表（附表4-2），$F_{0.01}(2,9)=8.02$，$F=43.93>F_{0.01}(2,9)$，故可拒绝 H_0，说明回归方程的回归效果显著，即变量住院费用 Y 与住院天数 X_1 和患者年龄 X_2 之间存在显著的线性关系。若根据计算结果不能拒绝 H_0，则说明回归方程的回归效果不显著，变量 Y 与变量 X_1 之间不存在显著的线性关系，求出的回归方程没有任何实际意义。

2. 回归系数的显著性检验

对回归方程的显著性检验是对回归方程中全部自变量的总体回归效果进行检验。但总体回归效果显著并不说明每个自变量对因变量的影响都是显著的，有可能只是某些自变量对因变量的影响显著，而另一些对因变量的影响实际上并不显著，或者能被其他的自变量的作用所代替。因此，若把这些对因变量的影响不显著的自变量从回归方程中剔除的话，则回归方程将更为简洁。

如果自变量 X_i 对因变量 Y 的影响不显著，则它的回归系数 β_i 就应该为零。因此，检验每个自变量 X_i 是否对 Y 影响显著，实际上就是检验假设 H_0：$\beta_i=0$，$i=1, 2, \cdots, m$。

对于二元线性回归分析来说，统计检验的假设为：

H_0：$\beta_i=0$；

H_1：$\beta_i\neq0$。

检验的统计量为：

$$t_i = \frac{b_i}{S_{b_i}}$$

其中：S_{b_i} 是 b_i 标准差的估计。

在一元回归模型中，

$$S_b = \sqrt{\frac{\hat{\sigma}^2}{\sum x^2}}$$

其中 $\hat{\sigma}^2$ 为随机误差项方差的估计量：

$$\hat{\sigma}^2 = \frac{\sum(Y_i-\hat{Y}_i)^2}{n-k-1} = \frac{\sum e_i^2}{n-k-1} \tag{9-41}$$

对于二元回归模型，则：

$$S_{b_1} = \sqrt{\frac{\sum x_2^2 \hat{\sigma}^2}{\sum x_1^2 \sum x_2^2 - (\sum x_1 x_2)^2}} \tag{9-42}$$

$$S_{b_2} = \sqrt{\frac{\sum x_1^2 \hat{\sigma}^2}{\sum x_1^2 \sum x_2^2 - (\sum x_1 x_2)^2}} \tag{9-43}$$

在给定的显著性水平 α 下，查 t 分布的临界表得到临界值 $t_{\alpha/2}(n-k-1)$。比较计算的统计量值和查表得到的临界值，做出检验判断。如果 $|t_i|>t_{\alpha/2}(n-k-1)$，则拒绝 H_0，即回归系数 b_i 在给定显著性水平下与 0 有显著性差异；否则不能拒绝 H_0，即系数 b_i 在给定显著性水平下与 0 无显著差异。

下面对例 9-16 计算所得的回归系数进行显著性检验。

首先建立统计检验假设：

H_0：$\beta_i=0$；

H_1：$\beta_i\neq0$。

计算相应的统计量：

$$S_{b_1} = \sqrt{\frac{\sum x_2^2 \hat{\sigma}^2}{\sum x_1^2 \sum x_2^2 - (\sum x_1 x_2)^2}} = \sqrt{\frac{2\,088 \times 0.89/9}{110 \times 2\,088 - 224^2}} = 0.033\,9$$

$$S_{b_2} = \sqrt{\frac{\sum x_1^2 \hat{\sigma}^2}{\sum x_1^2 \sum x_2^2 - (\sum x_1 x_2)^2}} = \sqrt{\frac{110 \times 0.89/9}{110 \times 2\,088 - 224^2}} = 0.007\,8$$

$$t_1 = \frac{b_1}{S_{b_1}} = \frac{0.224\,7}{0.033\,9} = 6.628\,3$$

$$t_2 = \frac{b_2}{S_{b_2}} = \frac{0.021\,6}{0.007\,8} = 2.769\,2$$

查 t 分布的临界表（附表 2）得到临界值 $t_{0.05/2}(9)=2.262$，两个 t 值均大于临界值，故拒绝 H_0，回归系数 b_1 和 b_2 与 0 均有显著差异，即回归系数显著。

3. 拟合优度检验

在一元线性回归模型中，我们将回归离差平方和与总离差平方和之比定义为决定系数以衡量回归效果的一个指标，即 $R^2 = SS_R/SS_T$。在多元线性回归模型中也同样定义样本决定系数或复决定系数 R^2，R^2 作为检验回归方程与样本观测值拟合优度的指标：R^2（$0 \leqslant R^2 \leqslant 1$）越大，表示回归方程与样本拟合的越好；反之，$R^2$ 越小，表示回归方程与样本值拟合较差。

在二元回归方程中，即当 $k=2$ 时，样本决定系数的求法：

$$R^2 = \frac{\sum(\hat{Y}-\bar{Y})^2}{\sum(Y-\bar{Y})^2} = \frac{b_1 \sum yx_1 + b_2 \sum yx_2}{\sum y^2} \tag{9-44}$$

在多元回归模型中，R^2 的大小与模型中的自变量的数目有关。如果模型中增加一个新的自变量或称解释变量，即便没有统计学意义，总离差中由自变量解释的部分，即回归平方和将会增加，但总离差平方和不会改变。这就是说，R^2 与模型中自变量的个数有关。但通过增加模型中自变量的数目而使 R^2 增大并不是真的意味着回归方程的有效性增加了，显然此时用这样一个 R^2 来检验回归方程与样本观测值拟合优度就有了局限性。因而我们需要对 R^2 进行调整，使它不但能说明被解释离差与总离差的关系，而且又能说明自由度的数目。调整后的决定系数用 R^2_{adj} 表示，它作为衡量模型优劣的一个重要指标。R^2_{adj} 越大，则模型拟合得越好。但当 k/n 很小时，如小于 0.05 时，调整作用趋于减弱或消失。

调整的决定系数计算公式为：

$$R_{\text{adj}}^2 = 1 - \frac{SS_e/(n-k-1)}{SS_T/(n-1)} = 1 - (1-R^2)\frac{n-1}{n-k-1} \quad (9\text{-}45)$$

其中，n 是样本观测值的个数，k 是自变量的个数。从式中可以看出，当增加一个自变量时，由前面的分析可知 R^2 会增加，引起 $(1-R^2)$ 减少，而 $\frac{n-1}{n-k-1}$ 增加，因而 R_{adj}^2 不会增加。这样用 R_{adj}^2 判定回归方程的拟合优度，就消除了 R^2 对自变量个数的依赖。

下面我们分别计算例 9-16 中的样本决定系数和调整的决定系数。

$$R^2 = \frac{b_1\sum yx_1 + b_2\sum yx_2}{\sum y^2} = \frac{0.2247 \times 29.54 + 0.0216 \times 95.33}{9.581} = 0.9077$$

$$R_{\text{adj}}^2 = 1 - (1-R^2)\frac{n-1}{n-k-1} = 1 - (1-0.9077) \times \frac{11}{9} = 0.8872$$

可见，例 9-16 中样本决定系数为 0.9077，调整后的决定系数为 0.8872。

拟合优度检验是从已经得到估计的模型出发，检验它对样本观测值的拟合程度。根据公式（9-45）：

$$R_{\text{adj}}^2 = 1 - \frac{SS_e/(n-k-1)}{SS_T/(n-1)}$$

又由于：

$$F = \frac{SS_R/k}{SS_e/n-k-1}$$

可推出：

$$R_{\text{adj}}^2 = 1 - \frac{n-1}{n-k-1+kF}$$

或：

$$F = \frac{R_{\text{adj}}^2/k}{(1-R_{\text{adj}}^2)/(n-k-1)} \quad (9\text{-}46)$$

因此，F 检验是所估计回归的总显著性的一个度量，也就是对 R^2 或 R_{adj}^2 的显著性检验。当 $k>1$ 时，$R_{\text{adj}}^2 \leqslant R^2$。

下面对例 9-16 中计算所得的调整决定系数进行拟合优度检验。

建立统计假设：

H_0：$\rho^2 = 0$；

H_1：$\rho^2 \neq 0$。

计算统计量：

$$F = \frac{R_{adj}^2/k}{(1-R_{adj}^2)/(n-k-1)} = \frac{0.8872/2}{(1-0.8872)/(12-2-1)} = 35.3936$$

查 F 分布表（附表 4-2），$F_{0.01}(2, 9)=8.02$，$F>F_{0.01}(2, 9)=8.02$，所以，拒绝虚无假设 H_0：$\rho^2=0$，备择假设成立 H_1：$\rho^2 \neq 0$。即在 0.01 的显著性水平下，回归方程可以解释的方差显著地大于未被解释的方差。R_{adj}^2 显著不等于 0，或者说 R_{adj}^2 不可能是由 $\rho^2=0$ 的总体产生的。

回归方程的总体线性关系显著并不等于每个自变量对因变量的影响都是显著的。因此，通常需要对每个自变量进行显著性检验，以决定是否作为自变量被保留在模型中。

三、多元线性回归分析应注意的问题

多元线性回归分析需要满足以下几个前提条件：
（1）自变量之间互不相关；
（2）随机误差项均值为零；
（3）随机误差项不随变量取值的改变而改变，即具有方差齐性；
（4）随机误差项无自相关；
（5）自变量与随机误差项不相关；
（6）随机误差项满足正态分布。

一般来说，随机误差项均值为 0 的条件容易得到满足，即使这一条件得不到满足一般也不会影响自变量的系数，而只会影响截距项。随机误差项满足正态分布的条件一般也能够成立，就算不成立，在大样本情况下也会近似成立。所以在进行多元线性回归分析时很少考虑这些问题。但是如果自变量之间存在相关，或随机误差项自相关以及随机误差项方差不等，就会出现多重共线性、序列自相关或异方差现象，造成自变量与因变量分析上的扭曲现象，或参数的显著性检验失去意义，回归模型失去预测功能。因而应该予以重视。

1. 多重共线性

多重共线性（multicollinearity）是指多元回归模型中自变量之间存在高度相关的现象。一般来说，如果两个自变量之间的相关系数较高，比如大于 0.80，则可以认为存在严重的多重共线性。

多重共线性会对解释自变量与因变量的关系造成扭曲，使参数估计变得不稳定，甚至会使参数值可大可小、可正可负，其意义无法解释；并且会使参数估计值的标准差变得很大，以致参数的显著性检验失去意义。

为什么多重共线性会对回归模型造成如此严重的影响？我们假定 X_1 和 X_2 为高度相关的两个自变量，我们已经建立了估计的回归方程 $\hat{Y}=a+b_1X_1+b_2X_2$，并且 F 检验显示多元回归关系在总体上是显著的。然后，我们进行回归系数的显著性检验，可能发现不能拒绝 H_0：$\beta_1=0$。那么这是否意味着自变量 X_1 对因变量没有影响呢？不一定。因为 X_1 和 X_2 高度相关，很可能是由于 X_2 已经在模型里，所以 X_1 对决定 Y 的数值已经不再有显著的贡献了。类似地，通过回归系数的显著性检验也可能导致得出 $\beta_2=0$ 的结论，同样是由于 X_1 已经在模型里，因而 X_2 对估计 Y 值没有增加更多的信息。

为了确定模型中是否存在多重共线性，统计学家提出了不同的检测方法。例如，对于仅有两个自变量的模型来说，可以采用经验的估计方法，计算出 X_1 和 X_2 的简单相关系数 r，若 $|r|>0.70$，则说明模型中存在多重共线性。对于多自变量的模型来说，检验的方法有多种，如可以采用综合统计检验法，即回归模型的拟合优度 R^2 与 F 值较大，但回归系数在统计上却不显著，说明各自变量对 Y 的联合线性作用显著，但它们对 Y 的独立作用却不能分辨，因而 t 检验不显著，说明可能存在多重共线性。在一些统计软件中通常会提供多种检验方法，如在 SPSS 统计软件中通过 Statistics 对话框选中 Collinearity Diagnostics 之后，可提供容忍度（tolerance）、方差膨胀因子（Variance Inflation Factor，VIF）、特征根（Eigenvalue）和条件指数（Condition Index）等指标用于判断是否存在多重共线性。

容忍度是以 1 减去某一自变量作为因变量，其他自变量作为自变量时所得到的线性回归模型的决定系数，即：tolerance=$1-R_i^2$。容忍度越小，说明这一变量与其他变量的信息的重复性越大；反之，容忍度越大，说明这一变量的独立信息越多，因而可能成为重要的解释变量。一般当容忍度小于 0.1 时，便认为该变量与其他自变量之间的多重共线性超过了容忍限度。

方差膨胀因子等于容忍度的倒数。它的值表示所对应的偏回归系数的方差由于多重共线性而扩大的倍数。VIF 越大，多重共线性越严重。一般认为 VIF 不应大于 5，对应于容忍度的标准，可放宽至不大于 10。

特征根则是对模型中常数项及所有自变量计算主成分，如果前面的主成分数值较大，而后面的几个主成分数值较小，甚至趋于 0，则说明自变量间存在较强的线性相关。

条件指数等于最大的主成分与当前主成分的比值的算术平方根。故第一个主成分所对应的条件指数为 1。如果某一变量的条件指数较大，如大于 30，则意味着存在多重共线性。

当发现模型中存在多重共线性时，可采用的解决办法有：

(1) 逐步回归

逐步回归是多元线性回归分析中筛选变量的一种有效的方法。它事先设定好自变量进入和被剔除方程的 p 值（在 SPSS 中默认进入方程的标准 $p=0.05$，剔除出方程的标准 $p=0.10$），然后根据自变量对 Y 作用的显著程度，从一个自变量开始，从大到小地依次逐个引入回归方程。当引入的自变量由于后面变量的引入而变得不显著时，就将其剔除。引入一个自变量或从回归方程中剔除一个自变量，为逐步回归的一步。对于每一步都要进行 F 检验，以确保每次引入新的显著性变量前，回归方程中只包含对 Y 作用显著的变量。这个过程反复进行，直至既无不显著的变量从回归方程中剔除，又无显著变量可引入回归方程时为止。

(2) 岭回归

岭回归是一种解决共线性问题的有偏估计回归方法，它通过放弃最小二乘法的无偏性，以损失部分信息和降低精度为代价，寻求效果稍差但回归系数更符合实际的回归方程。因而它对于不满足线性回归前提条件的数据的耐受性更大。有关岭回归的原理和具体方法请参阅相关参考书。在 SPSS 中可以通过语法调用岭回归宏程序，例如，对自变量为 X_1、X_2、X_3，因变量为 Y 的数据进行岭回归分析，假设 SPSS 安装路径为"C：/Program Files/SPSS"。打开语法文件 Syntax，输入下列语句：

INCLUDE 'C:/Program Files/SPSS/Ridge regression.sps'.

RIDGEREG DEP=y /ENTER = x1 x2 x3.

然后点击"run"运行，即可输出分析结果。

除此之外，还可以采用下列方法解决共线性问题：如①排除引起共线性的变量。这是最简单直接的方法，找出引起多重共线性的自变量，将其排除。但是从模型中删除一个变量，可能导致模型设定误差等问题。②主成分回归，即对存在多重共线性的自变量通过提取出主成分，然后以较大的几个主成分与其他自变量一起进行回归分析。③增加样本容量，减小参数估计量的方差。自变量之间的相关程度往往与样本容量成反比，样本容量越大，相关程度越小。因此，收集更多观测值，增加样本容量，可以避免或减轻多重共线性的危害。④变换模型形式，如在模型两端做对数变换可以调整数据数量级的差异并克服异方差。⑤数据中心化。当某一自变量 X_1 对应变量的作用大小与另一个自变量 X_2 的取值有关时，则表示两个变量存在交互作用。此时可在模型中引入交互作

用项即 X_1、X_2 的乘积项,但它与 X_1 和 X_2 之间往往存在较高的相关造成共线性,可通过分别将两个自变量减去各自均值,然后再相乘,以减轻共线性。

一般来说,当模型仅用于预测,而对参数估计值没有过高要求的话,只要回归系数显著,符号和大小有意义,则多重共线性问题也可以忽略。

2. 自相关

自相关也称序列相关,是指当回归模型中所涉及的数据是按时间序列采集时,误差项之间所呈现的一种特殊形式的相关现象。例如,回归分析中按时间顺序采集的数据,我们用 Y_t 表示 Y 在 t 时期的值,而 Y_t 的值又常常依赖于 Y 在以前时期的值。在这种情形下,我们就称数据中存在自相关或序列相关。如果 Y 在 t 时期的值依赖于 Y 在 $t-1$ 时期的值,或者说误差项的当前值与其自身前一期值之间存在相关性,我们就称数据中存在一阶自相关。同理,如果 Y 在 t 时期的值依赖于 Y 在 $t-2$ 时期的值,则称数据中存在二阶自相关。一般而言,两个随机项在时间上相隔越远,前者对后者的影响越小。如果存在自相关的话,最强的自相关应该是一阶自相关。自相关也可能是由于回归模型设定的偏误所造成的。所谓模型设定偏误(specification error)是指所设定的模型有偏误,主要表现在模型中丢失了对因变量有重要影响的自变量或模型函数形式有偏误,从而造成随机项出现自相关。

当数据存在自相关时,就违背了回归模型的假定,误差项不再独立。估计的参数方差 S_{b_i} 出现偏误(偏大或偏小),建立在参数方差正确估计基础上的统计量的显著性检验就失去了意义,模型的预测功能失效。

对自相关的检验方法有多种,较常用的是杜宾—瓦森(Durbin-Watson)检验法,简称 D-W 检验。

D-W 检验仅适用于一阶自相关的检验,其检验的统计量为:

$$d = \frac{\sum (e_t - e_{t-1})^2}{\sum e_t^2}$$

计算出 d 值之后,根据样本容量 n 和自变量数目 k 查 Durbin-Watson 检验表(附表10),得到临界值参照下限 d_L 和参照上限 d_U,然后按照下列准则考察计算得到的 d 值,以判断模型的自相关状态。

$0 < d < d_L$	存在正自相关
$d_L < d < d_U$	不能确定
$d_U < d < 4 - d_U$	无自相关
$4 - d_U < d < 4 - d_L$	不能确定

第九章 相关分析与回归分析

$4-d_L < d < 4$ 　　　　存在负自相关

也就是说，当 d 值为 2 左右时，模型不存在一阶自相关。

从判断准则中可见，存在一个不能确定的 d 值区域，这是 D-W 检验方法的一个缺陷。D-W 检验虽然只能检验一阶自相关，但在实际应用中，一阶自相关是出现最多的一类序列相关，而且经验表明，如果不存在一阶自相关，一般也不存在高阶序列相关。所以在实际应用中，对于序列相关问题一般只进行 D-W 检验。SPSS 统计软件中提供了 D-W 检验。在设置回归过程中，点击"线性回归"菜单上的 Statistics 按钮，打开对话框，在 Residuals 框中选中 Durbin-Watson 选项。然后，点击 Continue 按钮退回"线性回归"菜单。完成设定后，点击 OK 按钮运行，即可输出包括 d 值的相应结果。

对存在自相关的序列数据可用差分法来解决。所谓差分法是将时间序列数据取一阶差分后进行回归分析的方法。如 Y 的一阶差分，记为 ΔY_t，它是用 Y 的当前值减去前一期的值，即：$\Delta Y_t = Y_t - Y_{t-1}$，以此类推。一般说来，增量间的线性关系总是弱于总量间的线性关系。所以，对于时间序列数据，将直接的线性模型转换为差分形式进行估计可以有效地降低自相关。

例 9-17 以一组连续 24 小时的观测数据为例来看序列相关问题。

表 9-15　连续 24 小时观测数据

小时	X	Y	ΔX_t	ΔY_t
1	10.07	0.39		
2	11.22	0.56	1.15	0.17
3	12.55	0.72	1.33	0.16
4	13.51	0.79	0.96	0.07
5	14.71	0.69	1.20	−0.10
6	16.48	0.76	1.77	0.07
7	19.92	0.98	3.44	0.22
8	24.90	1.51	4.98	0.53
9	28.34	1.53	3.44	0.02
10	33.23	1.54	4.89	0.01
11	41.47	1.97	8.24	0.43
12	46.97	2.11	5.50	0.14
13	51.52	1.91	4.55	−0.20
14	60.05	2.28	8.53	0.37
15	73.99	2.88	13.94	0.60
16	96.21	3.71	22.22	0.83

续表

小时	X	Y	ΔX_t	ΔY_t
17	129.89	4.13	33.68	0.42
18	162.44	4.72	32.55	0.59
19	188.57	4.96	26.13	0.24
20	206.84	5.08	18.27	0.12
21	217.63	5.01	10.79	-0.07
22	227.97	5.92	10.34	0.91
23	248.45	8.04	20.48	2.12
24	266.48	8.70	18.03	0.66

对原始数据用 SPSS 进行回归分析，通过数据分析，Analyze→Regression→Linear Regression，将因变量 Y 送入 Dependent 框中，自变量 X 送入 Independent(s)框中。点击"线性回归"菜单上的 Statistics 按钮，打开对话框，在 Residuals 框中选中 Durbin-Watson 选项，点击 Continue 按钮退回线性回归菜单。完成设定后，点击 OK 按钮运行，输出结果。

回归方程为：

$\hat{Y}=0.546+0.026X$

回归方程的显著性检验：$F=405.153$，$p<0.01$

回归系数的显著性检验：$t=20.128$，$p<0.01$

决定系数：$R^2=0.948$

调整的决定系数：$R^2_{adj}=0.946$

Durbin-Watson 值：$d=0.627$

查 Durbin-Watson 检验表，当 $k=1$，$n=24$，$\alpha=0.01$ 时，$d_L=1.04$，$d_U=1.20$。$d=0.627<d_L=1.04$，说明存在正的自相关。因而上述回归方程和参数的显著性检验结果就极为不可靠。

采用一阶差分法转换之后，再用 SPSS 进行分析，得到如下结果：

回归方程为：

$\hat{Y}=0.114+0.022X$

回归方程的显著性检验：$F=5.767$，$p=0.026$

回归系数的显著性检验：$t=2.401$，$p=0.026$

决定系数：$R^2=0.215$

调整的决定系数：$R^2_{adj}=0.178$

Durbin-Watson 值：d =1.314

查 Durbin-Watson 检验表，当 k=1，n=23，α =0.01 时，d_L=1.02，d_U=1.19。d_U=1.19＜d=1.314＜4-1.19=2.81，说明此时已没有自相关。回归模型和参数的显著性检验较为可靠。

3. 异方差

异方差就是对随机误差项不随变量取值的改变而改变这一假设的违反。在经典回归中随着样本观察点 X 的变化，线性模型中随机误差项保持为常数。对于所有的 Y 估计值而言，真实值与预测值必须近似相等，否则随机误差项便具有异方差。

造成异方差的原因一方面是由于随机误差项包括了测量误差和模型中忽略了对因变量有重要影响的自变量，另一方面则是由于不同的抽样单元造成因变量观测值之间出现较大差别。再者，就是观测值中存在异常值。一般来说，异方差性多出现在横截面样本之中。而时间序列样本则由于因变量观测值来自不同时期的同一样本单元，通常因变量的不同观测值之间的差别不是很大，所以异方差性一般不明显。

一旦随机误差项违反同方差假设，如果仍然用最小二乘法进行参数估计，虽然估计量的线性和无偏性不会受到影响，但却不再具备最优性，即在所有线性无偏估计值中所得到的估计值的方差并非最小，估计的参数方差 S_{b_i} 不具有效性，t 检验和其他检验失去了意义。由于参数估计值的变异增大，对 Y 的预测误差变大，降低了预测精度，模型的预测功能失效。

对异方差的检验方法有多种，如戈德菲尔德—匡特（Goldfeld-Quandt）检验法、帕克（Park）检验法、戈里瑟（Glejser）检验法和怀特（White）检验法等。这里仅介绍两种简单的方法，图示法和斯皮尔曼等级相关法。

图示法就是通过绘制散点图观察变量的变化趋势以判断是否存在异方差的直观方法。可以绘制自变量 X 与因变量 Y 的散点图，若随着 X 的增加，图中散点分布的区域逐渐变宽或变窄，或出现了偏离带状区域的复杂变化，则随机项可能出现了异方差；也可以绘制自变量 X 与残差平方 e_i^2 的散点图进行判断，如果散点图呈现某种有规律的分布，则意味着可能存在异方差。

斯皮尔曼等级相关法是通过计算残差与自变量之间的等级相关来判断是否存在异方差。具体做法是：

第一步，运用最小二乘法对原方程进行回归，计算残差 e_i=Y-$\hat{Y}$，i=1, 2, …, n。

第二步，计算斯皮尔曼等级相关系数。将残差绝对值和自变量观测值 X 按从小到大或从大到小的顺序排成等级。若遇相同值可取平均等级。然后根据斯皮尔曼等级相关系数公式计算等级相关系数。

第三步,对总体等级相关系数 ρ 进行显著性检验。$H_0: \rho = 0$,$H_1: \rho \neq 0$。若 $|t| > t_{\alpha/2}(n-2)$,则拒绝虚无假设,样本数据异方差性显著。否则,可认为不存在异方差性。

对于多元回归模型,可分别计算 $|e_i|$ 与每个自变量的等级相关系数,再分别进行总体等级相关系数显著性检验。

对异方差的处理可采用加权最小二乘法和对数转换法。

加权最小二乘法是在平方和中加入一个适当的权数 W_i,以调整各项在平方和中的作用,使残差平方和达到最小。理论上最优的权数 W_i 为误差项方差 σ_i^2 的倒数,即 $W_i = 1/\sigma_i^2$。但实际上由于 σ_i^2 往往是未知的,我们只能用 σ_i^2 的近似估计值,通常取某个自变量 X_j 平方的倒数,即 $W = 1/X_j^2$。例如对因变量和自变量分别乘以权数 W_i 后,使异方差变为同方差或接近同方差,再用最小二乘法估计。

对数转换法则是对模型中因变量 Y 和自变量 X 分别用对数 $\ln Y$ 和 $\ln X$ 代替,再对模型进行估计。对变量的对数转换通常可以降低异方差性的影响。

4. 虚拟变量

在多元回归分析中,我们不仅要分析因变量受定量自变量影响的问题,有时也要分析因变量受定性自变量或分类自变量影响的问题。例如需要考虑性别、民族、文化程度和职业等因素对某一因变量的影响。那么就需要把这些因素包括在回归模型中。由于定性变量通常表示的是某种特征的有和无,所以量化的方法是采用取值为 1 或 0。这种反映质的属性的人工定义的变量就称做虚拟变量(dummy variable),也称虚设变量、名义变量或哑变量,用 D 表示。虚拟变量应用于模型中,可使线形回归模型变得更复杂,但对问题的描述更简明,回归方程的效能更高,而且接近现实。对虚拟变量回归系数的估计与检验方法与定量变量相同。

虚拟变量是相对于真实变量而言的,表明这个变量的取值并不具有真实的数值含义。比如性别,用 0 和 1 来表示,但这里的 0 和 1 并不是真实的数值,而只是男和女的代码。我们可以用 0 和 1 表示,也可以用其他数字表示。这里的数值本身没有任何实际的意义,它们仅仅是一个代码。我们不能说男大于女,或女大于男。实际上我们可以用任何数字来表示男和女,只不过习惯上一般都是取值为 0 和 1。

一般地,在虚拟变量的设置中,将基础类型、肯定类型取值为 1;而将比较类型、否定类型取值为 0。例如，反映文化程度的虚拟变量：$D=1$ 为本科学历；$D=0$ 为非本科学历。

在实际应用中，虚拟变量一般更多地用于多分类变量的情况。例如，如果自变量是血型，分 A、B、O 和 AB 型。如果我们直接给它们赋值 1、2、3、4，这相当于我们默认这 4 种血型之间存在等级的秩序，但是实际上 4 种血型之间并没有等级秩序可言。此时理想的方法就是采用虚拟变量。虚拟变量的生成并不复杂，如果原有的分类变量分为 k 类，那么，就能生成 $k-1$ 个虚拟变量。上述血型变量由于有 4 种类型，因而生成 3 个虚拟变量，D_1 表示 A 型和非 A 型（1，0），D_2 表示 B 型和非 B 型（1，0），D_3 表示 O 型和非 O 型（1，0），AB 作为参照类，即当 D_1、D_2 和 D_3 均取值为 0 时，血型则为 AB 型。同样，我们可以把地区类型甲、乙、丙生成两个虚拟变量 D_1 和 D_2，D_1 表示甲类地区和非甲类地区（1，0），D_2 表示乙类地区和非乙类地区（0，1），当 D_1 和 D_2 均取值为 0 时（0，0），则表示丙类地区。

所以，当自变量中有多分类变量时，我们就需要考虑这种分类变量与因变量之间是否为线性关系（可以用散点图粗略观察），如果不是，则采用虚拟变量的方式进行分析。将 k 个类别的分类变量，转化为 $k-1$ 个虚拟变量。参照类则是所有虚拟变量均为 0 时的那一类。各类别虚拟变量的回归系数表示该类别与参照类均值之差，也就是差别截距。

需要注意的是，虚拟变量增加了自变量的个数，回归模型中自变量的个数增加，样本量也要增加。因为一般说来，模型中每个自变量至少需要有 30 个观测值。例如一个二元回归模型至少需要的样本量为 $n=60$。如果其中一个自变量转化为 5 个虚拟变量，则此时回归分析需要的样本量为 $n=180$。因此，如果样本量不足的话，转化为虚拟变量时就需要慎重。

思考与练习题

一、名词概念

偏相关　复相关　决定系数　多重共线性　自相关　虚拟变量

二、单项选择题

1. 对于两列连续变量，可用来计算其相关系数的是（　　）。
   A．点二列相关、等级相关　　B．积差相关、斯皮尔曼等级相关
   C．积差相关、点二列相关　　D．肯德尔和谐系数、点二列相关
2. 有 7 名考官对 5 名求职者进行面试，为了解考官的评价一致性程度，最

适宜的统计方法是（　　）。
  A．肯德尔和谐系数   B．积差相关系数
  C．点二列相关系数   D．斯皮尔曼等级相关系数

3．一个因变量与多个自变量的依存关系是（　　）。
  A．单相关   B．线性相关
  C．非线性相关   D．复相关

4．若 Y 随着 X 的变化而等比例变化，则 Y 与 X 的关系是（　　）。
  A．单相关   B．线性相关
  C．非线性相关   D．复相关

5．在回归分析中，要求两变量（　　）。
  A．都是随机变量
  B．自变量是确定性变量，因变量是随机变量
  C．都是确定性变量
  D．因变量是确定性变量，自变量是随机变量

6．已知从 X 推测 Y 的回归方程式为 $\hat{Y}=1.56-0.96X$，说明 X，Y 两变量是（　　）。
  A．正相关   B．负相关
  C．不相关   D．不一定相关

7．从 X 推测 Y 或从 Y 推测 X，在下列哪种情况下推测是没有误差的。（　　）
  A．$r=-1.00$ B．$r=0.99$
  C．$r=-0.10$ D．$r=0.10$

8．若估计标准误 S_{yx} 等于因变量的标准差 σ_y，则说明回归方程（　　）。
  A．很有意义   B．毫无价值
  C．计算有误   D．问题不成立

9．在直线回归方程中，b 表示（　　）。
  A．当 X 增加一个单位时，Y 增加 a 的数量
  B．当 Y 增加一个单位时，X 增加 b 的数量
  C．当 X 增加一个单位时，Y 的平均增加量
  D．当 Y 增加一个单位时，X 的平均增加量

10．回归估计的估计标准误差的计量单位与（　　）。
  A．自变量相同   B．因变量相同
  C．自变量及因变量相同   D．相关系数相同

三、简答题

1. 对相关系数的解释应注意的问题是什么？
2. 多元线性回归分析需要满足的前提条件是什么？
3. 多重共线性对回归模型的危害是什么？

四、应用题

1. 5 位专家对 7 名心理援助对象进行焦虑程度的评估，结果如下表，试对专家评估的一致性程度进行评估。

$N=5$	评分者 $k=5$				
	1	2	3	4	5
1	5	4	5	4	4
2	4	5	5	5	5
3	6	5	6	6	6
4	4	4	5	4	4
5	3	3	3	3	4
6	4	3	4	4	4
7	3	4	4	4	4
Σ					

2. 一般能力测验与两项专业水平测验结果如下表，试计算它们之间的相关系数；若控制了一般能力的影响后，两项专业水平测验之间的相关为多少？

专业 1	专业 2	一般能力
82	75	111
68	61	90
75	69	103
83	63	101
78	70	100
79	72	105
91	80	112
59	61	95
74	65	99
80	76	104

3. 模拟考试与入学考试成绩的资料如下表所示，试计算二者的相关系数并

建立根据模拟考试估计入学成绩的线性回归方程。

模拟考试	入学考试	模拟考试	入学考试	模拟考试	入学考试
79	64	73	75	72	69
83	77	71	70	77	74
72	73	72	73	74	79
71	72	69	67	80	76
72	69	73	68	81	84
85	75	84	81	85	88
79	74	62	65	78	82
82	72	65	62	61	63
78	81	60	58	68	74
80	79	77	70	66	72

第十章 χ^2 检验

在心理与行为研究中，经常会遇到离散型数据或计数数据，如性别分为男、女；对某个问题的态度分为赞成、反对或中立；文化程度可分为大学、中学和小学等。有时研究数据虽然是连续型，但由于研究的需要而将其按一定的标准划分为不同的类别，如学习成绩可分为优、良、中、差；能力水平可分为高、中、低等。对这类数据的统计处理和假设检验一般用计数数据的统计方法进行非参数检验。

非参数检验相对于参数检验来说比较灵活，它不像参数检验那样要求满足已知总体分布，如总体服从正态分布和各总体方差齐性等前提条件。非参数检验不依赖于总体分布的具体形式，因而不考虑总体分布是否已知，它也不针对总体参数进行检验，而是针对总体的一般性假设，如总体分布的位置是否相同，总体分布是否与某种已知分布相吻合等进行检验。非参数检验的原理和计算一般比较简单，非参数检验对数据信息的利用往往不够，因而其统计检验效力一般低于参数检验。

χ^2 检验是最常用的一种非参数检验方法。它主要适用于计数资料的检验，或虽然是连续型数据资料，但总体分布未知或已知非正态，以及总体分布虽然正态，数据类型也是连续型，但由于样本容量太小，不适宜进行参数检验的情况。

χ^2 检验的应用主要有两个方面：一是对总体分布进行拟合性检验，用以检验实际观察次数是否与某种理论次数分布相一致的问题。实际观察次数是指在实验或调查中得到的计数资料；而理论次数是指根据概率或某种理论次数分布等所计算出来的次数。一般实际观察次数与理论次数常常不一致。究竟这种差异是由于机遇造成的，还是由于实验处理或被试性质等其他因素造成的，就需要进行检验。依据虚无假设的原则，如果其差异由机遇造成，则认为实际观察次数与理论次数分布相符合，差异不显著；如果其差异由其他原因造成，则认为实际观察次数与理论次数分布不符合，差异显著。二是独立性检验，用以检验两组或多组资料是相互关联还是彼此独立的问题。如果各组资料互不关联，就称为独立。意味着对其中一个因素来说，其他因素的多项分类次数上的变化是在取样误差的范围之内。否则说明因素之间有关联。

第一节 拟合优度检验

χ^2检验的公式由统计学家Pearson于1899提出。他发现，实际观察次数与某理论次数之差的平方除以理论次数是一个与χ^2分布非常近似的次数分布。当样本容量愈大，理论次数愈大时，其接近的程度愈好。所以，用χ^2检验方法进行统计检验时，要求样本容量不宜太小，一般要求理论次数≥5，否则不宜直接计算Pearson卡方值，而需要进行校正。

χ^2检验的基本公式可写成如下形式：

$$\chi^2 = \sum \frac{(f_o - f_e)^2}{f_e} \tag{10-1}$$

式中，f_o为实际观察数或称实际数，f_e为理论次数或称期望次数。

拟合优度检验主要用于对实际观测次数与某种理论次数是否有差别的分析。它适用于一个因素多项分类的计数资料，故又可称为单因素分类的χ^2检验。

拟合性检验的虚无假设是观测次数与理论次数之间无差异，备择假设则是观测次数与理论次数之间有差异。其中理论次数的计算一般是根据某种理论，按一定的概率通过样本即实际观测次数来计算。这里所说的某种理论，可能是经验规律，也可能是理论分布。理论证明，当n足够大时，该统计量服从χ^2分布。因此对给定的显著性水平α，将根据样本计算所得的χ^2值与临界值χ_α^2相比较，就可以作出是否拒绝H_0的检验结论。

例10-1 随机抽取48名学生对学校的某项方案进行态度调查。结果表明支持该方案的有30名，反对的有18名。试问学生的意见是否有显著差异。

解 学生的态度分类只有两项，如果学生的态度没有差异，则其理论次数的概率应相同，即$p=q=0.5$。因此，要检验对该方案的态度是否有显著差异，实际上就是检验每种态度的实际观察次数与理论次数的差异是否显著的问题。

第十章 χ^2 检验

理论次数 $f_e=48\times0.5=24$

H_0: $f_o=f_e$

H_1: $f_o\neq f_e$

计算 χ^2 值：

$$\chi^2=\sum\frac{(f_o-f_e)^2}{f_e}=\frac{(30-24)^2}{24}+\frac{(18-24)^2}{24}=3$$

确定自由度：拟合优度检验的自由度为 $k-1$，k 为分类数目，故 $df=2-1=1$。

查 χ^2 分布表确定 p 值：

查附表 3，$df=1$ 时，$\chi^2_{0.05}=3.84$。而我们计算所得的 χ^2 值为 3，$\chi^2<\chi^2_{0.05}$，未达到临界值，$p>0.05$。

故可推论，学生对学校的该项方案的态度没有显著的差异。

例 10-2 某校 314 名学生在一次考试中的成绩分布如下：A 等 22 人，B 等 94 人，C 等 113 人，D 等 69 人，E 等 16 人。问这一成绩是否服从正态分布？

解 首先，建立假设：

H_0: 实际成绩的等级人数分布与正态分布所期待的理论次数分布无显著差异；

H_1: 实际成绩的等级人数分布与正态分布所期待的理论次数分布有显著差异。

本例的理论次数分布需要通过查正态分布表和计算获得。根据正态分布，平均数上下 3 个标准差基本包括了全体。我们把正态曲线的横坐标自 $Z=-3$ 至 $+3$ 划分为 5 个等分，再借助于正态分布表把相邻两个等分点所包含的面积 p 推算出来。最后把总数 N 分别乘以各个面积比例 p，即可求出各等级的理论次数。

具体计算：$6\sigma/5=1.2\sigma$，即每一等级包含 1.2 个 σ。

A 等：$3\sigma\sim1.8\sigma$，曲线下的面积 $0.5-0.464\ 1=0.035\ 9$

B 等：$1.8\sigma\sim0.6\sigma$，曲线下的面积 $0.464\ 1-0.225\ 7=0.238\ 3$

C 等：$0.6\sigma\sim-0.6\sigma$，曲线下的面积 $0.225\ 7\times2=0.451\ 5$

D 等：$-0.6\sigma\sim-1.8\sigma$，曲线下的面积 $0.464\ 1-0.225\ 7=0.238\ 3$

E 等：$-1.8\sigma\sim-3\sigma$，曲线下的面积 $0.5-0.464\ 1=0.035\ 9$

这里 3σ 所对应的 p 值不是取附表 1 中的 0.498 7，而是取 0.5，是因为我们已假定 $\pm3\sigma$ 已包括了全体，两端细微的差异都已并入了首尾两个面积之内。

把各等级的面积乘以总次数即可得出各等级的理论次数：

f_e（A）$=0.035\ 9\times314=11.3$

f_e（B）$=0.238\ 3\times314=74.8$

f_e（C）=0.451 5×314=141.8

f_e（D）=0.238 3×314=74.8

f_e（E）=0.035 93×314=11.3

根据公式计算 χ^2 值：

$$\chi^2 = \frac{(22-11.3)^2}{11.3} + \frac{(94-74.8)^2}{74.8} + \frac{(113-141.8)^2}{141.8} + \frac{(69-74.8)^2}{74.8} + \frac{(16-11.3)^2}{11.3} = 23.31$$

自由度 df=5-1=4

查 χ^2 分布表，$\chi^2_{0.05}(4)$=9.49，$\chi^2_{0.01}(4)$=13.28，由于实得的 χ^2=23.31＞$\chi^2_{0.01}(4)$=13.28，所以我们可以在 0.01 的显著性水平上拒绝虚无假设 H_0，认为考试成绩的等级人数分布与正态分布所期待的理论次数分布有非常显著的差异。

从上例的计算可见，拟合优度检验的关键是理论次数的计算。

第二节 独立性检验

χ^2 检验是检验计数资料差异显著性的有力工具。独立性检验是对两个或多个因素多项分类的计数资料进行分析检验，以判断各组资料是相互关联，还是彼此独立。在这种情况下，其理论次数通常并不能预先确定，而需要从问题所取得的资料中去推算出来。通过建立一个各组性质彼此独立而无关联的假设，再根据这种假设，由实测次数推算出理论次数，然后与相应的实测次数比较，求出 χ^2 值，以检验各组性质是否确为彼此独立。从而决定拒绝或接受各组性质彼此独立而无关联的假设。

独立性检验一般采用列联表的形式记录观察数据。在双因素实验中，最简单的形式是每一因素各有两项分类，这种情况下的 χ^2 检验称为 2×2 列联表或四格表的独立性检验。如果一个因素有 R 项分类，另一因素有 C 项分类，则称之为 $R \times C$ 列联表的独立性检验。

独立性检验的理论次数的计算与自由度的确定：独立性检验的理论次数是由列联表所提供的数据推算来的。两个因素的各行或各行的和，即每一项分类的数目与总数的比值，提供了样本的比率。若以 A、B 表示两个因素，A 因素分为 $A1$ 和 $A2$ 两类；B 因素分为 $B1$ 和 $B2$ 两类。由此得到按两种特征分类后的 4 个小类。我们以 a、b、c、d 来分别表示这 4 个小类的观测次数，则得到一个双向分类数据结构的 2×2 列联表（表 10-1）。

表 10-1　2×2 列联表的一般结构

	B1	B2	总和
A1	a	b	a+b
A2	c	d	c+d
总和	a+c	b+d	N=a+b+c+d

如果 A、B 两特征之间是彼此独立的话，则各个方格中的理论次数应为：

$$f_e(a) = \frac{(a+b)(a+c)}{N}$$

$$f_e(b) = \frac{(a+b)(b+d)}{N}$$

$$f_e(c) = \frac{(a+c)(c+d)}{N}$$

$$f_e(d) = \frac{(b+d)(c+d)}{N}$$

独立性检验的虚无假设是列变量与行变量相互独立，备择假设是列变量与行变量相互不独立。由于在推求理论次数时，曾涉及边缘总和量的约束，故 2×2 列联表中 χ^2 统计量的自由度 $df=(2-1)(2-1)=1$；对于 R×C 列联表，其自由度 $df=(R-1)(C-1)$。

一、2×2 列联表的 χ^2 检验

例 10-3　在一项产品外观设计的研究中，请 100 名被试对某品牌手机的外观设计进行评价。评价只分为满意和不满意两种，评价的结果见表 10-2。问对该手机外观设计方案的评价有无性别差异。

表 10-2　四格表的 χ^2 检验

	满意	不满意	总和
男	a 26（20）	b 14（20）	40
女	c 24（30）	d 36（30）	60
总和	50	50	100

解　建立假设：
H_0：列变量与行变量独立；
H_1：列变量与行变量不独立。
根据公式（10-1），直接计算 χ^2 值：

$$\chi^2 = \frac{(26-20)^2}{20} + \frac{(14-20)^2}{20} + \frac{(24-30)^2}{30} + \frac{(36-30)^2}{30} = 6$$

查 χ^2 分布表（附表3）得：$\chi^2_{0.05}(1) = 3.84$，$\chi^2_{0.01}(1) = 6.64$。而 $\chi^2_{0.05}(1) < \chi^2 < \chi^2_{0.01}(1)$，故在 0.05 水平上拒绝虚无假设，可认为男女被试间对该方案的评价存在显著差异。

根据实得次数四格表，也可不必求期望次数而直接用下面的简捷公式计算 χ^2 值：

$$\chi^2 = \frac{N(ad-bc)^2}{(a+b)(c+d)(a+c)(b+d)} \qquad (10-2)$$

例 10-3 数据代入简捷公式：

$$\chi^2 = \frac{100(26 \times 36 - 14 \times 24)^2}{(26+14)(24+36)(26+24)(14+36)} = 6$$

两者计算结果完全相同。

二、四格表 χ^2 检验的连续性校正

由于 χ^2 分布本质上是连续型随机变量的分布形式。正如二项分布是离散分布，正态分布是连续分布，正态分布是二项分布的近似分布一样，χ^2 分布是按公式计算出的统计量 χ^2 值的近似分布。这种分布的近似性是有条件的。这就是为什么在用皮尔逊（Pearson）χ^2 检验时，一般要求样本容量较大（$N>40$），最小理论次数应大于 1，并且少于 20%单元格的理论次数小于 5 等条件。而在四格表中只要有任一单元格的理论次数小于 5，便不能满足上述条件。在这种情况下，一般可用 Yates 连续性校正公式来计算 χ^2 值。

Yates 连续性校正法是将实得次数与理论次数每一差值的绝对值都减去 0.5，计算统计量 χ^2 值的公式因此就改为：

$$\chi^2 = \frac{(|f_o - f_e| - 0.5)^2}{f_e} \qquad (10-3)$$

或写为：

$$\chi^2 = \frac{N(|ad-bc| - \frac{N}{2})^2}{(a+b)(c+d)(a+c)(b+d)} \qquad (10-4)$$

一般来说，当 $df=1$，1<最小理论次数<5，样本容量 $N>40$ 时，应使用 Yates 连续性校正公式计算 χ^2 值。

第十章 χ^2 检验

三、四格表的 Fisher 精确概率检验法

在四格表情况下,如果最小理论次数<1,或样本容量 $N \leqslant 40$(也有人建议 $N \leqslant 20$)时,可以使用 Fisher 精确概率检验法。在边缘次数固定的情况下,观测数据的精确概率分布为超几何分布。如果两个变量是独立的,当边缘次数保持不变时,各单元格内的实得次数 a、b、c、d,任何一特定排列概率 p 是:

$$p = \frac{(a+b)!(c+d)!(a+c)!(b+d)!}{a!b!c!d!N!} \quad (10\text{-}5)$$

式中,$a!$ 读做 a 的阶乘(余类推)。

在边缘次数不变的情况下,用公式(10-5)计算出各格内实得次数排列的概率,以及所有其他可能排列的概率和,然后与显著性水平 α 比较,若 $p < \alpha$,则说明超过了独立性样本各格实得次数的取样范围,就可推论说,两样本独立的假设不成立,或说两样本之间存在显著关联。

具体计算方法如下例所示:表 10-3 是 A、B 两因素的四格表数据资料,试检验各组资料是否相互独立。

表 10-3 四格表精确概率计算

	$B1$	$B2$	$\sum$
$A1$	$a8$	$b2$	10
$A2$	$c3$	$d7$	10
$\sum$	11	9	20

(A)

	$B1$	$B2$	$\sum$
$A1$	$a9$	$b1$	10
$A2$	$c2$	$d8$	10
$\sum$	11	9	20

(B)

	$B1$	$B2$	$\sum$
$A1$	$a10$	$b0$	10
$A2$	$c1$	$d9$	10
$\sum$	11	9	20

(C)

精确概率检验法要求计算在边缘次数不变的情况下,实得次数最小的那一单元格的数字依次变化至零时,所有排列的概率和,即 $p = p_0 + p_1 + p_2 + \cdots$。表 10-3(A)中实得次数最小的单元格内数字为 2,则依次还有 1、0 两种变化,见表 10-3(B)和表 10-3(C)。

因此,精确概率 $p = p_0 + p_1 + p_2$,依据公式(10-5)分别计算各种排列的概率:

$$p_2 = \frac{10!10!11!9!}{8!2!3!7!20!} = 0.032\,15$$

$$p_1 = \frac{10!10!11!9!}{9!1!2!8!20!} = 0.002\,68$$

$$p_0 = \frac{10!10!11!9!}{10!0!1!9!20!} = 0.000\,06$$

$p=p_0+p_1+p_2=0.034\,89$,这是单侧概率,如果每类中样本容量相同,也就是说,如果行或列的边缘总和相同的话,双侧概率即是单侧概率乘以 2,本例的双侧概率为 0.069 78。需注意的是,若边缘总和不同,精确的双侧概率就不能直接把求得的单侧概率乘以 2,而是将较小的那一样本容量变化至与另一样本容量相同时,再求出单侧概率的两倍,即是每类中样本容量不同时的双侧概率。

四、四格表相关比例数的 McNemar 检验

研究者常用一一配对的方法以增加比较的精确性。进行配对的往往是像年龄、性别、体重、智力和爱好等这样一些变量。两个一一配对的样本不再是独立样本,而是属于相关的样本。因此通常的卡方检验不能严格用来评定根据这样一些样本所得到的频数间的差别,而应使用 McNemar 检验来进行比较。

McNemar 检验主要适用于配对样本中的频数比较。以表 10-4 为例来看 McNemar 检验的计算方法。表 10-4 中给出了两配对样本 I 和 II 有无某特征或属性 A 的频数。如果我们关心的是两样本间的差别,则对表的右上角和左下角方格中的数值不感兴趣。由于频数 b 是都有特征 A 的配对,而频数 c 是指无特征 A 的配对。这样就限于比较频数 a 和 d,前者表示来自样本 I 有此特征和来自样本 II 无此特征的配对样本数,后者表示相反情况下的配对数。在两样本于此特征无差别的假设下,我们将期待 a 和 d 相等,或者说此两格的每个有期望值 $\frac{(a+d)}{2}$。现将观测频数 a、d 及其期望频数 $\frac{(a+d)}{2}$ 代入 χ^2 的计算公式,得到:

$$\chi^2 = \frac{(a-d)^2}{(a+d)^2} \quad (10\text{-}6)$$

如果应用连续性修正,表达式变为:

$$\chi^2 = \frac{(|a-d|-1)^2}{a+d} \quad (10\text{-}7)$$

这是适用于在配对样本的四格表中检验是否存在关联性的 McNemar 公式。

表 10-4 配对样本的频数

		样本 I	
		A 不存在	A 存在
样本 II	A 存在	a	b
	A 不存在	c	d

下面看一个具体实例：

例 10-4 一位研究者想知道父母离异是否对子女的问题行为表现有影响。他将 20 位父母离异的子女按年龄、性别、智力等有关变量与另外 20 位正常家庭的子女一一配对。表 10-5 是这 20 对儿童问题行为出现与否的比例。问父母离异是否与儿童的问题行为有关联？

表 10-5　父母离异与子女的问题行为

		父母离异		
		无问题行为	有问题行为	
父母未	有问题行为	5	8	13
离异	无问题行为	4	3	7
		9	11	20

解　建立假设：

H_0：列变量与行变量独立，即父母离异与问题行为无关联；

H_1：列变量与行变量不独立，即父母离异与问题行为有关联。

从表 10-5 中可见，a 为 5，d 为 3。将这些数值代入公式（10-7）：

$$\chi^2 = \frac{(|a-d|-1)^2}{a+d} = \frac{(|5-3|-1)^2}{5+3} = 0.125$$

查 χ^2 分布表得：$\chi^2 < \chi^2_{0.05}(1) = 3.84$，故在 0.05 显著性水平上不能拒绝虚无假设，即不能认为父母离异与儿童的问题行为之间存在关联。

五、$R \times C$ 列联表的 χ^2 检验

当 A、B 两个因素进行双向两个以上的分类时，便可得到一个多行多列的表格。如一组数据 A 因素可分为 R 个小类，B 因素可分为 C 个小类，则构成了一个 $R \times C$ 列联表。$R \times C$ 列联表的检验方法与 2×2 四格表的检验方法基本相同。并且它允许有的格内的实得次数为 0，允许最小理论次数为 0.5，其中 2×C 表的最小理论次数为 1，而不需使用连续性校正公式计算仍可得到较为近似的结果。如果最小理论次数小于 0.5 或 1（2×C 表）时，一般采用合并项目的方法，而不用连续性校正。

$R \times C$ 列联表求理论次数的方法同四格表一样，可以利用行和列的边缘总和的乘积除以总次数 N 来获得。

例 10-5　某校就一项改革方案对全校教师进行态度问卷调查。教师按年龄划分，40 岁以下为青年组，40～50 岁为中年组，50 岁以上为中老年组。对该

方案的态度分为赞成、不置可否和反对三种。具体结果见表 10-6。问年龄与态度是否有关。

表 10-6　问卷调查中态度与对象 3×3 列联表 χ^2 检验

问卷对象	赞成	不置可否	反对	总和
青年	55（45.45）	32（30.38）	29（40.17）	116
中年	86（81.49）	24（54.48）	98（72.03）	208
中老年	40（54.06）	65（36.14）	33（47.79）	138
总和	181	121	160	462

解　首先建立统计假设：

H_0：年龄与态度无关；

H_1：年龄与态度有关。

然后利用边缘总和与总次数计算出各单元格的理论次数（见表 10-6 中括号内数字），再根据公式计算 χ^2 值：

$$\chi^2 = \frac{(55-45.45)^2}{45.45} + \frac{(32-30.38)^2}{30.38} + \frac{(29-40.17)^2}{40.17} +$$

$$\frac{(86-81.49)^2}{81.49} + \frac{(24-54.48)^2}{54.48} + \frac{(98-72.03)^2}{72.03} +$$

$$\frac{(40-54.06)^2}{54.06} + \frac{(65-36.14)^2}{36.14} + \frac{(33-47.79)^2}{47.79}$$

$$= 63.14$$

根据自由度 $df = (R-1)(C-1) = 4$，查附表 3，$\chi^2_{0.05}(4) = 9.49$，$\chi^2_{0.01}(4) = 13.28$。而实得的 $\chi^2 = 63.14 > \chi^2_{0.01}(4)$，故在 0.01 显著性水平上拒绝虚无假设，即认为不同年龄的教师对该方案的态度有非常显著的差异。

对于 $R \times C$ 表的检验也可用下面较为简便的公式而不必计算每一系列的理论次数：

$$\chi^2 = N\left(\sum \frac{f_{oi}}{f_{Ri} f_{Ci}} - 1\right) \qquad (10-8)$$

式中，f_{oi} 即各单元格中的实际观测次数，f_{Ri} 指第 i 行的边缘总和，f_{Ci} 指第 i 列的边缘总和。

例如对例 10-5 的计算：

$$\chi^2 = 462 \times (\frac{55^2}{181\times116} + \frac{32^2}{121\times116} + \cdots + \frac{33^2}{160\times138} - 1) = 63.14$$

计算结果与前相同。

思考与练习题

一、名词概念

卡方的拟合优度检验　卡方的独立性检验

二、单项选择题

1. 在 χ^2 检验时，遇到下面哪种情况时不宜再用皮尔逊 χ^2 检验？（　　）
   A. $f_e < 10$　　　　　　　B. $f_e > 10$
   C. $f_e > 5$　　　　　　　D. $f_e < 5$

2. $R \times C$ 列联表 χ^2 检验的自由度为（　　）。
   A. RC　　　　　　　　B. $(R-1)(C-1)$
   C. $R(C-1)$　　　　　　D. $RC-2$

3. 在独立性检验中，以下 α 的取值不恰当的是（　　）。
   A. 0.05　　　　　　　　B. 0.1
   C. 0.01　　　　　　　　D. 0.5

4. 根据 χ^2 分布的性质，以下各式中正确的是（　　）。
   A. $\chi^2_{0.05}(1) > \chi^2_{0.10}(1)$　　　　　B. $\chi^2_{0.05}(1) > \chi^2_{0.01}(1)$
   C. $\chi^2_{0.05}(2) > \chi^2_{0.01}(1)$　　　　　D. $\chi^2_{0.05}(4) > \chi^2_{0.05}(5)$

5. 研究者拟采用 χ^2 检验法来检验各部门男性主管与女性主管的比例是否有统计上的显著差异。他认为相对于 t 检验来说，χ^2 检验的主要优点是（　　）。
   A. χ^2 检验效力更高　　　　B. χ^2 检验既能测试关系又能测试强度
   C. χ^2 检验能用于名义数据　D. χ^2 检验能方便地计算参数

三、简答题

1. χ^2 检验在计数数据的分析中有哪些应用？
2. 应用 χ^2 检验应注意哪些问题？

四、应用题

1. 已知以往的成绩分布为：优 10%、良 25%、中 30%、中下 20%、差 15%。

这次全班 56 人的测量结果为：优 5 人、良 12 人、中 26 人、中下 10 人、差 3 人。问这次测量结果与以往的成绩分布是否有实质性的差异？

2. 某项测验，男生 15 人中有 14 人通过，1 人未通过；女生 28 人中有 18 人通过，10 人未通过。问男女生在这项测验中是否存在显著差异？

3. 某厂家聘请 100 名消费者对某一产品外观进行评价，结果显示男性消费者喜欢的有 13 人，不喜欢的有 27 人；女性消费者喜欢的有 37 人，不喜欢的 23 人。试问消费者对这一产品的外观喜好有无性别差异？

4. 欲研究不同收入的群体对某种特定商品是否有相同的购买习惯，市场研究人员调查了四个不同收入组的消费者共 527 人，购买习惯分为：经常购买、不购买、有时购买。调查结果如下表：

购买习惯	低收入组	偏低收入组	偏高收入组	高收入组
经常购买	25	40	47	46
不购买	69	51	74	57
有时购买	36	26	19	37

试以 $\alpha = 0.01$ 显著性水平检验收入水平与购买习惯是否有关。

第十一章　其他非参数检验

假设检验的方法可以分为两大类：参数检验和非参数检验。参数检验，如 Z 检验、t 检验和 F 检验等，都有一些共同的特征：以明确的总体分布为前提，需要满足某些总体参数的假定条件等。例如 t 检验，必须在总体正态分布的条件下进行，若是独立样本，还要求两个总体方差齐性等前提条件，就总体的某些参数（如平均数、方差等）进行检验。它们一般适合于等距变量和比率变量资料。

但是，在实际工作中，我们还常常会遇到一些总体分布并不明确，或总体参数的假定条件不能成立，所获得的数据资料也不一定全是等距变量或比率变量的情况。由于无法计算平均数、方差等参数，因而无法采用参数检验的方法进行假设检验。在这种情况下，我们就可以运用另一类假设检验，即非参数检验方法。非参数检验不需要对总体分布作任何事先的假定，例如正态分布，等等。同时，从检验内容来说，也不是检验总体分布的某些参数，例如均值、方差等，而是检验总体某些有关的性质。如列联表的 χ^2 检验，实际上检验的内容是有关总体变量间是否独立这一性质，而不是参数。

非参数检验方法的优点是对总体分布无须加以限制，不需要严格的前提假设。它适用于小样本，计算量比较少，简单易行。因而常作为对正式实验之前的预备实验结果进行处理的主要方法。非参数检验方法的缺点是未能充分利用资料的全部信息。它一般适用于顺序变量和名称变量的资料，而绝大多数的实验数据都是等距或等比变量。当实验数据不能满足参数检验的条件时，就必须把它转换成较低水平的变量，如等级，这样就必然失去一部分信息量。特别是有些方法，如符号检验法，只考虑符号而忽略其大小，信息利用率就更低。但是当参数检验的基本假定不能得到满足时，与其采用参数检验法可能得出错误的结论，倒不如浪费一些资料而得出正确的结果。因而非参数检验方法在心理学和社会科学的研究中仍然是较为实用的方法之一。

第一节　游程检验

游程检验（runs test）是指根据游程数所作的二分变量的随机性检验。它可以用来检验某一总体的样本的观察值取值的随机性，也可以用来检验任何序列的随机性，并且还可以用来判断两个总体的分布是否相同。

游程检验的原理是：例如，对两总体分布的检验，假定从两总体中独立抽取两个样本，将两个样本混合之后，按大小排列，并赋予其秩。那么，当样本所属的总体是同分布的话，则不大可能出现来自总体 1 的样本全是高秩，而来自总体 2 的样本全是低秩的情况，反之亦然。可能性最大的情况是，来自总体 1 和总体 2 的样本，其秩是交错的。根据其交错的次数来判断总体分布是否一致的方法，就是游程检验。其具体步骤如下：

（1）设从两个未知的总体 1 和总体 2 中，分别独立、随机地各抽取 1 个样本；

（2）把样本 1 和样本 2 混合起来，并按数值从小到大顺序编号，每个数据的编号就是它的秩；

（3）如果秩来自总体 1，则在秩的下端写 0；如果秩来自总体 2，则在秩的下端写 1。

例如，表 11-1 是两个样本混合之后按大小排序的结果。

表 11-1　游程检验示例

秩	1	2	3	4	5	6	7	8	9	10	11
0—1	0	0	1	1	0	1	1	1	0	0	0

可见，总体 1 的数据共有 6 个：$n_1=6$，总体 2 的数据共有 5 个：$n_2=5$。在序列中凡 0 或 1 构成一个线段，称一个游程。

从图 11-1 中可见，在 $y=0$ 的直线上，共有 3 个线段，即 0 游程共有 3 个：

0—0　　（2 个连 0 组成一个线段）

0　　　（1 个 0 组成一个线段）

0—0—0　（3 个连 0 组成一个线段）

同理，在 $y=1$ 的直线上，共有 2 个线段，即 1 游程共有 2 个：

1—1　　（2 个连 1 组成一个线段）

1—1—1　（3 个连 1 组成一个线段）

第十一章 其他非参数检验

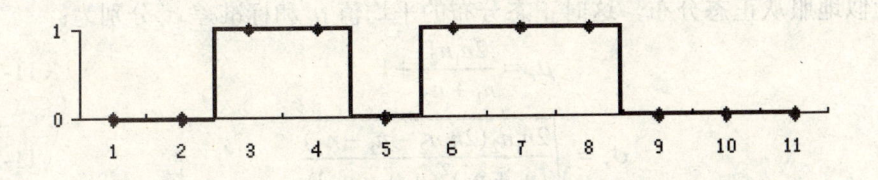

图 11-1 游程示意图

游程总数用字母 r 表示，r 为 0 和 1 的游程数之和。例如上述游程总数 $r=3+2=5$。

检验的统计量即为游程总数 r，其最小值 $r_{min}=2$，表示来自总体 1 和总体 2 的数据都各偏一方，每个总体只有一个游程。游程检验的虚无假设是 H_0：两总体分布相同，或某一总体变量的取值为随机；H_1：两总体分布不同，或某一总体变量的变量取值不随机。

游程检验分为小样本和大样本两种情况：

小样本检验（$n<20$）：在原假设认为总体 1 和总体 2 分布相同的情况下，出现 $r=2$ 或虽然 $r\neq 2$，但也偏小的可能性是很小的。因此，根据概率：$p(r\leq c)=\alpha$（c 为游程检验的临界值）。当 $r\leq c$ 时，则拒绝总体分布相同的虚无假设 H_0。c 值见游程数检验表（附表 11）。

例 11-1 某研究者对甲、乙两地某职业声望进行抽样调查，结果见表 11-2，问甲、乙两地对该职业声望的评价是否有显著差异。

表 11-2 甲、乙两地对某职业声望的抽样调查结果

| 甲地 | 9 | 22 | 64 | 34 | 17 | 4 | 31 | 28 | ($n_1=8$) |
| 乙地 | 58 | 53 | 26 | 11 | 52 | 51 | 8 | | ($n_2=7$) |

解 首先建立统计假设：

H_0：两地具有相同的职业声望；

H_1：两地职业声望不同。

将两样本混合排序，并计算游程数：

4 8 9 11 17 22 26 28 31 34 51 52 53 58 64
0 1 0 1   0   0   1   0   0   0   1   1   1   1   0

游程数 $r=9$。查附表 11，$n_1=8$，$n_2=7$，r 的临界值 $C_{0.05}=4$。

因为，$r=9>C_{0.05}=4$，所以不能否定甲、乙两地具有相同职业声望的假设。

大本样检验（$n>50$）：当样本大于 50 时，对于总体同分布的情况，游程数

r 近似地服从正态分布。这时正态分布的平均值 μ_r 和标准差 σ_r 分别为：

$$\mu_r = \frac{2n_1 n_2}{n_1 + n_2} + 1 \qquad (11\text{-}1)$$

$$\sigma_r = \sqrt{\frac{2n_1 n_2 (2n_1 n_2 - n_1 - n_2)}{(n_1 + n_2)^2 (n_1 + n_2 - 1)}} \qquad (11\text{-}2)$$

故当大样本时，检验的统计量为：

$$Z = \frac{r - \mu_r}{\sigma_r} \qquad (11\text{-}3)$$

当 $20 < n < 50$ 时，需要对上述公式进行校正。若 $r - \mu_r \leqslant 0.5$，则校正公式为：

$$Z_c = \frac{r - \mu_r + 0.5}{\sigma_r} \qquad (11\text{-}4)$$

若 $r - \mu_r \geqslant 0.5$，则校正公式为：

$$Z_c = \frac{r - \mu_r - 0.5}{\sigma_r} \qquad (11\text{-}5)$$

若 $|r - \mu_r| < 0.5$，则 Z_c 值为 0。

例 11-2 某地出现一种流行病，研究者发现有不少患者居住在某条河流附近。为了排除由于该河流导致发病的可能因素，研究者对沿河住户进行了调查。对发病的住户标记为 1，非发病住户标记为 0，共调查了 33 户，结果如下：

0 0 1 1 1 0 0 0 0 1 1 0 0 0 1 1 1 0 0 0 0 1 1 0 0 1 0 0 0 0 1 0 1

问发病住户的分布有无聚集性。

解 建立假设：

H_0：病户居住分布随机；

H_1：病户居住分布非随机。

计算统计量：游程个数为 14，标记为 0 的案例有 20 个；标记为 1 的案例有 13 个。

$$\mu_r = \frac{2n_1 n_2}{n_1 + n_2} + 1 = \frac{2 \times 20 \times 13}{20 + 13} + 1 = 16.76$$

$$\sigma_r = \sqrt{\frac{2n_1 n_2 (2n_1 n_2 - n_1 - n_2)}{(n_1 + n_2)^2 (n_1 + n_2 - 1)}} = \sqrt{\frac{2 \times 20 \times 13 \times (2 \times 20 \times 13 - 20 - 13)}{(20 + 13)^2 \times (20 + 13 - 1)}} = 2.695\,7$$

$$Z_c = \frac{r - \mu_r + 0.5}{\sigma_r} = \frac{14 - 16.76 + 0.5}{2.695\,7} = -0.838\,4$$

根据正态分布，$Z_c < Z_{\alpha/2}$，$p > 0.05$。故不能拒绝虚无假设，即此流行病的发病户沿河分布的情况无聚集性，而是呈随机分布。

第二节 单样本柯尔莫哥夫—斯米尔诺夫检验

单样本柯尔莫哥夫—斯米尔诺夫检验（One-sample Kolmogorov-Smirnov test），简称单样本 K-S 检验，一般用来检验所得到的样本是否服从某一指定的理论次数分布，如正态分布、均匀分布、泊松分布等。这也是一种适合度的检验方法，与 χ^2 适合度的检验方法有相似之处。

K-S 检验要检验一个样本是否来自某一已知的分布 $F_0(x)$，假定它的真实分布为 $F(x)$，有三组假设问题（A 是双侧检验，B 和 C 是单侧检验）：

A H_0：对所有 x 值，$F(x)=F_0(x)$；
  H_1：对至少一个 x 值，$F(x)\neq F_0(x)$。
B H_0：对所有 x 值，$F(x)\geqslant F_0(x)$；
  H_1：对至少一个 x 值，$F(x)<F_0(x)$。
C H_0：对所有 x 值，$F(x)\leqslant F_0(x)$；
  H_1：对至少一个 x 值，$F(x)>F_0(x)$。

令 $S(X)=$ 一个 N 次观察的随机样本的观察累积频数分布。若零假设成立，则应期望对于每一个 X 值，$S(X)$ 和 $F_0(x)$ 会十分接近。即在 H_0 成立时，可以预期 $S(X)$ 和 $F_0(x)$ 之间的差异很小，且在随机误差的范围内。K-S 检验主要考察其最大偏差，并决定这一差异是否由机遇所造成。我们把最大的 $S(X)-F_0(x)$ 值称为极大偏差 D。

对于上面的三种假设，检验统计量分别为：

$$A: D=\max|S(X)-F_0(x)| \qquad (11\text{-}6)$$
$$B: D^+=\max(F_0(x)-S(X)) \qquad (11\text{-}7)$$
$$C: D^-=\max(S(X)-F_0(x)) \qquad (11\text{-}8)$$

在 H_0 成立时，D 的抽样分布是已知的。附表 12 给出了这个抽样分布的某些临界值。若计算得到的 D 值大于表中的临界值，则零假设被拒绝，说明 $S(X)$ 与 $F_0(x)$ 分布有显著差异。由于 $S(X)$ 是累积频数，只取离散值，因而会出现跳跃的问题，使 D 并不能完全表示 S 和 F_0 的最大距离。故在实际计算中，人们往往用 D_N 来代替 D：

$$D_N = \max\{\max|S(X_i) - F_0(X_i)|, |S(X_{i-1}) - F_0(X_i)|\} \quad (11\text{-}9)$$

下面以一个实例来看 K-S 检验过程。

例 11-3 试检验下列 100 个数据是否符合正态分布。

42	47	52	57	60	60	61	62	62	63	64	64	65	65	66
67	67	67	68	69	69	70	70	70	70	71	71	71	72	72
72	72	73	73	73	74	74	74	74	75	75	75	76	76	76
76	76	77	77	77	77	77	78	78	78	78	78	79	79	79
80	80	80	81	81	81	81	81	82	82	82	82	83	83	83
83	83	84	84	84	85	85	85	86	86	86	87	87	88	88
88	89	89	89	90	91	92	92	95	97					

解 建立假设：

H_0：总体服从正态分布；

H_1：总体不服从正态分布。

为了便于计算，把原始数据按大小排列，制成次数分布表。先计算出每一组的次数频率（次数/N），再计算累积频率 $S(X_i)$。$F_0(X_i)$的计算需要知道总体的参数，我们可用样本的的平均数和标准差作为正态分布 $N(\mu, \sigma^2)$的参数的估计值，并据此计算当 H_0 成立时所期望的累积分布。该样本 $\overline{X} = 76.25$，$S = 9.977$。例如，欲计算第一组和第二组的累积概率，先计算

$$Z_1 = \frac{42 - 76.3}{9.977} = -3.43,$$

$$Z_2 = \frac{47 - 76.3}{9.977} = -2.93$$

利用正态分布表查得其相应概率 $p_1 = 0.000$，$p_2 = 0.002$。利用公式

$$D_N = \max\{\max|S(X_i) - F_0(X_i)|, |S(X_{i-1}) - F_0(X_i)|\}$$

计算最大偏差 D_N，将计算结果列成表格（表 11-3），表中最后两列中 $D_{100} = 0.138$（即后两列中绝对值最大的值）。若给定显著性水平 $\alpha = 0.05$。利用"单样本 K-S 检验中 D 的临界值表"（附表 12）中的公式 $D_N(0.05) = \frac{1.36}{\sqrt{n}}$ 得到 $D_{100}(0.05) = \frac{1.36}{\sqrt{100}} = 0.136$。而实际计算所得的 $D_N = 0.138 > 0.136$，故拒绝虚无假设，可认为该样本与正态分布有显著差异。

第十一章　其他非参数检验

表 11-3　K-S 检验示例

分组	组中值	次数	频率	$S(X_i)$	$F_0(X_i)$	$S(X_i)-F_0(X_i)$	$S(X_{i-1})-F_0(X_i)$
40～44	42	1	0.01	0.01	0.000	0.010	0.000
45～49	47	1	0.01	0.02	0.002	0.018	-0.008
50～54	52	1	0.01	0.03	0.007	0.023	-0.013
55～59	57	1	0.01	0.04	0.027	0.013	-0.003
60～64	62	8	0.08	0.12	0.076	0.044	0.076
65～69	67	9	0.09	0.21	0.176	0.034	0.050
70～74	72	18	0.18	0.39	0.334	0.056	0.124
75～79	77	21	0.21	0.60	0.528	0.072	-0.138
80～84	82	20	0.20	0.80	0.716	0.084	0.116
85～89	87	14	0.14	0.94	0.858	0.082	0.058
90～94	92	4	0.04	0.98	0.942	0.038	0.002
95～99	97	2	0.02	1.0	0.981	0.019	0.001

运用 K-S 检验的基本步骤是：

（1）把观察结果从小到大排列，计算其累积次数分布。

（2）计算理论次数分布的累积次数分布，即为 H_0 成立时所期望的累积分布，并把 $S(X)$ 的每一区间和 $F_0(X)$ 的相应区间配成一对。

（3）对于累积分布的每一阶梯，由 $S_N(X)$ 减去 $F_0(X)$。

（4）由 $D_N = \max\{\max|S(X_i)-F_0(X_i)|, |S(X_{i-1})-F_0(X_i)|\}$ 公式，得出 D_N 值。

（5）将 D_N 值与"单样本 K-S 检验中 D 的临界值表"中的临界值相比较，若大于临界值，则拒绝虚无假设；小于临界值，则接受虚无假设。

第三节　两独立样本的非参数检验

一、两样本柯尔莫哥夫—斯米尔诺夫检验

两样本 K-S 检验可用来检验两个独立样本是否取自同一总体或取自两个分布相同的总体。与单样本 K-S 检验相似，这种两样本 K-S 检验涉及两个累积分布间的一致性。单样本 K-S 检验涉及一组样本值分布和某一特定理论分布之间的一致性，两样本 K-S 检验则涉及两组样本值之间的一致性。

如果两个样本事实上取自同一总体分布，那就可以期望两个样本的累积分布彼此相当接近，因为它们应当只显示出对于总体分布的随机离差。如果两个累积分布在任一点上距离过大，就意味着两个样本取自不同的总体。于是两个样本累积分布之间的足够大的离差则表明这两个样本不大可能来自同一总体。

使用两样本 K-S 检验，我们要对每个观察样本作累积频数分布，并对两个分布采用相同的间隔。对于每个间隔，将两个阶梯函数相减，然后找出这些观测离差中最大值。

需要注意的是，在用两样本 K-S 检验时，首先要根据问题的性质决定是用单侧检验还是双侧检验。如果是单侧检验应注意：

$$D=\max[S_{n_1}(X)-S_{n_2}(X)] \tag{11-10}$$

而对于双侧检验，则应注意：

$$D=\max|S_{n_1}(X)-S_{n_2}(X)| \tag{11-11}$$

即在单侧测验时，需考虑到方向的问题，最大差异值是指那些与我们所预测的方向相一致的离差值中的最大者，而不管另一方向上的差值是多少。H_1 是抽取某一样本的那个总体值随机地大于抽取另一样本的总体值；而双侧检验则不必考虑方向性，H_1 只是两个样本取自不同的总体。故只取绝对值。

另外，在使用两样本 K-S 检验时，还要考虑样本的大小问题。

（1）小样本检验

当 $n_1=n_2$，且两者都不超过 40 时，可用"两样本 K-S 检验中 K_D 的临界值表（小样本）"（附表 13）来检验虚无假设。该表列出了各种 K_D 值，K_D 定义为两个累积分布之间最大离差的分子，即 D 的分子。为查该表，必须知道 N 值（在本例中即 $n_1=n_2$ 的值）以及 K_D 值，还要注意 H_1 要求的是单侧还是双侧检验。有了这些信息，我们就可以确定观测数据的显著性了。

例如，在一个 $N=14$ 的单侧检验中，如果 $K_D \geq 8$，我们就可以在 $\alpha=0.01$ 的水平上拒绝虚无假设。

例 11-4 一位研究者对初一和高一各 10 名学生的系统学习进行比较。他的假设是，在较年轻的被试的学习中，初始效应较不明显。初始效应有这样一种倾向，在一个系统课程中，先学的材料比后学的材料记得更牢些。为了检验这个假设，他将两个组在该系统课程中学过的材料前一半所犯错误的百分比进行比较。其研究假设是，高一年级在复述系列课程前一半时的失误比初一年级要少。问这一假设是否成立？

表 11-4 系统课程前一半中总失误的百分比

初一年级学生	高一年级学生
39.1	35.2
41.2	39.2
45.2	40.9
46.2	38.1
48.4	34.4
48.7	29.1
55.0	41.8
40.6	24.3
52.1	32.4
47.2	32.6

解 根据题意，本例应采用单侧检验。

H_0：高一学生回忆的失误比例大于或等于初一学生回忆的失误比例；

H_1：高一学生回忆的失误比例小于初一学生回忆的失误比例。

$n_1=n_2=N=$每组学生数$=10$。

我们将表 11-4 中的数据纳入两个累积频数分布中，见表 11-5。

表 11-5 两样本 K-S 检验表

	系统课程前一半中总失误的百分比							
	24～27	28～31	32～35	36～39	40～43	44～47	48～51	52～55
$S_{10_1}(X)$	1/10	2/10	5/10	7/10	10/10	10/10	10/10	10/10
$S_{10_2}(X)$	0/10	0/10	0/10	0/10	3/10	5/10	8/10	10/10
$S_{n_1}(X)-S_{n_2}(X)$	1/10	2/10	5/10	7/10	7/10	5/10	2/10	0

可见，所有差异值均与预测的方向一致。其中最大差异值为 7/10，最大差的分子 $K_D=7$。查"两样本 K-S 检验中 K_D 的临界值表（小样本）"（附表 13）可知，对 $N=10$，$\alpha=0.01$ 的单侧检验，临界的 K_D 值为 7。由于实际观察到的 $K_D \geqslant 7$，故拒绝 H_0。结论为：在回忆学过的系统课程前一半时，高一年级学生的失误比例显著少于初一年级学生。

（2）大样本双侧检验

当 n_1 和 n_2 都大于 40 时，可用"两样本 K-S 检验中 D 的临界值表（大样本：双侧检验）"（附表 14）来进行两样本 K-S 检验。在用该表时不一定要求 $n_1=n_2$。为了使用此表，对观测资料用公式（11-11）求 D 值，然后将 n_1 和 n_2 的观察值代入附表 14 给出的表达式中，由此获得的临界值再与观测值相比较。如果观测到的 D 等于或大于从表内表达式计算所得值，就可以在与此表达式相应的显著性水平上（双侧）拒绝 H_0。

例如，设 $n_1=55$，$n_2=60$，研究者希望在 $\alpha=0.05$ 的水平上进行双侧检验。如果实际观测的 D 值大于或等于附表 14 中 $\alpha=0.05$ 那一行的临界 D 值，那么就应拒绝 H_0。经计算发现，为了拒绝 H_0，其 D 值必须等于或大于 0.254，因为：

$$1.36\sqrt{\frac{n_1+n_2}{n_1 n_2}}=1.36\sqrt{\frac{55+60}{55\times 60}}=0.254$$

（3）大样本单侧检验

当 n_1 和 n_2 都很大时，无论是否有 $n_1=n_2$，我们可用 $D=\max[S_{n_1}(X)-S_{n_2}(X)]$ 来做单侧检验。待检验的虚无假设是两个样本取自同一总体；对立的备择假设是，取自某一样本的总体值随机地大于抽取另一样本的总体值。例如，我们要检验的不是实验组是否不同于对照组的问题，而是实验组是否"高于"对照组的问题。

大样本单侧检验与双侧检验不同的是，要把所得的 D 值再代入下面的公式求出 χ^2 值，然后检验此项 χ^2 值是否达到显著性水平。

$$\chi^2=4D^2\frac{n_1 n_2}{n_1+n_2} \tag{11-12}$$

此时，自由度 $df=2$。查 $df=2$ 的 χ^2 分布表（附表 3），就可决定 D 的观测值是否显著。

例 11-5 一项技能测验中，50 名男生和 60 名女生的分数如表 11-6 所示，这一结果能否说明男女生在这项技能上有显著差异？或问能否说明女生在这项技能上是否优于男生？

表 11-6 各分数段上男女生人数

分数	男生	女生
30～34	5	5
35～39	7	4
40～44	9	6
45～49	10	5
50～54	9	13
55～59	5	9
60～64	5	18
Σ	50	60

第十一章 其他非参数检验

解 本例的第一个问题要求的是双侧检验。

建立假设：

H_0：男女生在这项技能上没有差异；

H_1：男女生在这项技能上有差异。

由于样本人数在 40 以上，为大样本。我们先求出两个样本的累积观察次数，找出最大差异值 D。因为是双侧检验，不计方向，故取绝对 D 值。

表 11-7 50 名男生和 60 名女生技能测验结果的 K-S 检验

	30~34	35~39	40~44	45~49	50~54	55~59	60~64
（男）$S_{n_1}(X)$	5/50	12/50	21/50	31/50	40/50	45/50	50/50
（女）$S_{n_2}(X)$	5/60	9/60	15/60	20/60	42/60	42/60	60/60
（男）$S_{n_1}(X)$	0.100	0.240	0.420	0.620	0.800	0.900	1.000
（女）$S_{n_2}(X)$	0.083	0.150	0.250	0.333	0.550	0.700	1.000
$\mid S_{n_1}(X) - S_{n_2}(X) \mid$	0.017	0.090	0.170	0.287	0.250	0.200	0.000

从表 11-7 最后一行可见，最大差异值 $D=0.287$，当 $\alpha=0.05$ 时，D 的临界值为：

$$1.36\sqrt{\frac{n_1+n_2}{n_1 n_2}} = 1.36\sqrt{\frac{50+60}{50\times 60}} = 0.260$$

因为实际计算的 $D=0.287$，大于此项临界 D 值，故认为男女之间技能水平有显著差异。

若是检验本例的第二个问题，即能否说明女生的成绩优于男生，则是一个单侧检验的问题。

建立假设：

H_0：女生在技能水平上低于或等于男生的水平；

H_1：女生在技能水平上优于男生的水平。

在计算出了 $D=0.287$ 之后，要把 D 值代入公式（11-12）中，即：

$$\chi^2 = 4D^2\frac{n_1 n_2}{n_1+n_2} = 4\times 0.287^2 \times \frac{50\times 60}{50+60} = 8.986$$

查 χ^2 分布表（附表 3），$df=2$ 时，$\chi^2_{0.025}(2)=7.38$，$\chi^2=8.986 > \chi^2_{0.025}(2)=7.38$，所以应拒绝虚无假设，女生在技能水平上优于男生的假设得到证实。

二、中数检验

中数检验是检验两个独立组集中趋势是否不同的一种方法。中数检验可以告诉我们两个容量相同或不同的独立组是否可能抽自中数相同的两个总体。中数检验的零假设是：两组是从中数相同的总体中抽出的。备择假设可以是一总体的中数不同于另一总体的中数（双侧检验），或一总体的中数高于另一总体的中数（单侧检验）。

中数检验的基本方法是：首先将两组数据合并为一个容量 N 为 n_1+n_2 的样本，并将其从小到大排序，再找出它的中数，然后以该中数为界计算每组数据在中数以上和中数以下的频数，并将其填入一个 2×2 表中（表 11-8）。

表 11-8 中数检验数据表

	组Ⅰ	组Ⅱ	总计
大于中数	A	B	A+B
小于或等于中数	C	D	C+D
总计	A+C	B+D	$N=n_1+n_2$

如果组Ⅰ和组Ⅱ都是从中数相同的总体中抽出的样本，我们将预期各组频数约有一半在合并中数以上，约有一半在合并中数以下。也就是说，我们将预期频数 A 和 C 大致相等，B 和 D 大致相等。

如果样本总数足够大，我们就可用 $df=1$ 的 χ^2 检验来检验 H_0。

使用中数检验法时要注意：

（1）若 n_1+n_2 大于 40，我们一般用亚茨连续性校正（Yates' Continuity Correction）公式：

$$\chi^2 = \frac{N(|AD-BC|-\frac{N}{2})^2}{(A+B)(C+D)(A+C)(B+D)} \tag{11-13}$$

（2）若 n_1+n_2 在 20 与 40 之间，且没有一个单元格的期望频数小于 5 时，用亚茨连续性校正公式；若最小期望次数小于 5，则用 Fisher 精确检验。

（3）若 n_1+n_2 小于 20，用 Fisher 精确检验。

例 11-6 一项技能测验中，男生和女生的成绩如下：

男生：21 23 19 24 25 18 24 27 22 23 29 25 26 24 16 26 23

女生：23 21 15 14 16 23 21 13 15 17 18 19 22 24 21 23

问男女生的成绩有无显著差异（$\alpha=0.05$）？

解 建立假设：

H_0：男女生在这项技能上没有差异。

H_1：男女生在这项技能上有差异。

首先将两组数据合在一起并按大小次序排序，然后求出其中数。本例$N=33$，所以中数即是第17个数据，故$Md=22$。以中数为界，男生中中数以上有12人，中数以下有5人；女生中中数以上者有4人，中数以下有12人。将此结果填入2×2列联表中（表11-9）。因$N=33$，且没有一个单元格内的期望次数小于5，故使用亚茨连续性较正公式。

表11-9　2×2列联表

	男生	女生	总计
$>Md$	12	4	16
$\leqslant Md$	5	12	17
总计	17	16	33

$$\chi^2 = \frac{33 \times (|12 \times 12 - 4 \times 5| - \frac{33}{2})^2}{(12+4)(5+12)(12+5)(4+12)} = 5.155$$

本例为双侧检验，查χ^2值表（附表3），$\chi^2_{0.05(1)}=3.84$，实际计算出的$\chi^2=5.155>3.84$，$p<0.05$，故拒绝虚无假设。结论是，男女生的成绩有显著差异。

三、曼—惠特尼U检验

曼—惠特尼U检验（Mann-Whitney U test）亦称秩和检验，它适用于两独立样本顺序变量的检验，是最强的非参数检验之一。当研究中的测量数据低于等距变量或比率变量的水平，或研究者认为数据不符合t检验的基本假定时，U检验则是代替t检验来检验两个独立样本是否取自同一总体的较好的方法。

（1）小样本检验（当两组人数均小于8时）

我们令n_1=两独立组中较小的那个样本量；n_2=较大组的样本量。应用曼—惠特尼U检验时，我们先把两组观测资料合并在一起，并按从小到大的顺序排成等级序列，然后从整个序列中累加每一个n_2的数据有多少个n_1的数据排列在它的等级序列之前，或累加每一个n_1的数据有多少个n_2的数据排列在它的等级序列之前，取两者中的较小者，即为U值。然后，便可根据附表15查出U值出现的概率，从而决定拒绝还是接受虚无假设。

我们先用一个简单的例子来说明U的原理和计算过程。假如，实验组有2

个被试，控制组有 3 个被试，那么，如果把他们的分数自小到大按序排列，则有 10 种可能的排列。第一种可能为 EECCC，第二种为 ECECC，如此类推。有了这些排列，我们可以算出每一种排列的 U 值，并计算出它出现的概率（见表 11-10）。"Mann-Whitney 检验中观测值 U 的相伴概率表"（附表 15）就是根据这一原理算出的。

表 11-10 U 的计算和相伴概率

次序排列	U 值	U 类别（X）	$P(U=X)$	$P(U\leq X)$
EECCC	6	6	1/10	10/10=1.000
ECECC	5	5	1/10	9/10=0.900
ECCEC	4	4	2/10	8/10=0.800
ECCCE	3	3	2/10	6/10=0.600
CEECC	4			
CECEC	3			
CECCE	2			
CCEEC	2	2	2/10	4/10=0.400
CCECE	1	1	1/10	2/10=0.200
CCCEE	0	0	1/10	1/10=0.100

下面我们来看一个具体的例子。

例 11-7 在一项动物学习的实验中，实验组 5 只经过训练的动物的分数分别为：45，33，41，21，48；控制组 4 只未经过训练的动物的分数分别为：56，38，29，27。问经过训练的动物得分是否显著高于没有经过训练的动物的得分？

解 建立假设：

H_0：经过训练的动物的得分低于或等于未经过训练的动物的得分；

H_1：经过训练的动物的得分高于未经过训练的动物的得分。

然后我们把两组数据按从小到大的顺序等级排列：

等级	1	2	3	4	5	6	7	8	9
分数	21	27	29	33	38	41	45	48	56
组别	E	C	C	E	C	E	E	E	C

这里，$n_1=4$（C 组），$n_2=5$（E 组）。对于 C 组的分数 27，有 1 个 E 组的分数在它的等级之上；C 组分数 29，也是 1 个 E 组的分数在它的等级之上；C 组分数 38，则有 2 个 E 组的分数在它的等级之上；最后一个 C 组分数 56，则有 5 个 E 组的分数在它的等级之上。它们的等级之上累加之和：1+1+2+5=9。再看 E 组，分数 21 没有一个 C 组的分数在它之前；E 组分数 33，有 2 个 C 组分

第十一章 其他非参数检验

数在它之前；最后 3 个 E 组分数 41、45 和 48，均有 3 个 C 组分数在它们之前。它们的累加之和：0+2+3+3+3=11。所以，两者中的较小者 $U=1+1+2+5=9$，$U'=0+2+3+3+3=11$。

可用下式将任一 U' 变换到 U：

$$U = n_1 n_2 - U' \tag{11-14}$$

如果 n_1 和 n_2 比较大时，用上述方法确定 U 值可能比较麻烦，可用另一种合并等级之和的方法求 U：

$$U = n_1 n_2 + \frac{n_1(n_1+1)}{2} - R_1 \tag{11-15}$$

或

$$U = n_1 n_2 + \frac{n_2(n_2+1)}{2} - R_2 \tag{11-16}$$

两者中的较小者为 U，较大者为 U'。式中，R_1 为样本容量为 n_1 的那一组的等级和，R_2 为样本容量为 n_2 的那一组的等级和。

本例数据的等级列于表 11-11。对于这些数据，$R_1=19$，$R_2=26$，故可得：

$$U = 4 \times 5 + \frac{5(5+1)}{2} - 26 = 9$$

表 11-11 E 组和 C 组数据的等级和

E 组分数	等级	C 组分数	等级
48	8	56	9
45	7	38	5
41	6	29	3
33	4	27	2
21	1		
$R_2=26$		$R_1=19$	

然后便可查附表 15，从 $n_2=5$ 的小表找到 $n_1=4$ 时在 H_0 成立时出现 $U \leqslant 9$ 的概率 $p=0.452$，故不能拒绝虚无假设，即经过训练的动物得分并不显著高于未经训练的动物得分。

要注意的是，"Mann-Whitney 检验中观测值 U 的相伴概率表"（附表 15）所列的概率是单侧的，如果是双侧检验，则应将表中列出的值乘以 2。

（2）当 n_1 和 n_2 均大于 8 时

当两个样本的容量均大于 8 时，U 值的样本分配接近于平均数为 μ_u 和标准

差为 σ_u 的正态分布。其 μ_u 和 σ_u 可用下式表示：

$$\mu_u = \frac{n_1 n_2}{2} \tag{11-17}$$

$$\sigma_u = \sqrt{\frac{n_1 n_2 (n_1 + n_2 + 1)}{12}} \tag{11-18}$$

故此，当 n_1 和 n_2 均在 8 以上（尤其是 $n_2 \geqslant 20$）时，我们可用

$$Z = \frac{U - \mu_u}{\sigma_u} = \frac{U - n_1 n_2 / 2}{\sqrt{n_1 n_2 (n_1 + n_2 + 1)/12}} \tag{11-19}$$

来确定 U 的观察值的显著性。如果计算所得的 Z 值达到显著性水平，则 U 值亦达到显著性水平。

例 11-8 实验组 n_1=18、控制组 n_2=20 的数据如下，问两组数据之间有无显著差异？

实验组：	61	65	48	36	58	50	70	56	62	68	40	55
	42	67	59	32	72	52						
控制组：	47	52	30	66	44	52	26	20	64	45	54	15
	71	22	36	53	11	63	41	34				

解 此例为双侧检验的问题。
H_0：两总体分布相同；
H_1：两总体分布不同。
然后排出两组数据的等级。

实验组：	28	32	17	9.5	26	18	36	25	29	35	11	24
	13	34	27	7	38	20						
控制组：	16	20	6	33	14	20	5	3	31	15	23	2	37
	4	9.5	22	1	30	12	8						

在排等级时，如出现相同数据，将它们的等级加以平均，作为它们的等级。然后分别求出两组的等级和，R_1=429.5，R_2=311.5。将 R_1=429.5 代入公式(11-15)，可得 U=101.5，代入公式（11-19）算出 Z=-2.295，由正态分布可知，Z 值落在 -1.96 至 1.96 区间之外的概率为 0.05，落在 -2.58 至 2.58 区间之外的概率为 0.01。由于实得 Z=-2.295，故 $p<0.05$，应在 α=0.05 水平上拒绝虚无假设，结论是实验组和控制组的分数有显著差异。

第四节 两相关样本的非参数检验

一、符号检验

符号检验（Sign Test）是一种适用于相关样本的非参数统计检验方法。它用正负号来作为资料的统计方法，特别适用于那些不能或不适宜用定量测量而能将每一对的两个成员互相分出等级的问题的研究。当我们想要检验两个相关样本之间的差异时，可以将每一对分数之差异用正负号表示出来，并算出这些符号的分配是否纯由机遇造成。如果两个总体之间并无真正差异存在，则这些正负号之中，应有一半是正号的（亦即样本一的分数大于样本二的分数），而另外一半是负号的（即样本一的分数小于样本二的分数）。如果这些符号的分配不是这样，例如绝大部分是正的，或绝大部分是负的，则两个样本所来自的总体之间存在显著差异的可能性就大。所以，符号检验法相当于参数统计中检验两个相关样本平均数差异显著性的 t 检验法。

符号检验的虚无假设是：

$$p(X_A > X_B) = p(X_A < X_B) = \frac{1}{2}$$

式中：
X_A 为某一条件下的评分，
X_B 为另一条件下的评分。

（1）小样本的符号检验

出现一定数目的"+"号和"-"号的概率可根据二项分布来确定（$p=q=1/2$，N=配对数目）。如果一个配对未显示出差异，即差异为 0，则该配对应在分析时去掉，N 也随之减小。在 $N \leqslant 25$ 时，我们亦可通过查"二项检验中观测值 X 的相伴概率表"（附表 16）得出 H_0 成立时，等于或小于 X 的概率。

要注意的是，在使用附表 16 时，要令 X=较少的符号数目。

例 11-9　一位心理学家对 17 位问题行为儿童的父母进行关于对孩子体罚态度问题的 5 点评估。1 分表示反对倾向，5 分表示赞成倾向。表 11-12 所示为评估结果。问这些儿童的父亲是否比母亲有更高的体罚倾向？

表 11-12　十七位家长的态度评估结果

家庭	态度评分 F（父）	M（母）	差异方向	符号
1	4	2	$X_F>X_M$	+
2	4	3	$X_F>X_M$	+
3	5	3	$X_F>X_M$	+
4	5	3	$X_F>X_M$	+
5	3	3	$X_F=X_M$	0
6	2	3	$X_F<X_M$	−
7	5	3	$X_F>X_M$	+
8	3	3	$X_F=X_M$	0
9	1	2	$X_F<X_M$	−
10	5	3	$X_F>X_M$	+
11	5	2	$X_F>X_M$	+
12	5	2	$X_F>X_M$	+
13	4	5	$X_F<X_M$	−
14	5	2	$X_F>X_M$	+
15	5	5	$X_F=X_M$	0
16	5	3	$X_F>X_M$	+
17	5	1	$X_F>X_M$	+

解　建立假设：

H_0：差值的总体中位数为 0；

H_1：差值的总体中位数不为 0。

本例中，每个家庭的父、母组成一个配对。如果父亲的评分高于母亲的评分，就以"+"号表示；如果父亲的评分小于母亲的评分，就以"−"号表示；如果两者分数相等，就以 0 表示。表 11-12 中我们共得 11 个"+"号，3 个"−"号和 3 个 0。在符号检验中，不考虑 0 出现的情形，而只考虑"+"、"−"号出现的情形。若以 X 表示正负号中较少的符号数，以 N 表示得正负号的符号总数，则此例 $N=14$，$X=3$。

这就相当于求出一次掷 14 个均匀的硬币，结果出现 3 个正面和 11 个反面的概率。由二项分布可知，在

$$(p+q)^N = (\frac{1}{2}+\frac{1}{2})^{14}$$

的情形下：

第十一章 其他非参数检验

$$p = \frac{C_0^{14}+C_1^{14}+C_2^{14}+C_3^{14}}{2^{14}} = \frac{1+14+91+364}{16\,284} = 0.029$$

我们亦可通过"二项检验中观测值 X 的相伴概率表"（附表 16），当 H_0 成立时，对于 $N=14$，出现 $X \leq 3$ 的单侧概率为 $p=0.029$，所得结果相同。所以我们在 $\alpha=0.05$ 水平上应拒绝虚无假设。结论为，在这些家庭中父亲比母亲有更强的体罚倾向。

注意：附表 16 给出的是单侧概率，如果是双侧检验，则应把所查得的 p 值乘以 2。

（2）大样本的符号检验

当 $N>25$ 时，二项分布便渐渐接近平均数为 μ_x 和标准差为 σ_x 的正态分布。此时，μ_x 和 σ_x 便可用下列公式表示：

$$\mu_x = Np = \frac{1}{2}N$$

$$\sigma_x = \sqrt{Npq} = \frac{1}{2}\sqrt{N}$$

因此，我们可用下式来检验 X 的显著性：

$$Z = \frac{X-\mu_x}{\sigma_x} = \frac{X-\frac{1}{2}N}{\frac{1}{2}\sqrt{N}} \qquad (11\text{-}20)$$

在这个表达式中，Z 近似地服从正态分布。若进行连续性校正后，则接近正态分布的情况就更为理想。校正的方法是将加号（或减号）的观察数目和期望数目（即 H_0 成立时的平均值）之间的差减小 0.5。也就是说，当 $X>\frac{1}{2}N$ 时，X 要减去 0.5；当 $X<\frac{1}{2}N$ 时，X 要加上 0.5：

$$Z = \frac{(X \pm 0.5)-\frac{1}{2}N}{\frac{1}{2}\sqrt{N}} \qquad (11\text{-}21)$$

例 11-10 某研究者想确定某部电视片能否改变某团体成员对于严惩青少年犯罪的态度。他从该团体中随机抽取 26 名被试，在观看电视片之前和之后分别用 7 点评定量表进行态度评定。1 表示"非常不赞成"，7 表示"非常赞成"。问该电视片是否对严惩的态度有倾向性的影响？

表 11-13 被试观看电视片前后的态度评定

被试	A	B	C	D	E	F	G	H	I	J	K	L	M	N	O	P	Q	R	S	T	U	V	W	X	Y	Z
观看前	3	2	5	1	3	2	1	3	3	1	3	1	1	5	2	3	1	5	1	4	3	3	1	1	4	3 5
观看后	6	7	4	5	2	4	3	5	7	2	3	3	2	4	6	2	6	2	7	2	3	6	5	3		
符号	-	-	+	-	+	-	-	-	+	-	0	-	-	+	-	-	-	+	-	-	-	-	-	-	-	+

解 由于研究假设并未预言差异的方向性，所以这是一个双侧测验的问题。
H_0：电视片对严惩的态度改变没有倾向性的影响；
H_1：电视片对严惩的态度改变有倾向性的影响。

表 11-13 中得"+"号者有 7 名，得"-"号者有 18 名，得 0 者有 1 名。故 $X=7$，$N=25$。将之代入公式（11-12）得：

$$Z = \frac{(7 \pm 0.5) - \frac{1}{2} \times 25}{\frac{1}{2}\sqrt{25}} = -2.00$$

由于是双侧检验，若取 $\alpha = 0.05$，查正态分布表得 $Z_{\alpha/2} = \pm 1.96$，而实得 $Z=-2.00$，故落入拒绝区，虚无假设应予以拒绝。结论为该电视片对严惩青少年犯罪的态度有倾向性的影响。

二、威尔卡逊符号等级检验

前面讨论的符号检验只利用了每一配对分数差值的方向而没有考虑差值的相对大小问题。威尔卡逊符号等级检验（Wilcoxon Signed Ranks Test）则是一种既考虑差值方向又考虑差值相对大小的非参数统计法，所以它的精度要高于符号检验法。这种方法在行为科学研究中有较广泛的应用。当两个样本相互关联时，即观测值是成对对应时，我们不仅得到成对数据差异的符号，还得到这些差异按绝对大小排列的顺序，这样就可应用符号等级检验。

运用威尔卡逊符号等级检验，首先要求出每一对观测值的差异 D，然后，不计 D 值的正负号，按绝对值的大小排出 D 的等级顺序。接着，在排好的秩次前添上正负号，如果原来的 D 值是正的，与该 D 值对应的等级符号为正；如果原来的 D 值是负的，与该 D 值对应的等级符号为负。接下来，计算正的等级之和，计算负的等级之和，看哪一个等级和较小，就令哪一个等级和为 T。如果两个总体平均值是相等的，则由两个随机样本求出的正的等级和与负的等级和应相差不多。如果两个总体平均值相差很多，较小的等级和 T 必定相当小，当 T 小到一定程度时，则有理由推论：总体平均值可能是不相等的。统计学家已

第十一章 其他非参数检验

将 H_0 成立条件下，统计量 T 的临界值制成表（见附表 17 "符号秩次检验表"）。如果实际求出的 T 值小于或等于表中的临界值，则应推翻原假设；如果实际 T 值大于表中的临界值，则不能推翻原假设。

(1) 小样本符号等级检验（$N \leq 25$）

可用查表法直接进行检验。

例 11-11　一位研究者用 8 对孪生子作为研究对象，来研究有无训练是否会对婴幼儿的动作技能发展产生影响。随机指定每对孪生子之一到实验组，另一个到控制组。实验组给予训练，控制组没有训练。一段时间之后对动作技能发展进行测量，结果如下：

实验组：82　69　73　43　58　56　76　85
控制组：63　42　74　37　51　43　80　82

问训练是否影响婴幼儿的动作技能发展（检验的显著性水平 $\alpha = 0.05$）？

解　首先建立假设：

H_0：两组婴幼儿的测量成绩没有差异，即正等级之和 = 负等级之和；
H_1：两组婴幼儿的测量成绩有差异，即正等级之和 $\neq$ 负等级之和。

然后计算实验组和控制组观测值的差值 D。用实验组的分数减去控制组的分数时，得到 8 对观测值的差：

D：19　27　-1　6　7　13　-4　3

去掉 D 值的符号，对差值 D 求等级，可得：

$|D|$：19　27　1　6　7　13　4　3
等级：　7　8　1　4　5　6　3　2

假如出现差值 $D = 0$，则不必排等级，略去即可。若 D 值相同时，其等级定为这些同分等级的平均值。求出所有差值 D 的绝对值的等级之后，再把原来 D 值的符号加在等级之前。于是可得到所求的添号等级：

添号等级：7　8　-1　4　5　6　-3　2

下一步求正号等级和与负号等级和。求等级和时，同号等级和加在一起，相加时不带添号等级的正负号。可得：

正号等级和 T_+：$7+8+4+5+6+2 = 32$；
负号等级和 T_-：$1+3 = 4$。

因负号等级和 T_- 的值较小，所以记 $T = 4$。

查 "符号秩次检验表"（附表 17），表中第一列 N 表示样本的对数（样本容量），第一行为检验的显著性水平 α。本例为双侧检验，查表找 $N = 8$ 这一行和

$\alpha = 0.05$ 这一列的交叉处，找到一个数值 4，这就是推翻虚无假设的临界值。应特别注意，这个临界值与正态检验、t 检验、F 检验和 χ^2 检验等的临界值所不同的是，在那些检验中，临界值都是推翻原假设所需的最小值，而该附表中的临界值是推翻虚无假设的最大值。所以，当等级和 T 小于或等于附表中的数字时，应拒绝虚无假设；当 T 值大于附表中的数字时，则不能拒绝虚无假设。现在实际求出的 $T=4$，即结论为：拒绝虚无假设，认为训练对婴幼儿动作技能发展有影响。

（2）大样本符号等级检验（$N>25$）

威尔卡逊符号等级检验的 T 分布逐渐接近平均数为 μ_T 和标准差为 σ_T 的正态分布。该分布的 μ_T 和 σ_T 可用下式表示：

$$\mu_T = \frac{N(N+1)}{4} \qquad (11\text{-}22)$$

$$\sigma_T = \sqrt{\frac{N(N+1)(2N+1)}{24}} \qquad (11\text{-}23)$$

所以，要检验所求得的 T 是否达到显著水平，便要使用下面的公式：

$$Z = \frac{T-\mu_T}{\sigma_T} = \frac{T - \dfrac{N(N+1)}{4}}{\sqrt{\dfrac{N(N+1)(2N+1)}{24}}} \qquad (11\text{-}24)$$

例 11-12 某心理学家对抽象图形和具体图形的再认错误率进行比较，30 名被试对两种图形再认的错误次数如下：

抽象： 20 15 16 21 17 12 14 19 25 24 23 17 23 20 24
      25 21 34 30 32 25 31 17 15 33 30 31 27 31 18

具体： 22 15 16 20 17 12 10 15 24 23 18 14 18 17 25
      24 22 29 22 30 23 29 20 17 32 26 23 25 28 19

问两种图形再认的错误次数间有无显著差异？

解 建立假设：

H_0：两种图形再认的错误次数间没有显著差异；

H_1：两种图形再认的错误次数间有显著差异。

计算两组观测值的差值 D，并将它们列于表 11-14 中。

第十一章 其他非参数检验

表 11-14 两种图形再认的错误次数及 T 的算法

被试	D	D 的等级	次数少的符号等级绝对值	被试	D	D 的等级	次数少的符号等级绝对值
1	-2	-11.5	11.5	16	1	4.5	
2	0			17	-1	-4.5	4.5
3	0			18	5	23.0	
4	1	4.5		19	8	25.5	
5	0			20	2	11.5	
6	0			21	2	11.5	
7	4	20.0		22	2	11.5	
8	4	20.0		23	-3	-16.5	16.5
9	1	4.5		24	-2	-11.5	11.5
10	1	4.5		25	1	4.5	
11	5	23.0		26	4	20.0	
12	3	16.5		27	8	25.5	
13	5	23.0		28	2	11.5	
14	3	16.5		29	3	16.5	
15	-1	-4.5	4.5	30	-1	-4.5	4.5

将次数较少的符号等级绝对值加起来得 $T=53.0$。本例中差值为 0 的有 4 个，应从样本容量中减去，故 $N=26$，应采用大样本检验的方法。还应注意的一点是，如果相同的 D 值太多，则零分布的大样本公式就需要进行修正了。其修正公式为：

$$Z = \frac{T - \mu_T}{\sigma_T} = \frac{T - \dfrac{N(N+1)}{4}}{\sqrt{\dfrac{N(N+1)(2N+1)}{24} - \dfrac{\sum(\tau_i^3 - \tau_i)}{48}}} \quad (11-25)$$

式中，τ_i 表示第 i 个有相同绝对值 D 的个数。例如，本例中有 8 个绝对值为 1 的差值，6 个绝对值为 2 的差值，4 个绝对值为 3 的差值，3 个绝对值为 4 的差值和 3 个绝对值为 5 的差值。故 $\tau_1=8$，$\tau_2=6$，…，$\tau_5=3$。则：

$$\frac{\sum(\tau_i^3 - \tau)}{48} = \frac{(8^3-8)+(6^3-6)+(4^3-4)+(3^3-3)+(3^3-3)}{48} = 17.125$$

将 $T=53.0$，$N=26$ 代入修正公式：

$$Z = \frac{53 - \frac{(26)(27)}{4}}{\sqrt{\frac{(26)(27)(53)}{24} - 17.125}} = -3.129$$

查正态分布临界值表，$\alpha=0.05$ 水平上，双侧检验拒绝虚无假设的临界值为 ± 1.96，$\alpha=0.01$ 水平上，其临界值为 ± 2.58，现实际计算得到的 $Z=-3.129$，落入拒绝区。故结论为：两种图形再认的错误次数间有非常显著的差异。

三、寇克兰 Q 检验

寇克兰 Q 检验（Cochran Q Test）是一种适用于对两个以上相关样本的类别变量或二分变量的资料分析。当有 k 个相关样本，包括一组 N 个被试重复在 k 个不同的条件下接受观测；或 N 个配对组，每组 k 个被试各在其中一个条件下接受观测。则可以应用这一方法进行频数或比例的差异显著性检验。

可以用寇克兰 Q 检验来分析的资料，如检验一次测验中各个项目难度是否有所不同。我们可利用 N 个被试在 k 个项目上的记分资料进行分析，对于每个项目，通过记 1 分，不通过记 0 分。因为每一个人都对所有 k 个项目作出回答，所以可以看做 k 个组是匹配的。

再如，我们也可以对 N 个被试比较在 k 种不同的条件下对某一个项目的反应，以检验在 k 个不同的条件下被试对该项目的回答是否具有显著影响，例如，在不同的场合下对一组被试就对某一候选人的支持情况进行调查，寇克兰检验可以确定不同场合是否对于被试对候选人的支持与否有显著的影响。

如果我们将上述类型的资料排成一个双向 N 行 k 列的表格，就有可能检验下述虚无假设：某一特定类型的反应所占的比例（或频数）除偶然性差异外，在每列中是相同的。寇克兰 1950 年已经证明，如果 H_0 为真，即，如果在每一种条件下"0"与"1"随机地分布在该表的各行各列中，那么只要行数不是太小的话，

$$Q = \frac{k(k-1)\sum(T_{.j} - \bar{T}_{..})^2}{k\sum T_{i.} - \sum T_{i.}^2} \quad (11\text{-}26)$$

或

$$Q = \frac{(k-1)(k\sum T_{.j}^2 - (\sum T_{.j})^2)}{k\sum T_{i.} - \sum T_{i.}^2} \quad (11\text{-}27)$$

就近似地服从 $df = k-1$ 的 χ^2 分布。此处 $T_{i.}$ 为在第 i 行得"1"分的总数，$T_{.j}$ 为第 j 列得"1"分的总数。$\bar{T}_{..} = T_{.j}$ 的平均数。

第十一章 其他非参数检验

因为 Q 的抽样分布近似为 $df=k-1$ 的 χ^2 分布,所以计算所得的 Q 值,通过查 χ^2 分布表,就可以与 $df=k-1$ 的 χ^2 临界值相比较。从而决定是否拒绝 H_0。

例 11-13 有 20 名学生对 4 门课程按"喜欢"(记 1 分)、"不喜欢"(记 0 分)进行评定。结果如表 11-15,问这一结果能否说明学生对这几门课程的爱好有显著的差异?

表 11-15 学生对 4 门课程的爱好评定

学生	课程 A	课程 B	课程 C	课程 D	$T_{i.}$	$T_{i.}^2$
1	0	1	0	0	1	1
2	1	1	1	0	3	9
3	1	0	1	0	2	4
4	1	0	0	0	1	1
5	0	0	1	1	2	4
6	1	1	0	1	3	9
7	1	1	0	0	2	4
8	1	1	0	0	2	4
9	1	1	0	1	3	9
10	1	1	0	1	3	9
11	1	0	0	0	1	1
12	1	1	0	0	2	4
13	1	1	0	0	2	4
14	1	0	1	1	3	9
15	1	1	1	0	3	9
16	1	1	0	1	3	9
17	0	0	1	1	2	4
18	1	0	0	0	1	1
19	1	0	1	0	2	4
20	1	0	0	0	1	1
$T_{.j}$	16	11	9	6	42	100

解 建立假设:

H_0:各列比例相同;

H_1:各列比例不同。

计算统计量:

$\bar{T}_{..} = 42/4 = 10.5$

$$Q = \frac{4(4-1)((16-10.5)^2 + (11-10.5)^2 + (9-10.5)^2 + (6-10.5)^2)}{4(42)-100} = 9.3529$$

查 χ^2 分布表（附表 3），df=4-1 时，$\chi^2_{0.05}(3)$=7.82，Q 值大于该临界值，故拒绝虚无假设。结论为：学生对这 4 门课程确存在不同的喜好。

第五节 等级方差分析

一、克—瓦氏单向等级方差分析

克—瓦氏单向等级方差分析（Kruskal-Wallis One-way Analysis of Variance by Ranks）是一种检验 k 个独立样本是否来自同一总体或平均数相等的 k 个总体的假设。它与 F 检验不同的是，不需要 F 检验的基本假设，而且它所处理的数据资料是顺序变量，也就是说，它是利用等级来进行方差分析的一种非参数统计方法。

在克—瓦氏检验的计算中，我们要把 k 个样本的所有 N 个人的观察分数按照大小顺序排成等级。也就是说，把来自所有 k 个样本的所有评分都合为一个序列来进行等级评定。最小的评分用等级 1 表示，次小的等级为 2，最大的得分则以等级 N 表示。N=k 个样本中独立观察的总次数。然后求出每个样本（列）中的等级和。如果虚无假设为真，即 k 个样本均来自同一总体，则在各组人数相等的情况下，各组所得的等级总和，理论上应大体相等。如果各组的等级和差异极大，则它们来自同一总体的可能性就非常小。

可以证明，当 H_0 为真，各样本容量足够大的情况下，克—瓦氏检验的统计量 H 服从 df=k-1 的 χ^2 分布。

$$H = \frac{12}{N(N+1)} \sum \frac{R_j^2}{n_j} - 3(N+1) \qquad (11\text{-}28)$$

式中，k 为样本数或分组数；

n_j 为第 j 个样本的大小；

$N = \sum n_j$；

R_j 为第 j 个样本（列）中的等级和。

当 n_j>5 时，在 H_0 成立时出现观察值 H 的概率可通过查 χ^2 分布临界值表确定。对于一定的显著性水平和 df=k-1，如果 H 的观察值等于或大于表中给出的卡方值，则可以在该显著性水平上拒绝 H_0。

如果 $k=3$，且 $n_j \leq 5$ 时，对 H 抽样分布就不再近似于 χ^2 分布。这时应改求 H 的准确概率。"H 检验表"（附表 18）给出了当 $n_j \leq 5$ 时，在 H_0 成立时出现观察值 H 的准确概率。

例 11-14 在一项长度估计的心理实验中，研究者想探讨反馈对被试长度估计准确性的影响。被试戴上眼罩后，主试给出一标准刺激长度，然后让被试用比较刺激复制出这一长度。对于第一组被试，每次比较之后主试告诉他比较刺激与标准刺激的误差是多少；对于第二组被试，主试只告诉比较刺激比标准刺激长还是短，不告诉误差量；对于第三组被试，主试不给任何反馈。表 11-16 是三组共 11 名被试的平均错误长度。问三种条件下被试的长度估计准确性有无显著差异？

表 11-16　被试长度估计的原始分数

第一组	第二组	第三组
1.2	3.6	4.5
0.9	3.2	3.9
2.3	1.7	3.5
2.9	2.7	

解　首先建立假设：

H_0：三组平均错误长度没有差异；

H_1：三组平均错误长度有显著差异。

把表 11-16 原始数据化成等级。方法是：先不分组别，将原始数据按大小排序，并化成等级分数。再求出各组的等级和（R_j），结果为：$R_1=13$，$R_2=24$，$R_3=29$。然后，将这些值代入公式求 H。

表 11-17　被试长度估计的等级分数

第一组	第二组	第三组
2	9	11
1	7	10
4	3	8
6	5	
$R_1=13$	$R_2=24$	$R_3=29$

$$H = \frac{12}{N(N+1)} \sum \frac{R_j^2}{n_j} - 3(N+1) = \frac{12}{11(11+1)}(\frac{13^2}{4} + \frac{24^2}{4} + \frac{29^2}{3}) - 3(11+1) = 6.417$$

本例由于 $k=3$，每组人数均小于 5，故为小样本，可直接查附表 18，以决定 H 值是否达得显著水平。查附表 18 可得，当各组人数（n_j）为 4、4、3 时，得 $H \geq 5.5985$ 的概率 $p \leq 0.049$，由于这一概率小于 $\alpha = 0.05$，所以应拒绝虚无假设，结论为三组之间的平均错误长度有显著差异。

如果上例为大样本，$k \geq 4$ 或 $n_j > 5$ 时，所求出的 H 值分布就接近 $df=k-1$ 的 χ^2 分布。这时可以通过查 χ^2 分布来检验 H 的显著性。如果求得的 H 值大于或等于当 $\alpha=0.05$ 或 $\alpha=0.01$，$df=k-1$ 时的 χ^2 值，则应拒绝虚无假设。

表 11-18 是虚构的数据。

表 11-18　被试长度估计的等级分数

第一组	第二组	第三组
	12	14
3.5	7	6
3.5	8	11
2	9	13
5	10	15
1	16.5	18
	16.5	
$R_1=15$	$R_2=79$	$R_3=77$

计算 H 值：

$$H = \frac{12}{N(N+1)} \sum \frac{R_j^2}{n_j} - 3(N+1)$$

$$= \frac{12}{18(18+1)}(\frac{15^2}{5} + \frac{79^2}{7} + \frac{77^2}{6}) - 3(18+1) = 10.535$$

本例中出现了两个同分的情况，第一组有一个同分，占第 3、4 等，取平均等级后它们都被评为 3.5，第二组也出现一个同分，占第 16、17 等，平均等级 16.5。出现同分情况，需要对统计量 H 进行修正，其修正公式为：

$$H_c = \frac{H}{1 - \frac{\sum(\tau^3 - \tau)}{N^3 - N}} \tag{11-29}$$

式中，τ 为一组有同分的评分中，同分观察的次数。本例修正的 H_c 为：

$$H_c = \frac{10.535}{1-\frac{(2^3-2)+(2^3-2)}{18^3-18}} = 10.557$$

查 χ^2 分布表，$df=k-1=3-1=2$，$\alpha=0.01$ 时，χ^2 临界值为 9.210。实际求得的 H 值大于该临界值，故应拒绝虚无假设，认为三组等级分数有非常显著的差异，即三种条件下被试的长度估计准确性有显著差异。

二、弗里德曼双向等级方差分析

弗里德曼双向等级方差分析（Friedman Two-way Analysis of Variance by Ranks）是一种适用于对 k 个相关样本的顺序变量资料就"k 个样本取自同一总体"的虚无假设进行检验的非参数方法。

相关样本的匹配可通过两种形式：一是一组被试重复接受 k 个实验条件的处理，即每一被试都要进行重复测量；二是采用配对的方法，即研究者得到若干小组，每一小组内的被试在某些特质上是同质的，然后随机地将每一小组中的一个被试分派到一种条件下，另一个同质的被试分派到另一种条件下，如此等等。然后，把所得的数据资料列于一个有 N 行×k 列的双向表中，其中，行代表不同的被试或匹配的被试小组，列代表各种实验条件。如果要研究的是一些被试处在所有条件下的得分，则每一行给出一个被试在 k 种条件下的得分。

检验的数据是顺序变量——等级。如果每一行中的得分不是等级的话，首先要对它们进行等级分数的转化，即评秩。若我们研究 k 种条件，任意一行中的等级就是从 1 到 k。弗里德曼检验决定：不同的秩列（样本）是否来自同一个总体。

例如，要研究在 4 种条件下 3 个组的得分，此时，$k=4$，$N=3$。每一组中有 4 个匹配的被试，每一个被试被指定在 4 种条件之一下接受试验。假定得出如表 11-19 所示的结果。

表 11-19　4 种实验条件下 3 个匹配组的得分

	I	II	III	IV
A 组	3	4	2	1
B 组	4	3	2	1
C 组	4	1	3	2
R_j	11	8	7	4

为了对这些数据进行弗里德曼检验，首先要对每一行中的得分进行等级评定。对每一行中的最低得分给予等级 1，次低得分给予等级 2，以此类推。这样，我们便得到每种条件下的等级之和，见表 11-19 中的最下一行。表中每一行内的等级 k 是从 1 到 4。

如果虚无假设为真，即所有样本（表中的各列）来自同一个总体，那么每一列中等级的分布应该是一种偶然事件，因此我们应该预期 1、2、3 和 4 各秩几乎以相等的频数出现在所有的列中。应该表明：对于任一组而言，在什么条件下出现最高得分以及在什么条件下出现最低得分只是一种偶然事件，如果各种条件确实没有什么差异，那就应该出现这样的结果。

如果被试的得分与条件无关，那么每一列中的那组等级就应该表示一个取自 1、2、3 和 4 的离散矩形分布的随机样本，且各列的等级和（R_j）应该大致相等。若被试的得分取决于实验条件（即如果 H_0 为假），则各列的等级和（R_j）将会不同。

当行数和（或）列数不太小时，弗里德曼已证明 χ_r^2 的分布与 $df=k-1$ 的 χ^2 分布近似，此时弗里德曼检验的的统计量为：

$$\chi_r^2 = \frac{12}{Nk(k+1)}\sum(R_j)^2 - 3N(k+1) \qquad (11-30)$$

式中：N=行数；

k=列数；

R_j=在第 j 列中的等级和。

故计算所得的 χ_r^2 值就可根据附表 χ^2 分布表，查得 $df=k-1$ 时的临界值。如果 χ_r^2 等于或大于表中的临界值，则可在一定的显著性水平上拒绝 H_0，说明不同列的等级和（或者平均等级 R_j/N）有显著差异。也就是说，被试得分的多少依赖于获得这一分数时的实验条件。

但是，当行和（或）列数太小时，χ_r^2 的分布就不再近似于 $df=k-1$ 的 χ^2 分布。所以当行或列数小于某一最小值时，就不能再通过查 χ^2 分布表来检验 H_0 了，而应改查 χ_r^2 值分布准确的概率表。"弗里德曼双向秩次方差分析 χ_r^2 值表"（附表 19）提供了对于 $k=3$，$N=2\sim9$ 以及对于 $k=4$，$N=2\sim4$ 时，观测值 χ_r^2 出现的准确概率。

例 11-15 研究者要研究 4 种学习方法对学习效果的影响，考虑到智力因素的影响，故使用 3 组智力相等的匹配组，每组 4 名被试进行实验。实验结果如表 11-19，表中的数字是错误次数。问 4 种学习方法对学习效果有没

第十一章 其他非参数检验

有影响。

解 这是一个双侧检验的问题。

建立假设：

H_0：4 种学习方法对学习效果没有影响；

H_1：4 种学习方法的学习效果不同。

对实验数据评定等级，再将各实验处理的 3 个等级相加，求得该实验处理的等级和（R_j），本例结果为 $R_1=11$，$R_2=8$，$R_3=7$，$R_4=4$。将其和 N、k 值代入公式求得 χ_r^2 值：

$$\chi_r^2 = \frac{12}{(3)(4)(4+1)} \times (11^2 + 8^2 + 7^2 + 4^2) - 3\times 3\times(4+1) = 5$$

因 k 和 N 较小，可通过查附表 19 求得 $\chi_r^2=5$ 的准确概率。当 $k=4$，$N=3$ 时，得 $\chi_r^2 \geqslant 5$ 的概率为 0.207。因此，在 $\alpha=0.05$ 的水平上，不能拒绝虚无假设。也就是说，4 种学习方法的学习效果差异不显著。

再看一个大样本的例子：

例 11-16 为研究 3 种不同的强化方式对动物的鉴别学习的影响，在 3 种强化方式下训练 3 个匹配的样本（$k=3$），每个样本由 18 个（$N=18$）动物组成。对一个样本组研究者采用 100%的强化方式（RR），另一个匹配组采用部分强化的方式，每个训练系列均以一次非强化的训练结束（RU）；第三个匹配组也采用部分强化方式，但每个训练系列均以一次强化的训练结束（UR）。试比较不同的强化方式对动物的鉴别学习能力的影响。

表 11-20　三种强化方式下动物学习的错误次数

N	1	2	3	4	5	6	7	8	9	10	11	12	13	14	15	16	17	18
RR	5	8	3	4	6	5	6	3	8	7	6	6	6	5	5	8	7	6
RU	8	9	7	6	8	5	6	5	4	9	8	5	7	5	5	7	6	8
UR	7	6	4	8	5	3	6	4	5	6	5	4	3	4	3	4	4	4

解 建立假设：

H_0：不同强化方式的效应为零；

H_1：不同强化方式对动物学习有影响。

将动物学习的错误次数转化为等级列于表 11-21 中。若遇相同的错误次数，则取平均等级。得 RR 条件下等级和为 39.5，RU 条件下等级和为 42.5，UR 条件下等级和为 26.0。

表 11-21 三种强化条件下错误次数的等级

N	强化方式 RR	RU	UR
1	1	3	2
2	2	3	1
3	1	3	2
4	1	2	3
5	3	1	2
6	2	3	1
7	3	2	1
8	1	3	2
9	3	1	2
10	3	1	2
11	2	3	1
12	2	3	1
13	3	2	1
14	2	3	1
15	2.5	2.5	1
16	3	2	1
17	3	2	1
18	2	3	1
R_j	39.5	42.5	26.0

将观测值代入公式,得 χ_r^2 值:

$$\chi_r^2 = \frac{12}{Nk(k+1)} \sum (R_j)^2 - 3N(k+1)$$

$$= \frac{12}{18 \times 3 \times (3+1)} \times (39.5^2 + 42.5^2 + 26.0^2) - 3 \times 18 \times (3+1) = 8.583$$

注意到上表中有一个相同的等级,即第 15 个数据中第 2 个等级和第 3 个等级相同,取其均数 2.5。许多计算机统计软件对于出现这种相同等级(ties)时,往往予以修正,其修正公式为:

$$\chi_{rc}^2 = \frac{\chi_r^2}{1-C} \quad (11\text{-}31)$$

其中:

$$C = \frac{\sum (\tau_i^3 - \tau_i)}{Nk(k^2-1)} \quad (11\text{-}32)$$

第十一章　其他非参数检验

公式（11-32）中，τ_i 表示第 i 个出现相同等级的数目。

本例中相同等级的次数只有一个，相同的等级为 2 个，即第 2 等与第 3 等相同。故：

$$C = \frac{\sum(\tau_i^3 - \tau_i)}{Nk(k^2-1)} = \frac{2^3-2}{18\times 3\times(3^3-1)} = 0.0139$$

$$X_{rc}^2 = \frac{X_r^2}{1-C} = \frac{8.583}{1-0.0139} = 8.704$$

本例为大样本，χ_{rc}^2 值近似服从 $df=k-1$ 的 χ^2 分布，故可通过查 χ^2 分布表来检验 $\chi_{rc}^2=8.704$ 是否达到显著性水平。查附表 3 得：当 $df=3-1=2$ 和 $\alpha=0.05$ 时，χ^2 的临界值为 5.99。由于计算所得的 $\chi_{rc}^2=8.704$ 大于 χ^2 的临界值，故应拒绝虚无假设。结论为：不同的强化方式对动物的学习有显著影响。

思考与练习题

一、名词解释

非参数检验　游程检验　中数检验　秩和检验　符号检验

二、单项选择题

1．下列检验中，不属于非参数统计的方法的是（　　）。
    A．总体是否服从正态分布　　B．总体的方差是否为某一个值
    C．样本的取得是否具有随机性　D．两组随机变量之间是否相互独立
2．下列情况中，最适合非参数统计的方法是（　　）。
    A．反映两组被试反应速度的差别
    B．反映两组被试消费水平的差别
    C．反映两组被试对就业前景的看法差别
    D．反映两组被试生活满意度的差别
3．不属于非参数检验的是（　　）。
    A．符号检验　　　　　　　　B．游程检验
    C．自由分布检验　　　　　　D．F 检验
4．单样本 K-S 检验的统计量 $D_{\max}=\max|S_n(x)-F_0(x)|$ 中 $S_n(x)$ 是一个 n 次观察的随机样本观察值的（　　）。
    A．理论次数　　　　　　　　B．实际累计频率
    C．理论累计频率　　　　　　D．实际次数

5. 在数据序列 1 1 1 0 0 1 1 0 1 1 0 0 0 1 0 1 0 1 1 1 0 中,共有游程数(　　)。
    A. 12个　　　　　　　　B. 6个
    C. 10个　　　　　　　　D. 2个
6. 用单样本 K-S 检验某项成绩是否为正态分布,若 $D_{max}<D_\alpha$ 则表明(　　)。
    A. 拒绝原假设,成绩分布是正态
    B. 拒绝原假设,成绩分布不是正态
    C. 不能拒绝假设,成绩分布是正态
    D. 不能拒绝原假设,成绩分布不是正态
7. 如果我们说非参数检验的效力是 80%,下列哪种解释正确。(　　)
    A. 如果用参数检验需要 100 个数据,那么在同等的检验效力下,非参数检验只要 80 个数据
    B. 如果用非参数检验需要 100 个数据,那么在同等的检验效力下,参数检验只要 80 个数据
    C. 如果用参数检验需要 100 个数据,那么在同等的检验效力下,非参数检验只要 20 个数据
    D. 如果用非参数检验需要 100 个数据,那么在同等的检验效力下,参数检验只要 20 个数据
8. 对于秩和检验,U、U' 和 n_1、n_2 的关系是(　　)。
    A. $U+U'=n_1+n_2$　　　　B. $UU'=n_1 n_2$
    C. $U/U'=n_1/n_2$　　　　D. $U+U'=n_1 n_2$
9. 符号等级检验中,用正态近似法的条件是(　　)。
    A. $N>10$　　　　　　　　B. $N>20$
    C. $N>25$　　　　　　　　D. $N>40$
10. 游程秩检验中,用正态近似法的条件是(　　)。
    A. $n_1>10$, $n_2>10$　　　　B. $n_1>20$, $n_2>20$
    C. $n_1>25$, $n_2>25$　　　　D. $n_1>40$, $n_2>40$

三、问答题
1. 简述非参数检验的优点和不足。
2. 克—瓦氏单向等级方差分析的基本思想是什么?
3. 弗里德曼双向等级方差分析的基本思想是什么?

四、应用题

1. 为测试试题卷的出题顺序与成绩的关系,调查者把某班人数等分,其中一半做先难后易的 A 卷,另一半做先易后难的 B 卷。考试成绩如下表所示:

考生	A	B	C	D	E	F	G	H	I	J
A 卷成绩	83	82	84	96	90	64	91	71	75	72
B 卷成绩	42	61	52	78	69	81	75	78	78	65

试用游程检验法判断两种不同的出题方式是否有显著差异($\alpha=0.05$)。

2. 为了解广告宣传对某种态度的影响,研究者对 13 个班级的大学生进行了问卷调查,调查结果如下表所示。试在显著水平 0.05 下,检验广告宣传是否对该种态度有影响。

班级	1	2	3	4	5	6	7	8	9	10	11	12	13
观前%	63	41	55	70	40	48	69	62	48	35	60	68	52
观后%	68	49	54	76	50	46	79	64	56	50	54	69	59

3. 为研究某大学某专业毕业生的薪水与其性别有无关系,研究者调查了该专业往届的一个班级毕业生的薪水如下表所示。问薪水的分布与性别是否有显著关系($\alpha=0.05$)。

男毕业生薪水(元)	女毕业生薪水(元)
3 550	3 500
4 000	3 000
4 800	4 500
5 300	4 200
5 800	5 000
5 700	5 200
5 400	2 500
4 900	3 800
4 950	4 000
5 100	4 100
5 150	
5 750	
5 250	

4. 社会分层研究中把成年男子分成 6 个社会层次。数字越大,社会层次越高。为了研究社会层次与社会流动性的关系,研究者共调查了 510 人,把它们

分为流动愿望高和流动愿望低两个类别，调查数据如下表：

层次	流动愿望高	流动愿望低
1	28	59
2	45	50
3	54	47
4	75	45
5	48	21
6	25	13

问在 0.01 的显著性水平下社会层次对社会流动性的影响是否显著？

5. 为检验情绪状态对动作稳定性的影响，研究者对两组被试进行动作稳定性测试。实验组诱发紧张情绪，然后进行测试；控制组在正常状态下测试。两组测试结果如下：

实验组：32 31 35 29 33 38 39 34 28 32 33 31
控制组：26 29 31 30 25 23 32 33 25 27 29 30

试检验情绪状态是否对动作稳定性有影响。

6. 对小白鼠喂以 A、B、C 三种不同的营养素，以了解不同营养素的增重效果。以窝别作为区组特征，以消除遗传因素对体重增长的影响。现将同系同体重的 24 只小白鼠分为 8 个区组，每组 3 只。3 周后测重结果如下表。试比较 3 种不同营养素的增重效果有无差别。

区组号	A 营养素	B 营养素	C 营养素
1	3	2	1
2	3	2	1
3	3	2	1
4	3	2	1
5	2	3	1
6	2	1	3
7	1	2	3
8	2	3	1
R_j	19	17	12

思考与练习题参考答案

第一章
单项选择题答案
1D 2C 3C 4C 5D

第二章
单项选择题答案
1B 2A 3A 4D 5A 6C

第三章
单项选择题答案
1B 2B 3B 4C 5A 6A 7B 8B 9C 10D
应用题答案
1. 1.1244，1.0563
2. 43.91
3. 76.55
4. 72.75

第四章
单项选择题答案
1B 2A 3C 4C 5B 6C 7B 8A 9B 10A
应用题答案
1. $Z_{数学}=0.80 > Z_{语文}=0.50 > Z_{英语}=0.42$
2. 66.8、97.15
3. $S=19.65$，$Q=(Q_3-Q_1)/2=(65.13-35.93)/2=14.60$

第五章
单项选择题答案
1A 2A 3B 4A 5B 6A
应用题答案
1. 0.687 9
2. 0.020，0.016
3. 0.682 6
4. 0.022 75，0.954 5，1 118

第六章
单项选择题答案
1B 2C 3D 4D 5A 6C 7A 8B
应用题答案
1. [65.58，74.42]；[66.08，73.92]
2. 865

第七章
单项选择题答案
1D 2A 3B 4A 5C 6A
应用题答案
1. $t=0.180$，$p=0.858$，接受 H_0。
2. $Z=0.525\ 3<1.96$，不能拒绝 H_0。
3. $t=3.364$，$p=0.01$，拒绝 H_0。
4. Levene 方差齐性检验，$F=0.799$，$p=0.381$；$t=3.488$，$p=0.002$，拒绝 H_0。

第八章
单项选择题答案
1C 2C 3A 4C 5B 6D 7B 8B 9B
应用题答案
1. $F=3.5205>F_{0.05}(3,\ 36)=2.866$
2. $F=73.892$，$p<0.001$
3. $F_{方法}=0.089$，$p>0.05$；$F_{能力}=13.865$，$p<0.001$

思考与练习题参考答案

第九章

单项选择题答案

1C 2A 3D 4B 5B 6B 7A 8B 9C 10B

应用题答案

1. $W=0.809$，$p<0.001$

2. $r_{13}=0.817$，$r_{23}=0.890$，$r_{12}=0.774$；$r_{12.3}=0.178$

3. $r=0.742$，$p<0.001$；$\hat{Y}=19.439+0.719X$

第十章

单项选择题答案

1D 2B 3D 4A 5C

应用题答案

1. $\chi^2=8.988$，$p>0.05$

2. $\chi^2=2.938$，$p>0.05$

3. $\chi^2=8.167$，$p<0.01$

4. $\chi^2=17.626$，$p<0.01$

第十一章

单项选择题答案

1B 2C 3D 4B 5A 6C 7B 8D 9C 10B

应用题答案

1. 游程数 $r=6=C_{0.05}(10,10)=6$，拒绝 H_0，即有显著差异。

2. 配对符号秩检验：$T_+=11.5$，$T_-=79.5$，$T=11.5 < T_{0.05}(13)=21$，拒绝 H_0，广告宣传对态度有显著影响。

3. $U=20.5$，$Z=2.76$，拒绝 H_0，即男毕业生与女毕业生的薪水分布不同。

4. $T_+=80759$，$T_-=1862$，$Z=-16.832$，$p<0.001$，拒绝 H_0，即社会层次对社会流动性的影响有显著差异。

5. $Md=31$，$\chi^2=31.376$，$p<0.05$，拒绝 H_0，即情绪状态对动作稳定性有显著影响。

6. $\chi_r^2=3.25$，$p>0.05$，结论：三种营养素无显著差异。

参考文献

1. B. S. 艾沃日特著：《列联表分析》，刘韵源、周家丽译，北京，科学出版社，1987。
2. G. H. 维恩堡等著：《数理统计初级教程》，胡文明等译，山西，山西人民出版社，1986。
3. S. 西格尔著：《非参数统计》，北星译，北京，科学出版社，1986。
4. 车宏生、朱敏主编：《心理统计》，北京，科学出版社，1987。
5. 程书肖、李仲来编著：《教育统计方法》，辽宁大学出版社，沈阳，1988。
6. 戴维·R. 安德森等著：《商务与经济统计》，张建华等译，北京，机械工业出版社，2008。
7. 道格拉斯·A. 林德等著：《商务与经济统计技术》，易丹辉等译，北京，中国人民大学出版社，2005。
8. 甘怡群等编著：《心理与行为科学统计》，北京，北京大学出版社，2007。
9. 郝德元编著：《教育与心理统计》，北京，教育科学出版社，1982。
10. 林青山著：《心理与教育统计学》，台北，台湾东华书局，1992。
11. 吴喜之编：《非参数统计》，北京，中国统计出版社，1999。
12. 张厚粲、徐建平编著：《心理与教育统计学》，北京，北京师范大学出版社，2003。
13. 张敏强主编：《教育与心理统计学》，北京，人民教育出版社，1993。
14. 张文彤、董伟主编：《SPSS统计分析高级教程》，北京，高等教育出版社，2004。
15. 张文彤、闫洁主编：《SPSS统计分析基础教程》，北京，高等教育出版社，2004。
16. 左任侠编著：《教育与心理统计学》，上海，华东师范大学出版社，1982。

附 录

附表 1 正态分布函数表

Z	0.00	0.01	0.02	0.03	0.04	0.05	0.06	0.07	0.08	0.09
0.0	0.0000	0.0040	0.0080	0.0120	0.0160	0.0199	0.0239	0.0279	0.0319	0.0359
0.1	0.0398	0.0438	0.0478	0.0517	0.0557	0.0596	0.0636	0.0675	0.0714	0.0753
0.2	0.0793	0.0832	0.0871	0.0910	0.0948	0.0987	0.1026	0.1064	0.1103	0.1141
0.3	0.1179	0.1217	0.1255	0.1293	0.1331	0.1368	0.1406	0.1443	0.1480	0.1517
0.4	0.1554	0.1591	0.1628	0.1664	0.1700	0.1736	0.1772	0.1808	0.1844	0.1879
0.5	0.1915	0.1950	0.1985	0.2019	0.2054	0.2088	0.2123	0.2157	0.2190	0.2224
0.6	0.2257	0.2291	0.2324	0.2357	0.2389	0.2422	0.2454	0.2486	0.2517	0.2549
0.7	0.2580	0.2611	0.2642	0.2673	0.2703	0.2734	0.2764	0.2794	0.2823	0.2852
0.8	0.2881	0.2910	0.2939	0.2967	0.2995	0.3023	0.3051	0.3078	0.3106	0.3133
0.9	0.3159	0.3186	0.3212	0.3238	0.3264	0.3289	0.3315	0.3340	0.3365	0.3389
1.0	0.3413	0.3438	0.3461	0.3485	0.3508	0.3531	0.3554	0.3577	0.3599	0.3621
1.1	0.3643	0.3665	0.3686	0.3708	0.3729	0.3749	0.3770	0.3790	0.3810	0.3830
1.2	0.3849	0.3869	0.3888	0.3907	0.3925	0.3944	0.3962	0.3980	0.3997	0.4015
1.3	0.4032	0.4049	0.4066	0.4082	0.4099	0.4115	0.4131	0.4147	0.4162	0.4177
1.4	0.4192	0.4207	0.4222	0.4236	0.4251	0.4265	0.4278	0.4292	0.4306	0.4319
1.5	0.4332	0.4345	0.4357	0.4370	0.4382	0.4394	0.4406	0.4418	0.4430	0.4441
1.6	0.4452	0.4463	0.4474	0.4484	0.4495	0.4505	0.4515	0.4525	0.4535	0.4545
1.7	0.4554	0.4564	0.4573	0.4582	0.4591	0.4599	0.4608	0.4616	0.4625	0.4633
1.8	0.4641	0.4648	0.4656	0.4664	0.4671	0.4678	0.4686	0.4693	0.4700	0.4706
1.9	0.4713	0.4719	0.4726	0.4732	0.4738	0.4744	0.4750	0.4756	0.4762	0.4767
2.0	0.4772	0.4778	0.4783	0.4788	0.4793	0.4798	0.4803	0.4808	0.4812	0.4817

续表

Z	0.00	0.01	0.02	0.03	0.04	0.05	0.06	0.07	0.08	0.09
2.1	0.4821	0.4826	0.4830	0.4834	0.4838	0.4842	0.4846	0.4850	0.4854	0.4857
2.2	0.4861	0.4864	0.4868	0.4871	0.4874	0.4878	0.4881	0.4884	0.4887	0.4890
2.3	0.4893	0.4896	0.4898	0.4901	0.4904	0.4906	0.4909	0.4911	0.4913	0.4916
2.4	0.4918	0.4920	0.4922	0.4925	0.4927	0.4929	0.4931	0.4932	0.4934	0.4936
2.5	0.4938	0.4940	0.4941	0.4943	0.4945	0.4946	0.4948	0.4949	0.4951	0.4952
2.6	0.4953	0.4955	0.4956	0.4957	0.4959	0.4960	0.4961	0.4962	0.4963	0.4964
2.7	0.4965	0.4966	0.4967	0.4968	0.4969	0.4970	0.4971	0.4972	0.4973	0.4974
2.8	0.4974	0.4975	0.4976	0.4977	0.4977	0.4978	0.4979	0.4979	0.4980	0.4981
2.9	0.4981	0.4982	0.4982	0.4983	0.4984	0.4984	0.4985	0.4985	0.4986	0.4986
3.0	0.4987	0.4990	0.4993	0.4995	0.4997	0.4998	0.4998	0.4999	0.4999	0.5000

注：表中最后一行自左至右依次是 Z=3.0，…，3.9 的值。

附表 2　t 值表

df	最大 t 值的概率（双侧界限）									
	0.5	0.4	0.3	0.2	0.1	0.05	0.02	0.01	0.001
1	1.000	1.376	1.963	3.078	6.314	12.706	31.821	63.657	636.619
2	0.816	1.061	1.386	1.886	2.920	4.303	6.965	9.925	31.598
3	0.765	0.978	1.250	1.638	2.353	3.182	4.541	5.841	12.941
4	0.741	0.941	1.190	1.533	2.132	3.776	3.747	4.604	8.610
5	0.727	0.920	1.156	1.476	2.015	2.571	3.365	4.013	6.859
6	0.718	0.906	1.134	1.440	1.943	2.447	3.143	3.707	5.959
7	0.711	0.896	1.119	1.415	1.896	2.365	2.998	3.499	5.405
8	0.706	0.889	1.108	1.397	1.860	2.306	2.896	3.355	5.041
9	0.703	0.883	1.100	1.383	1.833	2.262	2.821	3.250	4.781
10	0.700	0.879	1.093	1.372	1.812	2.228	2.764	3.169	4.587
11	0.697	0.876	1.088	1.363	1.796	2.201	2.718	3.106	4.437
12	0.695	0.873	1.083	1.356	1.782	2.179	2.681	3.055	4.318
13	0.694	0.870	1.079	1.350	1.771	2.160	2.650	3.012	4.221
14	0.692	0.868	1.076	1.345	1.761	2.145	2.624	2.977	4.140
15	0.691	0.866	1.074	1.341	1.753	2.131	2.602	2.947	4.073
16	0.690	0.865	1.071	1.337	1.746	2.120	2.583	2.921	4.015
17	0.689	0.863	1.069	1.333	1.740	2.110	2.567	2.898	3.965
18	0.688	0.862	1.067	1.330	1.734	2.101	2.552	2.878	3.922
df	0.25	0.20	0.15	0.10	0.05	0.025	0.010	0.005	0.0005
	最大 t 值的概率（单侧界限）									

续表

df	最大 t 值的概率（双侧界限）								
	0.5	0.4	0.3	0.2	0.1	0.05	0.02	0.01	0.001
19	0.688	0.861	1.066	1.328	1.729	2.093	2.539	2.861	3.883
20	0.687	0.860	1.064	1.325	1.725	2.086	2.528	2.845	3.850
21	0.686	0.859	1.063	1.323	1.721	2.080	2.518	2.831	3.819
22	0.686	0.858	1.061	1.321	1.717	2.074	2.508	2.819	3.792
23	0.685	0.858	1.060	1.319	1.714	2.069	2.500	2.807	3.767
24	0.685	0.857	1.059	1.318	1.711	2.064	2.492	2.797	3.745
25	0.684	0.856	1.058	1.316	1.708	2.060	2.485	2.787	3.725
26	0.684	0.856	1.058	1.315	1.706	2.056	2.479	2.779	3.707
27	0.684	0.855	1.057	1.314	1.703	2.052	2.473	2.771	3.690
28	0.683	0.855	1.056	1.313	1.701	2.048	2.467	2.763	3.674
29	0.683	0.854	1.055	1.311	1.699	2.045	2.462	2.756	3.659
30	0.683	0.854	1.055	1.310	1.697	2.042	2.457	2.750	3.648
40	0.681	0.851	1.050	1.303	1.684	2.021	2.423	2.704	3.561
60	0.679	0.848	1.046	1.296	1.671	2.000	2.390	2.660	3.460
120	0.677	0.845	1.041	1.289	1.658	1.980	2.358	2.617	3.373
∞	0.674	0.842	1.036	1.282	1.645	1.960	2.326	2.576	3.291
	0.25	0.20	0.15	0.10	0.05	0.025	0.010	0.005	0.0005
df	最大 t 值的概率（单侧界限）								

附表3　χ^2 分布数值表

df	$\alpha=0.975$	$\alpha=0.95$	$\alpha=0.05$	$\alpha=0.025$	$\alpha=0.01$	$\alpha=0.005$	$\alpha=0.001$
1	0.00	0.00	3.84	5.02	6.64	7.88	10.83
2	0.05	0.10	5.99	7.38	9.21	10.60	13.82
3	0.22	0.35	7.82	9.35	11.35	12.84	16.27
4	0.48	0.71	9.49	11.14	13.28	14.86	18.47
5	0.83	1.15	11.07	12.83	15.09	16.75	20.52
6	1.24	1.64	12.59	14.45	16.81	18.55	22.46
7	1.69	2.17	14.07	16.01	18.48	20.28	24.32
8	2.18	2.73	15.51	17.53	20.09	21.96	26.13
9	2.70	3.33	16.92	19.02	21.67	23.59	27.88
10	3.25	3.94	18.31	20.48	23.21	25.19	29.59
11	3.82	4.57	19.68	21.92	24.73	26.76	31.26

续表

df	$\alpha=0.975$	$\alpha=0.95$	$\alpha=0.05$	$\alpha=0.025$	$\alpha=0.01$	$\alpha=0.005$	$\alpha=0.001$
12	4.40	5.23	21.03	23.34	26.22	28.30	32.91
13	5.01	5.89	22.36	24.74	27.69	29.82	34.53
14	5.63	6.57	23.69	26.12	29.14	31.32	36.12
15	6.26	7.26	25.00	27.49	30.58	32.80	37.70
16	6.91	7.96	26.30	28.85	32.00	34.27	39.25
17	7.56	8.67	27.59	30.19	33.41	35.72	40.79
18	8.23	9.39	28.87	31.53	34.81	37.16	42.31
19	8.91	10.12	30.14	32.85	36.19	38.58	43.82
20	9.59	10.85	31.41	34.17	37.57	40.00	45.32
21	10.28	11.59	32.67	35.48	38.93	41.40	46.80
22	10.98	12.34	33.92	36.78	40.29	42.80	48.27
23	11.69	13.09	35.17	38.08	41.64	44.18	49.73
24	12.40	13.85	36.42	39.36	42.98	45.56	51.18
25	13.12	14.61	37.65	40.65	44.31	46.93	52.62
26	13.84	15.38	38.89	41.92	45.64	48.29	54.05
27	14.57	16.15	40.11	43.19	46.96	49.64	55.48
28	15.31	16.93	41.34	44.46	48.28	50.99	56.89
29	16.05	17.71	42.56	45.72	49.59	52.34	58.30
30	16.79	18.49	43.77	46.98	50.89	53.67	59.70
31	17.54	19.28	44.99	48.23	52.19	55.00	61.10
32	18.29	20.07	46.19	49.48	62.49	56.33	62.49
33	19.05	20.87	47.40	50.73	63.87	57.65	63.87
34	19.81	21.66	48.60	51.97	65.25	58.96	65.25
35	20.57	22.47	49.80	53.20	66.62	60.27	66.62
36	21.34	23.27	51.00	54.44	67.99	61.58	67.99
37	22.11	24.07	52.19	55.67	69.35	62.88	69.35
38	22.88	24.88	53.38	56.90	70.71	64.18	70.71
39	23.65	25.70	54.57	58.12	72.06	65.48	72.06
40	24.43	26.51	55.76	59.34	73.41	66.77	73.41
41	25.21	27.33	56.94	60.56	74.75	68.05	74.75
42	26.00	28.14	58.12	61.78	76.09	69.34	76.09
43	26.79	28.96	59.30	62.99	77.42	70.62	77.42
44	27.57	29.79	60.48	64.20	78.75	71.89	78.75
45	28.37	30.61	61.66	65.41	80.08	73.17	80.08
46	29.16	31.44	62.83	66.62	81.40	74.44	81.40
47	29.96	32.27	64.00	67.82	82.72	75.70	82.72

续表

df	$\alpha=0.975$	$\alpha=0.95$	$\alpha=0.05$	$\alpha=0.025$	$\alpha=0.01$	$\alpha=0.005$	$\alpha=0.001$
48	30.75	33.10	65.17	69.02	84.03	76.97	84.03
49	31.55	33.93	66.34	70.22	85.35	78.23	85.35
50	32.36	34.76	67.51	71.42	86.66	79.49	86.66
51	33.16	35.60	68.67	72.62	87.97	80.75	87.97
52	33.97	36.44	69.83	73.81	89.27	82.00	89.27
53	34.78	37.28	70.99	75.00	90.57	83.25	90.57
54	35.59	38.12	72.15	76.19	91.88	84.50	91.88
55	36.40	38.96	73.31	77.38	93.17	85.75	93.17
56	37.21	39.80	74.47	78.57	94.47	86.99	94.47
57	38.03	40.65	75.62	79.75	95.75	88.24	95.75
58	38.84	41.49	76.78	80.94	97.03	89.48	97.03
59	39.66	42.34	77.93	82.12	98.34	90.72	98.34
60	40.48	43.19	79.08	83.30	99.62	91.95	99.62

附表4-1　F值表（双侧检验）（一）

分母 df	α	分子自由度 df								
		1	2	3	4	5	6	7	8	9
1	0.05	647.8	779.5	864.2	899.6	921.8	937.1	948.2	956.7	963.3
	0.01	16211.0	20000.0	21615.0	22500.0	23056.0	23437.0	23715.0	23925.0	24091.0
2	0.05	38.51	39.00	39.17	39.25	39.30	39.33	39.36	39.37	39.39
	0.01	199.5	199.0	199.2	199.2	199.3	199.3	199.4	199.4	199.4
3	0.05	17.44	16.04	15.44	15.10	14.88	14.73	14.62	14.54	14.47
	0.01	55.55	49.80	47.47	46.19	45.39	44.84	44.43	44.13	43.88
4	0.05	12.22	10.65	9.98	9.60	9.36	9.20	9.07	8.98	8.90
	0.01	31.33	26.28	24.26	23.15	22.46	21.97	21 62	21.35	21.14
5	0.05	10.01	8.43	7.76	7.39	7.15	6.98	6.85	6.76	6.68
	0.01	22.78	18.31	16.53	15.56	14.94	14.51	14.20	13.96	13.77
6	0.05	8.81	7.26	6.60	6.23	5.99	5.82	5.70	5.60	5.52
	0.01	18.63	14.54	12.92	12.03	11.46	11.07	10.79	10.57	10.39
7	0.05	8.07	6.54	5.89	5.52	5.29	5.12	4.99	4.90	4.82
	0.01	16.24	12.40	10.88	10.05	9.52	9.16	8.89	8.68	8.51
8	0.05	7.57	6.06	5.42	5.05	4.82	4.65	4.53	4.43	4.36
	0.01	14.69	11.04	9.60	8.81	8.30	7.95	7.69	7.50	7.34

分母 df	α	分子自由度 df								
		1	2	3	4	5	6	7	8	9
9	0.05	7.21	5.71	5.08	4.72	4.48	4.32	4.20	4.10	4.03
	0.01	13.61	10.11	8.72	7.96	7.47	7.13	6.88	6.69	6.54
10	0.05	6.94	5.46	4.83	4.47	4.24	4.07	3.95	3.85	3.78
	0.01	12.83	9.43	8.08	7.34	6.87	6.54	6.30	6.12	5.97
12	0.05	6.55	5.10	4.47	4.12	3.89	3.73	3.61	3.51	3.44
	0.01	11.75	8.51	7.23	6.52	6.07	5.76	5.52	5.35	5.20
15	0.05	6.20	4.77	4.15	3.80	3.58	3.41	3.29	3.20	3.12
	0.01	10.80	7.70	6.48	5.80	5.37	5.07	4.85	4.67	4.54
20	0.05	5.87	4.46	3.86	3.51	3.29	3.13	3.01	2.91	2.84
	0.01	9.94	6.99	5.82	5.17	4.76	4.47	4.26	4.09	3.96
24	0.05	5.72	4.32	3.72	3.38	3.15	2.99	2.87	2.78	2.70
	0.01	9.55	6.66	5.52	4.89	4.49	4.20	3.99	3.83	3.69
30	0.05	5.57	4.18	3.59	3.25	3.03	2.87	2.75	2.65	2.57
	0.01	9.18	6.35	5.24	4.62	4.23	3.95	3.74	3.58	3.45
40	0.05	5.42	4.05	3.46	3.13	2.90	2.74	2.62	2.53	2.45
	0.01	8.83	6.07	4.98	4.37	3.99	3.71	3.51	3.35	3.22
60	0.05	5.29	3.93	3.34	3.01	2.79	2.63	2.51	2.41	2.33
	0.01	8.49	5.79	4.73	4.14	3.76	3.49	3.29	3.13	3.01
120	0.05	5.15	3.80	3.23	2.89	2.67	2.52	2.39	2.30	2.22
	0.01	8.18	5.54	4.50	3.92	3.55	3.28	3.09	2.93	2.81
∞	0.05	5.02	3.69	3.12	2.79	2.57	2.41	2.29	2.19	2.11
	0.01	7.88	5.30	4.28	3.72	3.35	3.09	2.90	2.74	2.62

F值表（双侧检验）（二）

分母 df	α	分子自由度 df									
		10	12	15	20	24	30	40	60	120	∞
1	0.05	968.6	976.7	984.9	993.1	997.2	1001.0	1006.0	1010.0	1014.0	1018.0
	0.01	24224.0	24426.0	24630.0	24836.0	24940.0	25044.0	25148.0	25253.0	25359.0	2546.5
2	0.05	39.40	39.41	39.43	39.45	39.46	39.46	39.47	39.48	39.49	39.50
	0.01	199.4	199.4	199.4	199.4	199.5	199.5	199.5	199.5	199.5	199.50

续表

分母 df	α	分子自由度 df									
		10	12	15	20	24	30	40	60	120	∞
3	0.05	14.42	14.34	14.25	14.17	14.12	14.08	14.04	13.99	13.95	13.90
	0.01	43.69	43.39	43.08	42.78	42.62	42.47	42.31	42.15	41.99	41.83
4	0.05	8.84	8.75	8.65	8.56	8.51	8.46	8.41	8.36	8.31	8.26
	0.01	20.97	20.70	20.44	20.17	20.03	19.89	19.75	19.61	19.47	19.32
5	0.05	6.62	6.52	6.43	6.33	6.28	6.23	6.18	6.12	6.07	6.02
	0.01	13.62	13.38	13.15	12.90	12.78	12.66	12.53	12.40	12.27	12.14
6	0.05	5.46	5.37	5.27	5.17	5.12	5.07	5.01	4.96	4.90	4.85
	0.01	10.25	10.03	9.81	9.59	9.47	9.36	9.24	9.12	9.00	8.88
7	0.05	4.76	4.67	4.57	4.47	4.42	4.36	4.31	4.25	4.20	4.14
	0.01	8.38	8.18	7.97	7.75	7.65	7.53	7.42	7.31	7.19	7.08
8	0.05	4.30	4.20	4.10	4.00	3.95	3.89	3.84	3.78	3.73	3.67
	0.01	7.21	7.01	6.81	6.61	6.50	6.40	6.29	6.18	6.06	5.95
9	0.05	3.96	3.87	3.77	3.67	3.61	3.56	3.51	3.45	3.39	3.33
	0.01	6.42	6.23	6.03	5.83	5.73	5.62	5.52	5.41	5.30	5.19
10	0.05	3.72	3.62	3.52	3.42	3.37	3.31	3.26	3.20	3.14	3.08
	0.01	5.85	5.66	5.47	5.27	5.17	5.07	4.97	4.86	4.75	4.64
12	0.05	3.37	3.28	3.18	3.07	3.02	2.96	2.91	2.85	2.79	2.72
	0.01	5.09	4.91	4.72	4.53	4.43	4.33	4.23	4.12	4.01	3.90
15	0.05	3.06	2.96	2.86	2.76	2.70	2.64	2.59	2.52	2.46	2.40
	0.01	4.42	4.25	4.07	3.88	3.79	3.69	3.58	3.48	3.37	3.26
20	0.05	2.77	2.68	2.57	2.46	2.41	2.35	2.29	2.22	2.16	2.09
	0.01	3.85	3.68	3.50	3.32	3.22	3.12	3.02	2.92	2.81	2.69
24	0.05	2.64	2.54	2.44	2,33	2.27	2,21	2.15	2.08	2.01	1.94
	0.01	3.59	3.42	3.25	3.06	2.97	2.87	2.77	2.66	2.55	2.43
30	0.05	2.51	2.41	2.31	2.20	2.14	2.07	2.01	1.94	1.87	1.79
	0.01	3.34	3.18	3.01	2.82	2.73	2.63	2.52	2.42	2.30	2.18
40	0.05	2.39	2.29	2.18	2.07	2.0I	1.94	1.88	1.80	1.72	1.64
	0.01	3.12	2.95	2.78	2.60	2.50	2.40	2.30	2.18	2.06	1.93
60	0.05	2.27	2.17	2.06	1.94	1.88	1.82	1.74	1.67	1.58	1.48
	0.01	2.90	2.74	2.57	2.39	2.29	2.19	2.08	1.96	1.83	1.69
120	0.05	2.16	2.05	1.94	1.82	1.76	1.69	1.61	1.53	1.43	1.31
	0.01	2.71	2.54	2.37	2.19	2.09	1.98	1.87	1.75	1.61	1.43
∞	0.05	2.05	1.94	1.83	1.71	1.64	1.57	1.48	1.39	1.27	1.00
	0.01	2.52	2.36	2.19	2.00	1.90	1.79	1.67	1.53	1.36	1.00

附表 4-2　F 值表（单侧检验）（一）

分母 df	α	分子 df											
		1	2	3	4	5	6	7	8	9	10	11	12
1	0.05	161	200	216	225	230	234	237	239	241	242	243	244
	0.01	4052	4999	5403	5625	5764	5859	5928	5981	6022	6056	6082	6016
2	0.05	18.51	19.00	19.16	19.25	19.30	19.33	19.36	19.37	19.38	19.39	19.40	19.41
	0.01	98.49	99.01	99.17	99.25	99.30	99.33	99.34	99.36	99.38	99.40	99.41	99.42
3	0.05	10.13	9.55	9.28	9.12	9.01	8.94	8.88	8.84	8.81	8.78	8.76	8.74
	0.01	34.12	30.81	29.46	28.71	28.24	27.91	27.67	27.49	27.34	27.23	27.13	27.05
4	0.05	7.71	6.94	9.59	6.39	6.26	6.16	6.09	6.04	6.00	5.96	5.93	5.91
	0.01	21.20	18.00	16.69	15.98	15.52	15.21	14.98	14.80	14.66	14.54	14.45	14.37
5	0.05	6.61	5.79	5.41	5.19	5.06	4.95	4.88	4.82	4.78	4.74	4.70	4.68
	0.01	16.26	13.27	12.06	11.39	10.97	10.67	10.45	10.27	10.15	10.05	9.96	9.89
6	0.05	5.99	5.14	4.76	4.53	4.39	4.28	4.21	4.15	4.10	4.06	4.03	4.00
	0.01	13.74	10.92	9.78	9.15	8.75	8.47	8.26	8.10	7.98	7.87	7.79	7.72
7	0.05	5.59	4.74	4.35	4.12	3.97	3.87	3.79	3.73	3.68	3.63	3.60	3.57
	0.01	12.25	9.55	8.45	7.85	7.46	7.19	7.00	6.84	6.71	6.62	6.54	6.47
8	0.05	5.32	4.46	4.07	3.84	3.6	3.58	3.50	3.44	3.39	3.34	3.31	3.28
	0.01	11.26	8.65	7.59	7.01	6.63	6.37	6.19	6.03	5.91	5.82	5.74	5.67
9	0.05	5.12	4.26	3.86	3.63	3.48	3.37	3.29	3.23	3.18	3.13	3.10	3.07
	0.01	10.56	8.02	6.99	6.42	6.06	5.80	5.62	5.47	5.35	5.26	5.18	5.11
10	0.05	4.96	4.10	3.71	3.48	3.33	3.22	3.14	3.07	3.02	2.97	2.94	2.91
	0.01	10.04	7.56	6.55	5.99	5.64	5.39	5.21	5.06	4.95	4.85	4.78	4.71
11	0.05	4.84	3.98	3.59	3.36	3.20	3.09	3.01	2.95	2.90	2.86	2.82	2.79
	0.01	9.65	7.20	6.22	5.67	5.32	5.07	4.88	4.74	4.63	4.54	4.46	4.40
12	0.05	4.75	3.88	3.49	3.26	3.11	3.00	2.92	2.85	2.80	2.76	2.72	2.96
	0.01	9.33	6.93	5.95	5.41	5.06	4.82	4.65	4.50	4.39	4.30	4.22	4.16
13	0.05	4.67	3.80	3.41	3.18	3.02	2.92	2.84	2.77	2.72	2.67	2.63	2.60
	0.01	9.07	6.70	5.74	5.20	4.86	4.62	4.44	4.30	4.19	4.10	4.02	3.96
14	0.05	4.60	3.74	3.34	3.11	2.96	2.85	2.77	2.70	2.65	2.60	2.56	2.53
	0.01	8.86	6.51	5.56	5.03	4.69	4.46	4.28	4.14	4.03	3.94	3.86	3.80

续表

分母 df	α	分子 df										
		1	2	3	4	5	6	7	8	9	10	11	12
15	0.05	4.54	3.68	3.29	3.00	2.90	2.79	2.70	2.64	2.59	2.55	2.51	2.48
	0.01	8.68	6.36	5.42	4.89	4.56	4.32	4.14	4.00	3.89	3.80	3.73	3.67
16	0.05	4.49	3.63	3.24	3.01	2.85	2.74	2.66	2.59	2.54	2.49	2.45	2.42
	0.01	8.53	6.23	5.29	4.77	4.44	4.20	4.03	3.89	3.78	3.69	3.61	3.55
17	0.05	4.45	3.59	3.20	2.96	2.81	2.70	2.62	2.55	2.50	2.45	2.41	2.38
	0.01	8.40	6.11	5.18	4.67	4.34	4.10	3.93	3.79	3.68	3.59	3.52	3.45
18	0.05	4.41	3.55	3.16	2.93	2.77	2.66	2.58	2.51	2.46	2.41	2.37	2.34
	0.01	8.28	6.01	5.09	4.58	4.25	4.01	3.85	3.71	3.60	3.51	3.44	3.37
19	0.05	4.38	3.52	3.13	2.90	2.74	2.63	2.55	2.48	2.43	2.38	2.34	2.31
	0.01	8.18	5.93	5.01	4.50	4.17	3.94	3.77	3.63	3.52	3.43	3.36	3.30
20	0.05	4.35	3.49	3.10	2.87	2.71	2.60	2.52	2.45	2.40	2.35	2.31	2.28
	0.01	8.10	5.85	4.94	4.43	4.10	3.87	3.70	3.56	3.45	3.37	3.30	3.23
21	0.05	4.32	3.47	3.07	2.84	2.68	2.57	2.49	2.42	2.37	2.32	2.28	2.25
	0.01	8.02	5.78	4.87	4.37	4.04	3.81	3.64	3.51	3.40	3.31	3.24	3.17
22	0.05	4.30	3.44	3.05	2.82	2.66	2.55	2.47	2.40	2.35	2.30	2.26	2.23
	0.01	7.94	5.72	4.82	4.31	3.99	3.76	3.59	3.45	3.35	3.26	3.18	3.12
23	0.05	4.28	3.42	3.03	2.80	2.64	2.53	2.45	2.38	2.32	2.28	2.24	2.20
	0.01	7.88	5.66	4.76	4.26	3.94	3.71	3.54	3.41	3.30	3.21	3.14	3.07
24	0.05	4.26	3.40	3.01	2.78	2.62	2.51	2.43	2.36	2.30	2.26	2.22	2.18
	0.01	7.82	5.61	4.72	4.22	3.90	3.67	3.50	3.36	3.25	3.17	3.09	3.03
25	0.05	4.24	3.38	2.99	2.76	2.60	2.49	2.41	2.34	2.28	2.24	2.20	2.16
	0.01	7.77	5.57	4.68	4.18	3.86	3.63	3.46	3.32	3.21	3.13	3.05	2.99
26	0.05	4.22	3.37	2.89	2.74	2.59	2.47	2.39	2.32	2.27	2.22	2.18	2.15
	0.01	5.72	5.53	4.64	4.14	3.82	3.59	3.42	3.29	3.17	3.09	3.02	2.96
27	0.05	4.21	3.35	2.96	2.73	2.57	2.46	2.37	2.30	2.25	2.20	2.16	2.13
	0.01	7.68	5.49	4.60	4.11	3.79	3.56	3.39	3.26	3.14	3.06	2.98	2.93
28	0.05	4.20	3.34	2.95	2.71	2.56	2.44	2.36	2.29	2.24	2.19	2.15	2.12
	0.01	7.64	5.45	4.57	4.07	3.76	3.53	3.36	3.23	3.11	3.03	2.95	2.90
29	0.05	4.18	3.33	2.93	2.70	2.54	2.43	2.35	2.28	2.22	2.18	2.14	2.10
	0.01	7.60	5.52	4.54	4.04	3.73	3.50	3.33	3.20	3.08	3.00	2.92	2.87
30	0.05	4.17	3.32	2.92	2.69	2.53	2.42	2.34	2.27	2.21	2.16	2.12	2.09
	0.01	7.56	5.39	4.51	4.02	3.70	3.47	3.30	3.17	3.06	2.98	2.90	2.84

续表

分母 df	α	分子 df 1	2	3	4	5	6	7	8	9	10	11	12
32	0.05	4.15	3.30	2.90	2.67	2.51	2.40	2.32	2.25	2.19	2.14	2.10	2.07
	0.01	7.50	5.34	4.46	2.97	3.66	3.42	3.25	3.12	3.01	2.94	2.86	2.80
34	0.05	4.13	3.28	2.88	2.65	2.49	2.38	2.30	2.23	2.17	2.12	2.08	2.05
	0.01	7.44	5.29	4.42	3.93	3.61	3.38	3.21	3.08	2.97	2.89	2.82	2.76
36	0.05	4.11	3.26	2.86	2.63	2.48	2.36	2.28	2.21	2.15	2.10	2.06	2.03
	0.01	7.39	5.25	4.38	3.89	3.58	3.35	3.18	3.04	2.94	2.86	2.78	2.72
38	0.05	4.10	3.25	2.85	2.62	2.46	2.35	2.26	2.19	2.14	2.09	2.05	2.02
	0.01	7.35	5.21	4.34	3.86	3.54	3.32	3.15	3.02	2.91	2.82	2.75	2.69
40	0.05	4.08	3.23	2.84	2.61	2.45	2.34	2.25	2.18	2.12	2.O7	2.04	2.00
	0.01	7.31	5.18	4.34	3.83	3.51	3.29	3.12	2.99	2.88	2.80	2.73	2.66
42	0.05	4.07	3.22	2.83	2.59	2.44	2.32	2.24	2.17	2.11	2.06	2.02	1.99
	0.01	7.27	5.15	4.29	3.80	3.49	3.26	3.10	2.96	2.86	2.77	2.70	2.64
44	0.05	4.06	3.21	2.82	2.58	2.43	2.31	2.23	2.16	2.10	2.05	2.01	1.98
	0.01	7.24	5.12	4.26	3.78	3.46	3.24	3.07	2.94	2.84	2.75	2.68	2.62
46	0.05	4.05	3.20	2.81	2.57	2.42	2.30	2.22	2.14	2.09	2.04	2.00	1.97
	0.01	7.21	5.10	4.24	3.76	3.44	3.22	3.05	2.92	2.82	2.73	2.66	2.60
48	0.05	4.04	3.19	2.80	2.56	2.41	2.30	2.21	2.14	2.08	2.03	1.99	1.96
	0.01	7.19	5.08	4.22	3.74	3.42	3.20	3.04	2.90	2.80	2.71	2.64	2.58
50	0.05	4.03	3.18	2.79	2.56	2.40	2.29	2.20	2.13	2.07	2.02	1.98	1.95
	0.01	7.17	5.06	4.20	3.72	3.41	3.18	3.02	2.88	2.78	2.70	2.62	2.56
55	0.05	4.02	3.17	2.78	2.54	2.38	2.27	2.18	2.11	2.05	2.00	1.97	1.93
	0.01	7.12	5.01	4.16	3.68	3.37	3.15	2.98	2.85	2.75	2.66	2.59	2.53
60	0.05	4.00	3.15	2.76	2.52	2.37	2.25	2.17	2.10	2.04	1.99	1.95	1.92
	0.01	7.08	4.98	4.13	3.65	3.34	3.12	2.95	2.82	2.72	2.63	2.56	2.50
65	0.05	3.99	3.14	2.75	2.51	2.36	2.24	2.15	2.08	2.02	1.98	1.94	1.90
	0.01	7.04	4.95	4.10	3.62	3.31	3.09	2.93	2.79	2.70	2.61	2.54	2.47
70	0.05	3.98	3.13	2.74	2.50	2.35	2.32	2.14	2.07	2.O1	1.97	1.93	1.89
	0.01	7.01	4.92	4.08	3.60	3.29	3.07	2.91	2.77	2.67	2.59	2.51	2.45
80	0.05	3.96	3.11	2.72	2.48	2.33	2.21	2.12	2.05	1.99	1.95	1.91	1.88
	0.01	6.96	4.88	4.04	3.56	3.25	3.04	2.87	2.74	2.64	2.55	2.48	2.41
100	0.05	3.94	3.09	2.70	2.46	2.30	2.19	2.10	2.03	1.97	1.92	1.88	1.85
	0.01	6.90	4.82	3.98	3.51	3.20	2.99	2.82	2.69	2.59	2.51	2.43	2.36

续表

分母 df	α	\multicolumn{12}{c	}{分子 df}
		1	2	3	4	5	6	7	8	9	10	11	12
125	0.05	3.92	3.07	2.68	2.44	2.29	2.17	2.08	2.01	1.95	1.90	1.86	1.83
	0.01	6.84	4.78	3.94	3.47	3.17	2.95	2.79	2.65	2.56	2.47	2.40	2.33
150	0.05	3.81	3.06	2.67	2.43	2.27	2.16	2.07	2.00	1.94	1.89	1.85	1.82
	0.01	6.81	4.75	3.91	3.44	3.13	2.92	2.76	2.62	2.53	2.44	2.37	2.30
200	0.05	3.89	3.04	2.65	2.41	2.26	2.14	2.05	1.98	1.92	1.87	1.83	1.80
	0.01	6.76	4.71	3.88	3.41	3.11	2.90	2.73	2.60	2.50	2.41	2.34	2.28
400	0.05	3.86	3.02	2.62	2.39	2.23	2.12	2.03	1.96	1.90	1.85	1.81	1.78
	0.01	6.70	4.66	3.83	3.36	3.06	2.85	2.69	2.55	2.46	2,37	2.29	2.23
1000	0.05	3.85	3.00	2.61	2.38	2.22	2.10	2.02	1.95	1.89	1.84	1.80	1.76
	0.01	6.66	4.62	3.80	3.34	3.04	2.82	2.66	2.53	2.43	2.34	2.26	2.20
∞	0.05	3.84	3.99	2.60	2.37	2.21	2.90	2.01	1.94	1.88	1.83	1.79	1.75

F 值表（单侧检验）（二）

分母 df	α	\multicolumn{11}{c	}{分子 df}
		14	16	20	24	30	40	50	75	100	200	500	∞
1	0.05	245	246	248	249	250	251	252	253	253	254	254	254
	0.01	6142	6169	6208	6234	6258	6286	6302	6323	6334	6352	6361	6366
2	0.05	19.42	19.43	19.44	19.45	19.46	19.47	19.47	19.48	19.49	19.49	19.50	19.50
	0.01	99.43	99.44	99.45	99.46	99.47	99.43	99.48	99.49	99.49	99.49	99.50	99.50
3	0.05	8.71	8.69	8.66	8.64	8.62	8.60	8.58	8.57	8.56	8.54	8.54	8.53
	0.01	26.92	26.83	26.69	26.60	26.50	26.41	26.30	26.27	26.23	26.18	26.14	26.12
4	0.05	5.87	5.84	5.80	5.77	5.74	5.71	5.70	5.68	5.66	5.65	5.64	5.63
	0.01	14.24	14.15	14.02	13.93	13.83	13.74	13.69	13.61	13.57	13.52	13.48	13.46
5	0.05	4.64	4.60	4.56	4.53	4.50	4.46	4.44	4.42	4.40	4.38	4.40	4.36
	0.01	9.77	9.68	9.55	9.47	9.38	9.29	9.24	9.17	9.13	9.07	9.04	9.02
6	0.05	3.96	3.92	3.87	3.84	3.81	3.77	3.75	3.72	3.71	3.69	3.68	3.67
	0.01	7.60	7.52	7.39	7.31	7.23	7.14	7.09	7.02	6.99	6.94	6.90	6.88
7	0.05	3.52	3.49	3.44	3.41	3.38	3.34	3.32	3.29	3.28	3.25	3.24	3.23
	0.01	6.35	6.27	6.15	6.07	5.98	5.90	5.85	5.78	5.75	5.70	5.67	5.65
8	0.05	3.23	3.20	3.15	3.12	3.08	3.05	3.03	3.00	2.98	2.96	2.94	2.93
	0.01	5.56	5.48	5.36	5.28	5.20	5.11	5.06	5.00	4.96	4.91	4.88	4.86
9	0.05	3.02	2.98	2.93	2.90	2.86	2.82	2.80	2.77	2.76	2.73	2.72	2.71
	0.01	5.00	4.92	4.80	4.73	4.64	4.56	4.51	4.45	4.41	4.36	4.33	4.31

续表

分母 df	α	分子 df										
		14	16	20	24	30	40	50	75	100	200	500	∞
10	0.05	2.86	2.82	2.77	2.74	2.70	2.67	2.64	2.61	2.59	2.56	2.55	2.54
	0.01	4.60	4.52	4.41	4.33	4.25	4.17	4.12	4.05	4.01	3.96	3.93	3.91
11	0.05	2.74	2.70	2.65	2.61	2.57	2.53	2.50	2.47	2.45	2.42	2.41	2.40
	0.01	4.29	4.21	4.10	4.02	3.94	3.86	3.80	3.74	3.70	3.66	3.62	3.60
12	0.05	2.64	2.60	2.54	2.50	2.46	2.42	2.40	2.36	2.35	2.32	2.31	2.30
	0.01	4.05	3.98	3.86	3.78	3.70	3.61	3.56	3.49	3.46	3.41	3.38	3.36
13	0.05	2.55	2.51	2.46	2.42	2.38	2.34	2.32	2.28	2.26	2.24	2.22	2.21
	0.01	3.85	3.78	3.67	3.59	3.51	3.42	3.37	3.30	3.27	3.21	3.18	3.16
14	0.05	2.48	2.44	2.39	2.35	2.31	2.27	2.24	2.21	2.19	2.16	2.14	2.13
	0.01	3.70	3.62	3.51	3.43	3.34	3.26	3.21	3.14	3.11	3.06	3.02	3.00
15	0.05	2.43	2.39	2.33	2.29	2.25	2.21	2.18	2.15	2.12	2.10	2.08	2.07
	0.01	3.56	3.48	3.36	3.29	3.20	3.12	3.07	3.00	2.97	2.92	2.89	2.87
16	0.05	2.37	2.33	2.28	2.24	2.20	2.16	2.13	2.09	2.07	2.04	2.02	2.01
	0.01	3.45	3.37	3.25	3.18	3.10	3.01	2.96	2.89	2.86	2.80	2.77	2.75
17	0.05	2.33	2.29	2.23	2.19	2.15	2.11	2.08	2.04	2.02	1.99	1.97	1.96
	0.01	3.35	3.27	3.16	3.08	3.00	2.92	2.86	2.79	2.76	2.70	2.67	2.65
18	0.05	2.29	2.25	2.19	2.15	2.11	2.07	2.04	2.00	1.98	1.95	1.93	1.92
	0.01	3.27	3.19	3.07	3.00	2.91	2.83	2.78	2.71	2.68	2.62	2.59	2.57
19	0.05	2.26	2.21	2.15	2.11	2.07	2.02	2.00	1.96	1.94	1.91	1.90	1.88
	0.01	3.19	3.12	3.00	2.92	2.84	2.76	2.70	2.63	2.60	2.54	2.51	2.49
20	0.05	2.23	2.18	2.12	2.08	2.04	1.99	1.96	1.92	1.90	1.87	1.85	1.84
	0.01	3.13	3.05	2.94	2.86	2.77	2.69	2.63	2.56	2.53	2.47	2.44	2.42
21	0.05	2.20	2.15	2.09	2.05	2.00	1.96	1.93	1.89	1.87	1.84	1.82	1.81
	0.01	3.07	2.99	2.88	2.80	2.72	2.63	2.58	2.51	2.47	2.42	2.38	2.36
22	0.05	2.18	2.13	2.07	2.03	1.98	1.93	1.91	1.87	1.84	1.81	1.80	1.78
	0.01	3.02	2.94	2.83	2.75	2.67	2.58	2.53	2.46	2.42	2.37	2.33	2.31
23	0.05	2.14	2.10	2.04	2.00	1.96	1.91	1.88	1.84	1.82	1.79	1.77	1.76
	0.01	2.97	2.89	2.78	2.70	2.62	2.53	2.48	2.41	2.37	2.32	2.28	2.26
24	0.05	2.13	2.09	2.02	1.98	1.94	1.89	1.86	1.82	1.80	1.76	1.74	1.73
	0.01	2.93	2.85	2.74	2.66	2.58	2.49	2.44	2.36	2.33	2.27	2.23	2.21

续表

分母 df	α	分子 df										
		14	16	20	24	30	40	50	75	100	200	500	∞
25	0.05	2.11	2.06	2.00	1.96	1.92	1.87	1.84	1.80	1.77	1.74	1.72	1.71
	0.01	2.89	2.81	2.70	2.62	2.54	2.45	2.40	2.32	2.29	2.23	2.19	2.17
26	0.05	2.10	2.05	1.99	1.95	1.90	1.85	1.82	1.78	1.76	1.72	1.70	1.69
	0.01	2.86	2.77	2.66	2.58	2.50	2.41	2.36	2.28	2.25	2.19	2.15	2.13
27	0.05	2.08	2.03	1.97	1.93	1.88	1.84	1.80	1.76	1.74	1.71	1.68	1.67
	0.01	2.83	2.74	2.63	2.55	2.47	2.38	2.33	2.25	2.21	2.16	2.12	2.10
28	0.05	2.06	2.02	1.96	1.91	1.87	1.81	1.78	1.75	1.72	1.69	1.67	1.65
	0.01	2.80	2.71	2.60	2.52	2.44	2.35	2.30	2.22	2.18	2.13	2.09	2.06
29	0.05	2.05	2.00	1.94	1.910	1.85	1.80	1.77	1.73	1.71	1.68	1.65	1.64
	0.01	2.77	2.68	2.57	2.49	2.41	2.32	2.27	2.19	2.15	2.10	2.06	2.03
30	0.05	2.04	1.99	1.93	1.89	1.84	1.79	1.72	1.72	1.69	1.66	1.64	1.62
	0.01	2.74	2.66	2.55	2.47	2.38	2.29	2.24	2.16	2.13	2.07	2.03	2.Ol
32	0.05	2.02	1.97	1.91	1.86	1.82	1.76	1.74	1.69	1.67	1.64	1.61	1.59
	0.01	2.70	2.62	2.51	2.42	2.34	2.25	2.20	2.12	2.08	2.02	1.98	1.96
34	0.05	2.00	1.95	1.89	1.84	1.80	1.74	1.71	1.67	1.64	1.61	1.59	1.57
	0.01	2.66	2.58	2.47	2.38	2.30	2.21	2.15	2.08	2.04	1.98	1.94	1.91
36	0.05	1.89	1.93	1.87	1.82	1.78	1.72	1.69	1.65	1.62	1.59	1.56	1.55
	0.01	2.62	2.54	2.43	2.35	2.26	2.17	2.12	2.04	2.00	1.94	1.90	1.87
38	0.05	1.96	1.92	1.85	1.80	1.76	1.71	1.67	1.63	1.60	1.57	1.54	1.53
	0.01	2.59	2.51	2.40	2.32	2.22	2.14	2.08	2.00	1.97	1.90	1.86	1.84
40	0.05	1.95	1.90	1.84	1.79	1.74	1.69	1.66	1.61	1.59	1.55	1.53	1.51
	0.01	2.56	2.49	2.37	2.29	2.20	2.11	2.05	1.97	1.94	1.88	1.84	1.81
42	0.05	1.94	1.89	1.82	1.78	1.73	1.68	1.64	1.60	1.57	1.54	1.51	1.49
	0.01	2.54	2.46	2.35	2.26	2.17	2.08	2.02	1.94	1.91	1.85	1.80	1.78
44	0.05	1.92	1.88	1.81	1.76	1.72	1.66	1.63	1.58	1.56	1.52	1.50	1.48
	0.01	2.52	2.44	2.32	2.24	2.15	2.06	2.00	1.92	1.78	1.82	1.78	1.75

续表

分母 df	α	分子 df 14	16	20	24	30	40	50	75	100	200	500	∞
46	0.05	1.91	1.87	1.80	1.75	1.71	1.65	1.62	1.57	1.54	1.51	1.48	1.46
	0.01	2.50	2.42	2.30	2.22	2.13	2.04	1.98	1.90	1.86	1.80	1.76	1.72
48	0.05	1.90	1.86	1.79	1.74	1.70	1.64	1.61	1.56	1.53	1.50	1.47	1.45
	0.01	2.48	2.40	2.28	2.20	2.11	2.02	1.96	1.88	1.84	1.78	1.73	1.70
50	0.05	1.90	1.85	1.78	1.74	1.69	1.63	1.60	1.55	1.52	1.48	1.46	1.44
	0.01	2.46	2.39	2.26	2.18	2.10	2.00	1.94	1.86	1.82	1.76	1.71	1.68
55	0.05	1.88	1.83	1.76	1.72	1.67	1.61	1.58	1.52	1.50	1.46	1.43	1.41
	0.01	2.43	2.35	2.23	2.15	2.06	1.96	1.90	1.82	1.78	1.71	1.66	1.64
60	0.05	1.86	1.81	1.75	1.70	1.65	1.59	1.56	1.50	1.48	1.44	1.41	1.39
	0.01	2.40	2.32	2.20	2.12	2.03	1.93	1.87	1.79	1.74	1.68	1.63	1.60
65	0.05	1.85	1.80	1.73	1.68	1.63	1.57	1.54	1.49	1.46	1.42	1.39	1.37
	0.01	2.37	2.30	2.18	2.09	2.00	1.90	1.84	1.76	1.71	1.64	1.60	1.56
70	0.05	1.84	1.79	1.72	1.67	1.62	1.56	1.53	1.47	1.45	1.40	1.37	1.35
	0.01	2.35	2.28	2.15	2.07	1.98	1.88	1.82	1.74	1.69	1.62	1.56	1.53
80	0.05	1.82	1.77	1.70	1.65	1.60	1.54	1.51	1.45	1.42	1.38	1.35	1.32
	0.01	2.32	2.24	2.11	2.03	1.94	1.84	1.78	1.70	1.65	1.57	1.52	1.49
100	0.05	1.79	1.75	1.68	1.63	1.57	1.51	1.48	1.42	1.39	1.34	1.30	1.28
	0.01	2.26	2.19	2.06	1.98	1.89	1.79	1.73	1.64	1.59	1.51	1.46	1.43
125	0.05	1.77	1.72	1.65	1.60	1.55	1.49	1.45	1.39	1.36	1.31	1.27	1.25
	0.01	2.23	2.15	2.03	1.94	1.85	1.75	1.68	1.59	1.54	1.46	1.40	1.37
150	0.05	1.76	1.71	1.64	1.59	1.54	1.47	1.44	1.37	1.34	1.29	1.25	1.22
	0.01	2.20	2.12	2.00	1.91	1.83	1.72	1.66	1.56	1.51	1.43	1.37	1.33
200	0.05	1.74	1.69	1.62	1.57	1.52	1.45	1.42	1.35	1.32	1.26	1.22	1.19
	0.01	2.17	2.09	1.97	1.88	1.79	1.69	1.62	1.53	1.48	1.39	1.33	1.28
400	0.05	1.72	1.67	1.60	1.54	1.49	1.42	1.38	1.32	1.28	1.22	1.16	1.13
	0.01	2.12	2.04	1.92	1.84	1.74	1.64	1.57	1.47	1.42	1.32	1.24	1.19
1000	0.05	1.70	1.05	1.58	1.53	1.47	1.41	1.36	1.30	1.26	1.19	1.13	1.08
	0.01	2.09	2.01	1.89	1.81	1.71	1.61	1.54	1.44	1.38	1.28	1.19	1.11
∞	0.05	1.69	1.64	1.57	1.52	1.46	1.40	1.35	1.28	1.24	1.17	1.11	1.00
	0.01	2.07	1.99	1.87	1.79	1.69	1.59	1.52	1.41	1.36	1.25	1.15	1.00

附表5 F^*_{max} 的临界值（哈特莱方差齐性检验）

F^*_{max}=最大 σ^2/最小 σ^2

σ_i^2 的 df	α	变异数的数目 k										
		2	3	4	5	6	7	8	9	10	11	12
4	0.05	9.60	15.5	20.6	25.2	29.5	33.6	37.5	41.4	44.60	48.0	51.4
	0.01	23.2	37.0	49.0	59.0	69.0	79.0	89.0	97.0	106	113	120
5	0.05	7.15	10.8	13.7	16.3	18.7	20.8	22.9	24.7	26.50	28.20	29.9
	0.01	14.9	22.0	28.0	33.0	38.0	42.0	46.0	50.0	54.00	57.0	60.0
6	0.05	5.82	8.38	10.4	12.1	13.7	15.0	16.3	17.5	18.60	19.7	20.7
	0.01	11.1	15.5	19.1	22.0	25.0	27.0	30.0	32.0	34.0	36.0	37.0
7	0.05	4.99	6.94	8.44	9.70	10.8	11.8	12.7	13.5	14.30	15.1	15.8
	0.01	8.89	12.1	14.5	16.5	18.4	20.0	22.0	23.0	24.00	26.0	27.0
8	0.05	4.43	6.00	7.18	8.12	9.03	9.78	10.5	11.1	11.70	12.2	12.7
	0.01	7.50	9.90	11.7	13.2	14.5	15.8	16.9	17.9	18.90	19.8	21.0
9	0.05	4.03	5.34	6.31	7.11	7.80	8.41	8.95	9.45	9.91	10.3	10.7
	0.01	6.54	8.50	9.90	11.1	12.1	13.1	13.9	14.7	15.30	16.0	16.6
10	0.05	3.72	4.85	5.67	6.34	6.92	7.42	7.87	8.28	8.66	9.01	9.34
	0.01	5.85	7.40	8.60	9.60	10.4	11.1	11.8	12.4	12.90	13.40	13.9
12	0.05	3.28	4.16	4.79	5.30	5.72	6.09	6.42	6.72	7.00	7.25	7.48
	0.01	4.91	6.10	6.90	7.60	8.20	8.70	9.10	9.50	9.90	10.20	10.6
15	0.05	2.86	3.54	4.01	4.37	4.68	4.95	5.19	5.40	5.59	5.77	5.93
	0.01	4.07	4.90	5.50	6.00	6.40	6.70	7.10	7.30	7.50	7.80	8.0
20	0.05	2.46	2.95	3.29	3.54	3.76	3.94	4.10	4.24	4.37	4.49	4.59
	0.01	3.32	3.80	4.30	4.60	4.90	5.10	5.30	5.50	5.60	5.80	5.90
30	0.05	2.07	2.40	2.61	2.78	2.91	3.02	3.12	3.21	3.29	3.36	3.39

附表6 q 分布的临界值

df_w	$1-\alpha$	等级相差数 r								
		2	3	4	5	6	7	8	9	10
1	0.95	18.0	27.0	32.8	37.1	40.4	43.1	45.4	47.4	49.1
	0.99	90.0	135	164	186	202	216	227	237	246
2	0.95	6.09	8.3	9.8	10.9	11.7	12.4	13.0	13.5	14.0
	0.99	14.0	19.0	22.3	24.7	26.6	28.2	29.5	30.7	31.7
3	0.95	4.50	5.91	6.82	7.50	8.04	8.48	8.85	9.18	9.46
	0.99	8.26	10.6	12.2	13.3	14.2	15.0	15.6	16.2	16.7

续表

df_w	$1-\alpha$	\multicolumn{9}{c}{等级相差数 r}
		2	3	4	5	6	7	8	9	10
4	0.95	3.93	5.04	5.76	6.29	6.71	7.05	7.35	7.60	7.83
	0.99	6.51	8.12	9.17	9.96	10.6	11.1	11.5	11.9	12.3
5	0.95	3.64	4.60	5.22	5.67	6.03	6.33	6.58	6.80	6.99
	0.99	5.70	6.97	7.80	8.42	8.91	9.32	9.67	9.97	10.2
6	0.95	3.46	4.34	4.90	5.31	5.63	5.89	6.12	6.32	6.49
	0.99	5.24	6.33	7.03	7.56	7.97	8.32	8.61	8.87	9.10
7	0.95	3.34	4.16	4.69	5.06	5.36	5.61	5.82	6.00	6.16
	0.99	4.95	5.92	6.54	7.01	7.37	7.68	7.94	8.17	8.37
8	0.95	3.26	4.04	4.53	4.89	5.17	5.40	5.60	5.77	5.92
	0.99	4.74	5.63	6.20	6.63	6.96	7.24	7.47	7.68	7.87
9	0.95	3.20	3.95	4.42	4.76	5.02	5.24	5.43	5.60	5.74
	0.99	4.60	5.43	5.96	6.35	6.66	6.91	7.13	7.32	7.49
10	0.95	3.15	3.88	4.33	4.65	4.91	5.12	5.30	5.46	5.60
	0.99	4.48	5.27	5.77	6.14	6.43	6.67	6.87	7.05	7.21
11	0.95	3.11	3.82	4.25	4.57	4.82	5.03	5.20	5.35	5.49
	0.99	4.39	5.14	5.62	5.97	6.25	6.48	6.67	6.84	6.99
12	0.95	3.08	3.77	4.20	4.51	4.75	4.95	5.12	5.27	5.40
	0.99	4.32	5.04	5.50	5.84	6.10	6.32	6.51	6.67	6.81
13	0.95	3.06	3.73	4.15	4.45	4.69	4.88	5.05	5.19	5.32
	0.99	4.26	4.96	5.40	5.73	5.98	6.19	6.37	6.53	6.67
14	0.95	3.08	3.70	4.11	4.41	4.64	4.83	4.99	5.13	5.25
	0.99	4.21	4.89	5.32	5.63	5.88	6.08	6.26	6.41	6.54
16	0.95	3.00	3.65	4.05	4.33	4.56	4.74	4.90	5.03	5.15
	0.99	4.13	4.78	5.19	5.49	5.72	5.92	6.08	6.22	6.35
18	0.95	2.97	3.61	4.00	4.28	4.49	4.67	4.82	4.96	5.07
	0.99	4.07	4.70	5.09	5.38	5.60	5.79	5.94	6.08	6.20
20	0.95	2.95	3.58	3.96	4.23	4.45	4.62	4.77	4.90	5.01
	0.99	4.02	4.64	5.02	5.29	5.51	5.69	5.84	5.97	6.09
24	0.95	2.92	3.53	3.90	4.17	4.37	4.54	4.68	4.81	4.92
	0.99	3.96	4.54	4.91	5.17	5.37	5.54	5.69	5.81	5.92
30	0.95	2.89	3.49	3.84	4.10	4.30	4.46	4.60	4.72	4.83
	0.99	3.89	4.45	4.80	5.05	5.24	5.40	5.54	5.56	5.76
40	0.95	2.86	3.44	3.79	4.04	4.23	4.39	4.52	4.63	4.74
	0.99	3.82	4.37	4.70	4.93	5.11	5.27	5.39	5.50	5.60

续表

df_w	$1-\alpha$	\multicolumn{9}{c}{等级相差数 r}
		2	3	4	5	6	7	8	9	10
60	0.95	2.83	3.40	3.74	3.98	4.16	4.51	4.44	4.55	4.65
	0.99	3.76	4.28	4.60	4.82	4.99	5.12	5.25	5.36	5.45
120	0.95	2.80	3.36	3.69	3.92	4.10	4.24	4.36	4.48	4.56
	0.99	3.70	4.20	4.50	4.71	4.87	5.01	5.12	5.21	5.30
∞	0.95	2.77	3.31	3.63	3.86	4.03	4.17	4.29	4.39	4.47
	0.99	3.64	4.12	4.40	4.60	4.76	4.88	4.99	5.08	5.16

*各平均数间差异显著时所需 q 值。

附表7 积差相关系数 (r) 显著性临界值

$df=N-2$	$\alpha=0.10$	$\alpha=0.05$	$\alpha=0.02$	$\alpha=0.01$
1	0.988	0.997	0.9995	0.9999
2	0.900	0.950	0.980	0.990
3	0.805	0.878	0.934	0.959
4	0.729	0.811	0.882	0.917
5	0.669	0.754	0.833	0.874
6	0.622	0.707	0.789	0.834
7	0.582	0.666	0.750	0.798
8	0.549	0.632	0.716	0.765
9	0.521	0.602	0.685	0.735
10	0.497	0.576	0.658	0.708
11	0.476	0.553	0.634	0.684
12	0.458	0.532	0.612	0.661
13	0.441	0.514	0.592	0.641
14	0.426	0.497	0.574	0.623
15	0.412	0.482	0.558	0.606
16	0.400	0.468	0.542	0.590
17	0.389	0.456	0.528	0.575
18	0.378	0.444	0.516	0.561
19	0.369	0.433	0.503	0.549
20	0.360	0.423	0.492	0.537
21	0.352	0.413	0.482	0.526

续表

$df=N-2$	$\alpha=0.10$	$\alpha=0.05$	$\alpha=0.02$	$\alpha=0.01$
22	0.344	0.404	0.472	0.515
23	0.337	0.396	0.462	0.505
24	0.330	0.388	0.453	0.496
25	0.323	0.381	0.445	0.487
26	0.317	0.374	0.437	0.479
27	0.311	0.367	0.430	0.471
28	0.306	0.361	0.423	0.463
29	0.301	0.355	0.416	0.456
30	0.296	0.349	0.409	0.449
35	0.275	0.325	0.381	0.418

附表8 斯皮尔曼等级相关系数显著性临界值

N	$\alpha=0.05$	$\alpha=0.01$
4	1.000	
5	0.900	1.000
6	0.829	0.943
7	0.714	0.893
8	0.643	0.833
9	0.600	0.783
10	0.564	0.746
12	0.506	0.712
14	0.456	0.645
16	0.425	0.601
18	0.399	0.564
20	0.377	0.534
22	0.359	0.508
24	0.343	0.485
26	0.329	0.465
28	0.317	0.448
30	0.306	0.432

附表 9 肯德尔W系数显著性临界值[*]

k	N					k	N=3
	3	4	5	6	7		SS

$\alpha = 0.05$

k	3	4	5	6	7	k	SS
3			64.4	103.9	157.3	9	54.0
4		49.5	88.4	143.3	217.0	12	71.9
5		62.6	112.3	182.4	276.2	14	83.8
6		75.7	136.1	221.4	335.2	16	95.8
8	48.1	101.7	183.7	299.0	453.1	18	107.7
10	60.0	127.8	231.2	376.7	571.0		
15	89.8	192.9	349.8	570.5	864.9		
20	119.7	258.0	468.5	764.4	158.7		

$\alpha = 0.01$

k	3	4	5	6	7	k	SS
3			75.6	122.8	185.6	9	75.9
4		61.4	109.3	176.2	265.0	12	103.5
5		80.5	142.8	229.4	343.8	14	121.9
6		99.5	176.1	282.4	422.6	16	140.2
8	66.8	137.4	242.7	388.3	579.9	18	158.6
10	85.1	175.3	309.1	494.0	737.0		
15	131.0	269.8	475.2	758.2	1129.5		
20	177.0	364.2	641.2	1022.2	1521.9		

[*]表中数字为实得平方和 SS。

附表 10　Durbin-Watson 检验表

$\alpha = 0.05$

n	k=1 d_L	k=1 d_U	k=2 d_L	k=2 d_U	k=3 d_L	k=3 d_U	k=4 d_L	k=4 d_U	k=5 d_L	k=5 d_U
15	1.08	1.36	0.95	1.54	0.82	1.75	0.69	1.97	0.56	2.21
16	1.10	1.37	0.98	1.54	0.86	1.73	0.74	1.93	0.62	2.15
17	1.13	1.38	1.02	1.54	0.90	1.71	0.78	1.90	0.67	2.10
18	1.16	1.39	1.05	1.53	0.93	1.69	0.82	1.87	0.71	2.06
19	1.18	1.40	1.08	1.53	0.97	1.68	0.86	1.85	0.75	2.02
20	1.20	1.41	1.10	1.54	1.00	1.68	0.90	1.83	0.79	1.99
21	1.22	1.42	1.13	1.54	1.03	1.67	0.93	1.81	0.83	1.96
22	1.24	1.43	1.15	1.54	1.05	1.66	0.96	1.80	0.86	1.94
23	1.26	1.44	1.17	1.54	1.08	1.66	0.99	1.79	0.90	1.92
24	1.27	1.45	1.19	1.55	1.10	1.66	1.01	1.78	0.93	1.90
25	1.29	1.45	1.21	1.55	1.12	1.66	1.04	1.77	0.95	1.89
26	1.30	1.46	1.22	1.55	1.14	1.65	1.06	1.76	0.98	1.88
27	1.32	1.47	1.24	1.56	1.16	1.65	1.08	1.76	1.01	1.86
28	1.33	1.48	1.26	1.56	1.18	1.65	1.10	1.75	1.03	1.85
29	1.34	1.48	1.27	1.56	1.20	1.65	1.12	1.74	1.05	1.84
30	1.35	1.49	1.28	1.57	1.21	1.65	1.14	1.74	1.07	1.83
31	1.36	1.50	1.30	1.57	1.23	1.65	1.16	1.74	1.09	1.83
32	1.37	1.50	1.31	1.57	1.24	1.65	1.18	1.73	1.11	1.82
33	1.38	1.51	1.32	1.58	1.26	1.65	1.19	1.73	1.13	1.81
34	1.39	1.51	1.33	1.58	1.27	1.65	1.21	1.73	1.15	1.81
35	1.40	1.52	1.34	1.58	1.28	1.65	1.22	1.73	1.16	1.80
36	1.41	1.52	1.35	1.59	1.29	1.65	1.24	1.73	1.18	1.80
37	1.42	1.53	1.36	1.59	1.31	1.66	1.25	1.72	1.19	1.80
38	1.43	1.54	1.37	1.59	1.32	1.66	1.26	1.72	1.21	1.79
39	1.43	1.54	1.38	1.60	1.33	1.66	1.27	1.72	1.22	1.79
40	1.44	1.54	1.39	1.60	1.34	1.66	1.29	1.72	1.23	1.79
45	1.48	1.57	1.43	1.62	1.38	1.67	1.34	1.72	1.29	1.78
50	1.50	1.59	1.46	1.63	1.42	1.67	1.38	1.72	1.34	1.77

$\alpha = 0.01$

n	k=1 d_L	k=1 d_U	k=2 d_L	k=2 d_U	k=3 d_L	k=3 d_U	k=4 d_L	k=4 d_U	k=5 d_L	k=5 d_U
15	0.81	1.07	0.70	1.25	0.59	1.46	0.49	1.70	0.39	1.96
16	0.84	1.09	0.74	1.25	0.63	1.44	0.53	1.66	0.44	1.90
17	0.87	1.10	0.77	1.25	0.67	1.43	0.57	1.63	0.48	1.85
18	0.90	1.12	0.80	1.26	0.71	1.42	0.61	1.60	0.52	1.80
19	0.93	1.13	0.83	1.26	0.74	1.41	0.65	1.58	0.56	1.77
20	0.95	1.15	0.86	1.27	0.77	1.41	0.68	1.57	0.60	1.74
21	0.97	1.16	0.89	1.27	0.80	1.41	0.72	1.55	0.63	1.71
22	1.00	1.17	0.91	1.28	0.83	1.40	0.75	1.54	0.66	1.69
23	1.02	1.19	0.94	1.29	0.86	1.40	0.77	1.53	0.70	1.67
24	1.04	1.20	0.96	1.30	0.88	1.41	0.80	1.53	0.72	1.66
25	1.05	1.21	0.98	1.30	0.90	1.41	0.83	1.52	0.75	1.65
26	1.07	1.22	1.00	1.31	0.93	1.41	0.85	1.52	0.78	1.64
27	1.09	1.23	1.02	1.32	0.95	1.41	0.88	1.51	0.81	1.63
28	1.10	1.24	1.04	1.32	0.97	1.41	0.90	1.51	0.83	1.62
29	1.12	1.25	1.05	1.33	0.99	1.42	0.92	1.51	0.85	1.61
30	1.13	1.26	1.07	1.34	1.01	1.42	0.94	1.51	0.88	1.61
31	1.15	1.27	1.08	1.34	1.02	1.42	0.96	1.51	0.90	1.60
32	1.16	1.28	1.10	1.35	1.04	1.43	0.98	1.51	0.92	1.60
33	1.17	1.29	1.11	1.36	1.05	1.43	1.00	1.51	0.94	1.59
34	1.18	1.30	1.13	1.36	1.07	1.43	1.01	1.51	0.95	1.59
35	1.19	1.31	1.14	1.37	1.08	1.44	1.03	1.51	0.97	1.59
36	1.21	1.32	1.15	1.38	1.10	1.44	1.04	1.51	0.99	1.59
37	1.22	1.32	1.16	1.38	1.11	1.45	1.06	1.51	1.00	1.59
38	1.23	1.33	1.18	1.39	1.12	1.45	1.07	1.52	1.02	1.58
39	1.24	1.34	1.19	1.39	1.14	1.45	1.09	1.52	1.03	1.58
40	1.25	1.34	1.20	1.40	1.15	1.46	1.10	1.52	1.05	1.58
45	1.29	1.38	1.24	1.42	1.20	1.48	1.16	1.53	1.11	1.58
50	1.32	1.40	1.28	1.45	1.24	1.49	1.20	1.54	1.16	1.59

注：n=案例数；k=解释变量个数（不含常数项）。

附表 11　游程数检验表（$n_1 \geq n_2$）

$\alpha = 0.025$

n_1＼n_2	2	3	4	5	6	7	8	9	10	11	12	13	14	15	16	17	18	19	20
2																			
3																			
4																			
5			2	2															
6		2	2	3	3														
7		2	2	3	3	3													
8		2	3	3	3	4	4												
9		2	3	3	4	4	5	5											
10		2	3	3	4	5	5	5	6										
11		2	3	4	4	5	5	6	6	7									
12	2	2	3	4	4	5	6	6	7	7	7								
13	2	2	3	4	5	5	6	6	7	7	8	8							
14	2	2	3	4	5	5	6	7	7	8	8	9	9						
15	2	3	3	4	5	6	6	7	7	8	8	9	9	10					
16	2	3	4	4	5	6	6	7	8	8	9	9	10	10	11				
17	2	3	4	4	6	7	7	8	9	9	10	10	11	11	11				
18	2	3	4	5	5	6	7	8	8	9	10	10	11	11	12	12			
19	2	3	4	5	6	6	7	8	8	9	10	10	11	11	12	12	13	13	
20	2	3	4	5	6	6	7	8	9	9	10	10	11	12	12	13	13	13	14

$\alpha = 0.05$

n_1＼n_2	2	3	4	5	6	7	8	9	10	11	12	13	14	15	16	17	18	19	20
2																			
3																			
4			2																
5		2	2	3															
6		2	3	3	3														
7		2	3	3	4	4													
8	2	2	3	3	4	4	5												
9	2	2	3	4	4	5	5	6											
10	2	3	3	4	5	5	6	6	6										

附录

续表

n_1 \ n_2	2	3	4	5	6	7	8	9	10	11	12	13	14	15	16	17	18	19	20
11	2	3	3	4	5	5	6	6	7	7									
12	2	3	4	4	5	6	6	7	7	8	8								
13	2	3	4	4	5	6	6	7	8	8	9	9							
14	2	3	4	5	5	6	7	7	8	8	9	9	10						
15	2	3	4	5	6	6	7	8	8	9	9	10	10	11					
16	2	3	4	5	6	6	7	8	8	9	10	10	11	11	11				
17	2	3	4	5	6	7	7	8	9	9	10	10	11	11	12	12			
18	2	3	4	5	6	7	8	8	9	10	10	11	11	12	12	13	13		
19	2	3	4	5	6	7	8	8	9	10	10	11	12	12	13	13	14	14	
20	2	3	4	5	6	7	8	9	10	11	11	12	12	13	13	14	14	15	

附表 12　单样本 K-S 检验中 D 的临界值表

样本容量 (N)	\multicolumn{5}{c}{$D=\max	F_0(X)-S_N(X)	$的显著性水平}
	0.20	0.15	0.10	0.05	0.01
1	0.900	0.925	0.950	0.975	0.995
2	0.684	0.726	0.776	0.842	0.929
3	0.565	0.597	0.642	0.708	0.828
4	0.494	0.525	0.564	0.624	0.733
5	0.446	0.474	0.510	0.565	0.669
6	0.410	0.436	0.470	0.521	0.618
7	0.381	0.405	0.438	0.486	0.577
8	0.358	0.381	0.411	0.457	0.543
9	0.339	0.360	0.388	0.432	0.514
10	0.322	0.342	0.368	0.410	0.490
11	0.307	0.326	0.352	0.391	0.468
12	0.295	0.313	0.338	0.375	0.450
13	0.284	0.302	0.325	0.361	0.433
14	0.274	0.292	0.314	0.349	0.418
15	0.266	0.283	0.304	0.338	0.404

续表

样本容量 (N)	\multicolumn{5}{c}{$D=\max	F_0(X)-S_N(X)	$的显著性水平}
	0.20	0.15	0.10	0.05	0.01
16	0.258	0.274	0.295	0.328	0.392
17	0.250	0.266	0.286	0.318	0.381
18	0.244	0.259	0.278	0.309	0.371
19	0.237	0.252	0.272	0.301	0.363
20	0.231	0.246	0.264	0.294	0.356
25	0.21	0.22	0.24	0.27	0.32
30	0.19	0.20	0.22	0.24	0.29
35	0.18	0.19	0.21	0.23	0.27
>35	$\dfrac{1.07}{\sqrt{N}}$	$\dfrac{1.14}{\sqrt{N}}$	$\dfrac{1.22}{\sqrt{N}}$	$\dfrac{1.36}{\sqrt{N}}$	$\dfrac{1.63}{\sqrt{N}}$

附表 13　两样本 K-S 检验中 K_D 的临界值表（小样本）

N	单侧检验		双侧检验	
	$\alpha=0.05$	$\alpha=0.01$	$\alpha=0.05$	$\alpha=0.01$
3	3	—	—	—
4	4	—	4	—
5	4	5	5	5
6	5	6	5	6
7	5	6	6	6
8	5	6	6	7
9	6	7	6	7
10	6	7	7	8
11	6	8	7	8
12	6	8	7	8
13	7	8	7	9
14	7	8	8	9
15	7	9	8	9
16	7	9	8	10
17	8	9	8	10
18	8	10	9	10
19	8	10	9	10
20	8	10	9	11

续表

N	单侧检验 α=0.05	单侧检验 α=0.01	双侧检验 α=0.05	双侧检验 α=0.01
21	8	10	9	11
22	9	11	9	11
23	9	11	10	11
24	9	11	10	11
25	9	11	10	12
26	9	11	10	12
27	9	12	10	12
28	10	12	11	12
29	10	12	11	13
30	10	12	11	13
35	11	13	12	13
40	11	14	13	

附表14　两样本K-S检验中D的临界值表（大样本：双侧检验）

显著性水平	使得在所指定的显著性水平上否定H_0的D值 $(D=\max\mid S_{n_1}(X)-S_{n_2}(X)\mid)$
0.10	$1.22\sqrt{\dfrac{n_1+n_2}{n_1n_2}}$
0.05	$1.36\sqrt{\dfrac{n_1+n_2}{n_1n_2}}$
0.25	$1.48\sqrt{\dfrac{n_1+n_2}{n_1n_2}}$
0.01	$1.63\sqrt{\dfrac{n_1+n_2}{n_1n_2}}$
0.005	$1.73\sqrt{\dfrac{n_1+n_2}{n_1n_2}}$

续表

显著性水平	使得在所指定的显著性水平上否定 H_0 的 D 值 ($D=\max\mid S_{n_1}(X)-S_{n_2}(X)\mid$)
0.001	$1.95\sqrt{\dfrac{n_1+n_2}{n_1 n_2}}$

附表15 Mann-Whitney 检验中观测值 U 的相伴概率表

$n_2=3$

U \ n_1	1	2	3
0	0.250	0.100	0.050
1	0.500	0.200	0.100
2	0.750	0.400	0.200
3		0.600	0.350
4			0.500
5			0.650

$n_2=4$

U \ n_1	1	2	3	4
0	0.200	0.067	0.028	0.014
1	0.400	0.133	0.057	0.029
2	0.600	0.267	0.114	0.057
3		0.400	0.200	0.100
4		0.600	0.314	0.171
5			0.429	0.243
6			0.571	0.343
7				0.443
8				0.557

$n_2=5$

U \ n_1	1	2	3	4	5
0	0.167	0.047	0.018	0.008	0.004
1	0.333	0.095	0.036	0.016	0.008
2	0.500	0.190	0.071	0.032	0.016
3	0.667	0.286	0.125	0.056	0.028
4		0.429	0.196	0.095	0.048
5		0.571	0.286	0.143	0.075

续表

n_1 \ U	1	2	3	4	5
6			0.393	0.206	0.111
7			0.500	0.278	0.155
8			0.607	0.365	0.210
9				0.452	0.274
10				0.548	0.345
11					0.421
12					0.500
13					0.579

$n_2 = 6$

n_1 \ U	1	2	3	4	5	6
0	0.143	0.036	0.012	0.005	0.002	0.001
1	0.286	0.071	0.024	0.010	0.004	0.002
2	0.428	0.143	0.048	0.019	0.009	0.004
3	0.581	0.214	0.083	0.033	0.015	0.008
4		0.321	0.131	0.057	0.026	0.013
5		0.429	0.190	0.086	0.041	0.021
6		0.571	0.274	0.129	0.063	0.032
7			0.357	0.176	0.089	0.047
8			0.452	0.238	0.123	0.066
9			0.548	0.305	0.165	0.090
10				0.381	0.214	0.120
11				0.457	0.268	0.155
12				0.545	0.331	0.197
13					0.396	0.242
14					0.465	0.294
15					0.535	0.350
16						0.409
17						0.469
18						0.531

$n_2=7$

n_1 U	1	2	3	4	5	6	7
0	0.125	0.028	0.008	0.003	0.001	0.001	0.000
1	0.250	0.056	0.017	0.006	0.003	0.001	0.001
2	0.375	0.111	0.33	0.012	0.005	0.002	0.001
3	0.500	0.167	0.058	0.021	0.009	0.004	0.002
4	0.625	0.250	0.092	0.036	0.015	0.007	0.003
5		0.333	0.133	0.055	0.024	0.011	0.006
6		0.444	0.192	0.082	0.037	0.017	0.009
7		0.556	0.258	0.115	0.053	0.026	0.013
8			0.333	0.158	0.074	0.037	0.019
9			0.417	0.206	0.101	0.051	0.027
10			0.500	0.264	0.134	0.069	0.036
11			0.583	0.324	0.172	0.090	0.049
12				0.394	0.216	0.117	0.064
13				0.464	0.265	0.147	0.082
14				0.538	0.319	0.183	0.104
15					0.378	0.223	0.130
16					0.438	0.267	0.159
17					0.500	0.314	0.191
18					0.562	0.365	0.228
19						0.418	0.267
20						0.473	0.310
21						0.527	0.355
22							0.402
23							0.451
24							0.500
25							0.549

附 录　　　　　　　　　　　　　　　　　　　　　　　　　327

$n_2=8$

U \ n_1	1	2	3	4	5	6	7	8	t	Normal
0	0.111	0.022	0.006	0.002	0.001	0.000	0.000	0.000	3.308	0.001
1	0.222	0.044	0.012	0.004	0.002	0.001	0.000	0.000	3.203	0.001
2	0.333	0.089	0.024	0.008	0.003	0.001	0.001	0.000	3.098	0.001
3	0.444	0.133	0.042	0.014	0.005	0.009	0.001	0.001	2.993	0.001
4	0.556	0.200	0.067	0.024	0.009	0.004	0.002	0.001	2.888	0.002
5		0.267	0.097	0.036	0.015	0.006	0.003	0.001	2.783	0.003
6		0.356	0.139	0.055	0.023	0.010	0.005	0.002	2.678	0.004
7		0.441	0.188	0.077	0.033	0.015	0.007	0.003	2.573	0.005
8		0.556	0.248	0.107	0.047	0.021	0.010	0.005	2.468	0.007
9			0.315	0.141	0.064	0.030	0.014	0.007	2.363	0.009
10			0.387	0.184	0.085	0.041	0.020	0.010	2.258	0.012
11			0.461	0.230	0.111	0.054	0.027	0.014	2.153	0.016
12			0.539	0.285	0.142	0.071	0.036	0.019	2.048	0.020
13				0.341	0.177	0.091	0.047	0.025	1.943	0.026
14				0.404	0.217	0.114	0.060	0.032	1.838	0.033
15				0.467	0.262	0.141	0.141	0.041	1.733	0.041
16				0.533	0.311	0.172	0.095	0.052	1.628	0.052
17					0.362	0.207	0.116	0.065	1.523	0.064
18					0.416	0.245	0.140	0.080	1.418	0.078
19					0.472	0.286	0.168	0.097	1.313	0.094
20					0.528	0.331	0.198	0.117	1.208	0.113
21						0.377	0.232	0.139	1.102	0.135
22						0.426	0.268	0.164	0.998	0.159
23						0.475	0.306	0.191	0.893	0.185
24						0.525	0.347	0.221	0.788	0.215
25							0.389	0.253	0.683	0.247
26							0.433	0.287	0.578	0.282
27							0.478	0.323	0.473	0.318
28							0.522	0.360	0.368	0.356
29								0.399	0.263	0.396
30								0.439	0.158	0.437
31								0.480	0.052	0.481
32										0.520

附表16 二项检验中观测值 X 的相伴概率表*

N\X	0	1	2	3	4	5	6	7	8	9	10	11	12	13	14	15
5	031	188	500	812	969	↑										
6	016	109	344	656	891	984	↑									
7	008	062	227	500	773	938	992	↑								
8	004	035	145	363	637	855	965	996	↑							
9	002	020	090	254	500	746	910	980	998	↑						
10	001	011	055	172	377	623	828	945	989	999	↑					
11		006	033	113	274	500	726	887	967	994	↑	↑				
12		003	019	073	194	387	613	806	927	981	997	↑	↑			
13		002	011	046	133	291	500	709	867	954	989	998	↑	↑		
14		001	006	029	090	212	395	605	788	910	971	994	999	↑	↑	
15			004	018	059	151	304	500	696	849	941	982	996	↑	↑	
16			002	011	038	105	227	402	598	773	895	962	989	998	↑	
17			001	006	025	072	166	315	500	685	834	928	975	994	999	↑
18			001	004	015	048	119	240	407	593	760	881	952	985	996	999
19				002	010	032	084	180	324	500	676	820	916	968	990	998
20				001	006	021	058	132	252	412	588	748	868	942	979	994
21				001	004	013	039	095	192	332	500	668	808	905	961	987
22					002	008	026	067	143	262	416	584	738	857	933	974
23					001	005	017	047	105	202	339	500	661	798	895	953
24					001	003	011	032	076	154	271	419	581	729	846	924
25						002	007	022	054	115	212	345	500	655	788	885

注：↑表示1.0或接近1.0。
*本表是当 H_0 成立且 $p=q=1/2$ 时，二项检验的单侧概率。表中概率 p 小数点省略。

附表17 符号秩次检验表

N	单侧检验显著水准 α		
	0.025	0.01	0.005
	双侧检验显著水准 α		
	0.05	0.02	0.01
6	0	—	—
7	2	0	—
8	4	2	0
9	6	3	2

续表

N	单侧检验显著水准 α		
	0.025	0.01	0.005
	双侧检验显著水准 α		
	0.05	0.02	0.01
10	8	5	3
11	11	7	5
12	14	10	7
13	17	13	10
14	21	16	13
15	25	20	16
16	30	24	20
17	35	28	23
18	40	33	28
19	46	38	32
20	52	43	38
21	59	49	43
22	66	56	49
23	73	62	55
24	81	69	61
25	89	77	68

附表 18 H 检验表*

样本大小 (n_j)			H	p	样本大小 (n_j)			H	p
n_1	n_2	n_3			n_1	n_2	n_3		
2	1	1	2.7000	0.500	3	2	2	5.3572	0.029
2	2	1	3.6000	0.200				4.7143	0.048
2	2	2	4.5714	0.067				4.5000	0.067
			3.7143	0.200				4.4643	0.105
3	1	1	3.2000	0.300	3	3	1	5.1429	0.043
3	2	1	4.2857	0.100				4.5734	0.100
			3.8571	0.133				4.0000	0.129

续表

| 样本大小（n_j） ||| H | p | 样本大小（n_j） ||| H | p |
n_1	n_2	n_3			n_1	n_2	n_3		
3	3	2	6.2500	0.011				5.4000	0.051
			5.3611	0.032				4.5111	0.093
			5.1389	0.061				4.4444	0.102
			4.5556	0.100					
			4.2500	0.121	4	3	3	6.7455	0.010
								6.7091	0.013
3	3	3	7.2000	0.004				5.7909	0.046
			6.4889	0.011				5.7273	0.050
			5.6889	0.029				4.7091	0.092
			5.6000	0.050				4.7000	0.101
			5.0667	0.086					
			4.6222	0.100	4	4	1	6.6667	0.010
								6.1667	0.022
4	1	1	3.5714	0.200				4.9667	0.048
4	2	1	4.8214	0.057				4.8667	0.054
			4.5000	0.076				4.1667	0.082
			4.0179	0.114				4.0667	0.102
								7.0364	0.006
4	2	2	6.0000	0.014					
			5.3333	0.033	4	4	2	6.8727	0.011
			5.1250	0.052				5.4545	0.046
			4.4583	0.100				5.2664	0.052
			4.1667	0.105				4.5545	0.098
								4.4455	0.103
4	3	1	5.8333	0.021					
			5.0283	0.050	4	4	3	7.1439	0.010
			5.0000	0.057				7.1364	0.011
			4.0556	0.093				5.5985	0.049
			3.8880	0.129				5.5758	0.051
4	3	2	6.4444	0.003				4.5455	0.051
			6.3000	0.011				4.4773	0.102
			5.4444	0.046					

续表

样本大小（n_j）			H	p	样本大小（n_j）			H	p
n_1	n_2	n_3			n_1	n_2	n_3		
4	4	4	7.6538	0.008				4.5333	0.097
			7.5385	0.011				4.4121	0.109
			5.6923	0.049	5	4	1	6.9545	0.008
			5.6538	0.054				6.8400	0.011
			4.6539	0.097				4.9855	0.044
			4.5001	0.104				4.8600	0.056
			3.8571	0.143				3.9873	0.098
								3.9600	0.102
5	1	1	5.2500	0.036					
5	2	1	5.0000	0.048	5	4	2	7.2045	0.009
			4.4500	0.071				7.1182	0.010
			4.2000	0.095				5.2727	0.049
			4.0500	0.119				5.2682	0.050
								4.5409	0.098
5	2	2	6.5333	0.008				4.5182	0.101
			6.1333	0.013					
			5.1600	0.034	5	4	3	7.4449	0.010
			5.0400	0.56				7.3949	0.011
			4.3733	0.090				5.6564	0.049
			4.2933	0.122				5.6308	0.050
								4.5487	0.099
5	3	1	6.4000	0.012				4.5231	0.103
			4.9600	0.048					
			4.8711	0.052	5	4	4	7.7604	0.009
			4.0178	0.095				7.7440	0.011
			3.8400	0.123				5.6571	0.049
								5.6176	0.050
5	3	2	6.9091	0.009				4.6187	0.100
			6.8218	0.010				4.5527	0.102
			5.2509	0.049					
			5.1055	0.052	5	5	1	7.3091	0.009
			4.6509	0.091				6.8364	0.011
			4.4945	0.101				5.1273	0.046
								4.9091	0.053
5	3	3	7.0788	0.009				4.1091	0.086
			6.9818	0.011				4.0364	0.105
			5.6485	0.019					
			5.5152	0.051	5	5	2	7.3385	0.010

续表

| 样本大小（n_j） ||| H | p | 样本大小（n_j） ||| H | p |
n_1	n_2	n_3			n_1	n_2	n_3		
			7.2692	0.010	5	5	4	7.8229	0.010
			5.3385	0.047				7.7914	0.010
			5.2462	0.051				5.6657	0.049
			4.6231	0.097				5.6429	0.050
			4.5077	0.100				4.5229	0.099
								4.5200	0.101
5	5	3	7.5780	0.010					
			7.5429	0.010	5	5	5	8.0000	0.099
			5.7055	0.046				7.9800	0.010
			5.6264	0.051				5.7800	0.049
			4.5451	0.100				5.6600	0.051
			4.5363	0.102				4.5600	0.100
								4.5000	0.102

*克—瓦氏单因素等级方差分析时大于 H 观察值的概率。

附表19　弗里德曼双向秩次方差分析 χ_r^2 值表*

$k=3$

| $n=2$ || $n=3$ || $n=4$ || $n=5$ ||
χ_r^2	p	χ_r^2	p	χ_r^2	p	χ_r^2	p
0	1.00	0.000	1.000	0.0	1.000	0.0	1.000
1	0.833	0.667	0.944	0.5	0.931	0.4	0.954
3	0.500	2.000	0.528	1.5	0.652	1.2	0.691
4	0.167	2.667	0.361	2.0	0.431	1.6	0.522
		4.667	0.194	3.5	0.273	2.8	0.367
		6.000	0.028	4.5	0.125	3.6	0.182
				6.0	0.069	4.8	0.124
				6.5	0.042	5.2	0.093
				8.0	0.004 6	6.4	0.039
						7.6	0.024
						8.4	0.008 5
						10.0	0.000 77

| $n=6$ || $n=7$ || $n=8$ || $n=9$ ||
χ_r^2	p	χ_r^2	p	χ_r^2	p	χ_r^2	p
0.00	1.000	0.000	1.000	0.00	1.000	0.000	1.000
0.33	0.956	0.286	0.964	0.25	0.967	0.222	0.971
1.00	0.740	0.857	0.768	0.75	0.794	0.667	0.814

续表

$n=6$		$n=7$		$n=8$		$n=9$	
χ_r^2	p	χ_r^2	p	χ_r^2	p	χ_r^2	p
1.33	0.570	1.143	0.620	1.00	0.654	0.889	0.765
2.33	0.430	2.000	0.486	1.75	0.531	1.556	0.569
3.00	0.252	2.571	0.305	2.25	0.355	2.000	0.398
4.00	0.184	3.429	0.237	3.00	0.285	2.667	0.328
4.33	0.142	3.714	0.192	3.25	0.236	2.889	0.278
5.33	0.072	4.571	0.112	4.00	0.149	3.556	0.187
6.33	0.052	5.429	0.085	4.75	0.120	4.222	0.154
7.00	0.029	6.000	0.052	5.25	0.079	4.667	0.107
8.33	0.012	7.143	0.027	6.25	0.047	5.556	0.069
9.00	0.008 1	7.714	0.021	6.75	0.038	6.000	0.057
9.33	0.005 5	8.000	0.016	7.00	0.030	6.222	0.048
10.33	0.001 7	8.857	0.0084	7.75	0.018	6.889	0.031
12.00	0.000 13	10.286	0.0036	9.00	0.0099	8.000	0.019
		10.571	0.002 7	9.25	0.0080	8.222	0.016
		11.143	0.001 2	9.75	0.0048	8.667	0.010
		12.286	0.000 32	10.75	0.0024	9.556	0.006 0
		14.000	0.000 021	12.00	0.0011	10.667	0.003 5
				12.25	0.00086	10.889	0.002 9
				13.00	0.00026	11.556	0.001 3
				14.25	0.000061	12.667	0.000 66
				16.00	0.0000036	13.556	0.000 35
						14.000	0.000 20
						14.222	0.000 097
						14.889	0.000 540
						16.222	0.000 011
						18.000	0.000 000 6

$k=4$

\multicolumn{2}{c	}{$n=2$}	\multicolumn{2}{c	}{$n=3$}	\multicolumn{4}{c}{$n=4$}
χ_r^2	p	χ_r^2	p	χ_r^2	p	χ_r^2	p
0.0	1.000	0.2	1.000	0.0	1.000	5.7	0.141
0.6	0.958	0.6	0.958	0.3	0.992	6.0	0.105
1.2	0.834	1.0	0.910	0.6	0.928	6.3	0.094
1.8	0.792	1.8	0.727	0.9	0.900	6.6	0.077
2.4	0.625	2.2	0.608	1.2	0.800	6.9	0.068
3.0	0.542	2.6	0.524	1.5	0.754	7.2	0.054
3.6	0.458	3.4	0.446	1.8	0.677	7.5	0.052
4.2	0.375	3.8	0.342	2.1	0.649	7.8	0.036
4.8	0.208	4.2	0.300	2.4	0.524	8.1	0.033
5.4	0.167	5.0	0.207	2.7	0.508	8.4	0.019
6.0	0.042	5.4	0.175	3.0	0.432	8.7	0.014
		5.8	0.148	3.3	0.389	9.3	0.012
		6.6	0.075	3.6	0.355	9.6	0.006 9
		7.0	0.054	3.9	0.324	9.9	0.006 2
		7.4	0.033	4.5	0.242	10.2	0.002 7
		8.2	0.017	4.8	0.200	10.8	0.001 6
		9.0	0.001 7	5.1	0.190	11.1	0.000 94
				5.4	0.158	12.0	0.000 72

*大于 χ_r^2 值的概率。

2